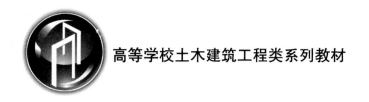

高等学校土木建筑工程类系列教材

建筑工程机械

■ 张海涛 黄卫平 编著

武汉大学出版社

图书在版编目(CIP)数据

建筑工程机械/张海涛,黄卫平编著.—武汉:武汉大学出版社,2009.4
高等学校土木建筑工程类系列教材
ISBN 978-7-307-06899-5

Ⅰ.建… Ⅱ.①张… ②黄… Ⅲ.建筑机械—高等学校—教材 Ⅳ.TU6

中国版本图书馆 CIP 数据核字(2009)第 025755 号

责任编辑:李汉保　　责任校对:黄添生　　版式设计:支　笛

出版发行:武汉大学出版社　　(430072　武昌　珞珈山)
(电子邮件:cbs22@whu.edu.cn 网址:www.wdp.com.cn)
印刷:湖北睿智印务有限公司
开本:787×1092　1/16　印张:15　字数:360 千字　插页:1
版次:2009 年 4 月第 1 版　2009 年 4 月第 1 次印刷
ISBN 978-7-307-06899-5/TU·77　　定价:25.00 元

版权所有,不得翻印;凡购买我社的图书,如有缺页、倒页、脱页等质量问题,请与当地图书销售部门联系调换。

高等学校土木建筑工程类系列教材
编 委 会

主　　任	何亚伯	武汉大学土木建筑工程学院，教授、博士生导师
副 主 任	吴贤国	华中科技大学土木工程与力学学院，教授、博士生导师
	吴　瑾	南京航空航天大学土木系，教授，副系主任
	夏广政	湖北工业大学土木建筑工程学院，教授
	陆小华	汕头大学工学院，副教授，副处长
编　　委	（按姓氏笔画为序）	
	王海霞	南通大学建筑工程学院，讲师
	刘红梅	南通大学建筑工程学院，副教授，副院长
	杜国锋	长江大学城市建设学院，副教授，副院长
	肖胜文	江西理工大学建筑工程系，讲师
	张海涛	江汉大学建筑工程学院，讲师
	张国栋	三峡大学土木建筑工程学院，副教授
	陈友华	孝感学院教务处，讲师
	姚金星	长江大学城市建设学院，副教授
	程赫明	昆明理工大学土木建筑工程学院，教授，院长
执行编委	李汉保	武汉大学出版社，副编审

序

建筑业是国民经济的支柱产业，就业容量大，产业关联度高，全社会50%以上固定资产投资要通过建筑业才能形成新的生产能力或使用价值，建筑业增加值占国内生产总值较高比率。土木建筑工程专业人才的培养质量直接影响建筑业的可持续发展，乃至影响国民经济的发展。高等学校是培养高新科学技术人才的摇篮，同时也是培养土木建筑工程专业高级人才的重要基地，土木建筑工程类教材建设始终应是一项不容忽视的重要工作。

为了提高高等学校土木建筑工程类课程教材建设水平，由武汉大学土木建筑工程学院与武汉大学出版社联合倡议、策划，组建高等学校土木建筑工程类课程系列教材编委会，在一定范围内，联合多所高校合作编写土木建筑工程类课程系列教材，为高等学校从事土木建筑工程类教学和科研的教师，特别是长期从事土木建筑工程类教学且具有丰富教学经验的广大教师搭建一个交流和编写土木建筑工程类教材的平台。通过该平台，联合编写教材，交流教学经验，确保教材的编写质量，同时提高教材的编写与出版速度，有利于教材的不断更新，极力打造精品教材。

本着上述指导思想，我们组织编撰出版了这套高等学校土木建筑工程类课程系列教材，旨在提高高等学校土木建筑工程类课程的教育质量和教材建设水平。

参加高等学校土木建筑工程类系列教材编委会的高校有：武汉大学、华中科技大学、南京航空航天大学、湖北工业大学、汕头大学、南通大学、江汉大学、三峡大学、孝感学院、长江大学、昆明理工大学、江西理工大学12所院校。

高等学校土木建筑工程类系列教材涵盖土木工程专业的力学、建筑、结构、施工组织与管理等教学领域。本系列教材的定位，编委会全体成员在充分讨论、商榷的基础上，一致认为在遵循高等学校土木建筑工程类人才培养规律，满足土木建筑工程类人才培养方案的前提下，突出以实用为主，切实达到培养和提高学生的实际工作能力的目标。本教材编委会明确了近30门专业主干课程作为今后一个时期的编撰，出版工作计划。我们深切期望这套系列教材能对我国土木建筑事业的发展和人才培养有所贡献。

武汉大学出版社是中共中央宣传部与国家新闻出版署联合授予的全国优秀出版社之一，在国内有较高的知名度和社会影响力。武汉大学出版社愿尽其所能为国内高校的教学与科研服务。我们愿与各位朋友真诚合作，力争使该系列教材打造成为国内同类教材中的精品教材，为高等教育的发展贡献力量！

高等学校土木建筑工程类系列教材编委会

2008年8月

前　言

　　随着我国基本建设规模的不断扩大,建筑工程施工机械化程度的日益提高,建筑工程机械已经广泛地应用于我国的城市建设、交通运输、国防建设等各类施工现场中。

　　现代土木工程建设具有工程量浩大、工程质量要求高、施工工艺复杂、建设周期短、投资回收快等特点,为了适应现代化建设的要求,达到提高施工质量、加快施工进度、降低成本的预期目标,就必须以现代化的生产模式进行机械化施工。

　　改革开放以来,我国的建筑工程机械行业得到了持续稳定的发展,各类机械的品种不断增加,门类日渐齐全,初步形成了专业化生产的格局,并建立了一批具有相当技术实力的工程机械生产基地。国家通过引进吸收国外的先进技术,不断开发出机电液一体化的建筑工程机械新产品,其中许多产品已接近或达到了国际先进水平,为提高我国基建工程的施工质量提供了可靠的保障。早在20世纪90年代初,建筑工程机械产品就已经被列为我国21种重点出口的机电产品之一进入了国际市场。目前,建筑工程机械已成为我国一个独立的制造行业和体系,并拥有庞大的教学、科研、生产相结合的专业队伍。

　　机械化施工可以节省大量人力,降低劳动强度和工程成本,完成人力难以承担的高强度工程施工,大幅度地提高工作效率和经济效益,为加快工程建设速度、确保工程质量提供可靠的保证。因此,建筑工程机械的拥有量和装备率、机械技术的先进性与管理水平、机械设备的完好率和利用率等,已经成为一个国家机械化施工水平高低的标志;建筑工程机械的产值在国民经济总产值中所占的比重,也在一定程度上反映了一个国家科学技术发展的水平和经济发达的程度。

　　纵观建筑工程机械的发展,其在技术上大致经历了三次革命:第一次是柴油机的出现,使建筑工程机械有了较理想的动力装置;第二次是液压技术的广泛应用,使建筑工程机械的传动装置、工作装置更趋合理;第三次是电子技术,尤其是计算机技术的广泛应用,使建筑工程机械有了较为完善的控制系统。

　　近年来,建筑工程机械的发展主要是操纵和控制机构的改进。例如,动力装置方面:柴油机已采用微机控制电子喷射和电子调速器;挖掘机、推土机和装载机采用了发动机工况控制,根据作业工况通过电子控制,使发动机输出不同的功率。传动装置方面:如装载机变速器采用了电子操纵、微机控制自动换挡和换挡品质控制等。工作装置方面:如推土机、平地机刀板自动调节,铣刨机和摊铺机自动找平,挖掘机轨迹控制、自动掘削等。液压系统方面:如节能控制,全功率控制,泵、阀和马达联合控制等。操纵系统方面:如从先导操纵到先导比例操纵,最近正在向电子操纵杆方向发展。推土机、装载机等操纵杆数正在减少,操纵功率大大下降,操纵越来越方便,部分装载机转向操纵已从方向盘改为操纵杆式转向。

　　因此,了解和熟悉现代各种建筑工程施工机械,正确掌握机械的选用方法,已成为高等学校土木工程专业学生和相关工程技术人员的必要业务知识。

本书是武汉大学出版社组织出版的高等学校土木建筑工程系列教材之一，在内容上主要介绍各类建筑工程机械的类型、基本结构、适用范围、工作原理、主要规格、选用方法以及性能、技术特点等，并尽可能反映现代的新技术和新机型。本书在编写中力求做到系统性、先进性、适用性和准确性，而且具有重点突出、深入浅出、通俗易懂，便于教学和自学的特点。

本书从目前土木工程施工的实际出发，按建筑工程机械的应用范围归类编章，包括土方工程机械、钢筋混凝土工程机械、起重机械、桩工机械、装修（饰）机械以及建筑工程机械管理等内容。虽然本书注重用图表给学生以明确地参数概念，书中运用了大量的简图、示意图、构造图、系统图给读者以形象的认识与方便的理解，但考虑到本课程的实践性较强，建议有条件的院校采用试验、参观、电化教学、多媒体课件等多种教学手段，以提高学生学习的兴趣和接受能力。

本书可以作为高等学校土木工程、工程管理、交通运输等专业的本科教学用书，也可以供建设单位、施工企业、建设监理等部门工程技术人员、管理人员以及高等学校相关专业教师参考。

本书共分7章，其编写分工如下：

张海涛编写第1章、第2章、第3章、第4章和第7章；

黄卫平编写第5章和第6章。

全书由张海涛统稿。

本书在编写过程中参阅和借鉴了许多优秀书籍、专著和相关文献资料，并得到了相关部门和专家的大力支持与帮助，在此一并致谢！限于编者的水平及阅历的局限，书中错误及疏漏之处在所难免，恳请广大读者批评指正。

作 者

2008年10月

目 录

第1章 概论 ··· 1
§1.1 建筑工程机械与机械化施工 ··· 1
§1.2 建筑工程机械的类型、技术参数与产品型号 ··· 2
§1.3 建筑工程机械的发展概况 ··· 4

第2章 土方工程机械 ··· 8
§2.1 概述 ··· 8
§2.2 挖掘机 ··· 9
§2.3 铲土运输机械 ··· 18
§2.4 压实机械 ··· 44

第3章 钢筋混凝土工程机械 ··· 54
§3.1 概述 ··· 54
§3.2 钢筋和预应力机械 ··· 57
§3.3 混凝土机械 ··· 104

第4章 起重机械 ··· 133
§4.1 概述 ··· 133
§4.2 简单起重机械 ··· 135
§4.3 塔式起重机 ··· 145
§4.4 自行式起重机 ··· 157

第5章 桩工机械 ··· 165
§5.1 概述 ··· 165
§5.2 预制桩施工机械 ··· 166
§5.3 灌注桩施工机械 ··· 182

第6章 装修(饰)机械 ··· 192
§6.1 概述 ··· 192
§6.2 灰浆机械 ··· 192
§6.3 地面修整机械 ··· 205
§6.4 手持机具 ··· 209

第 7 章　建筑工程机械管理 ··· 216
　§7.1　概述 ··· 216
　§7.2　建筑工程机械的选型与购置 ··· 216
　§7.3　建筑工程机械的资产管理 ·· 220
　§7.4　建筑工程机械的维修管理 ·· 222

参考文献 ··· 230

第1章 概 论

§1.1 建筑工程机械与机械化施工

1.1.1 建筑工程机械的含义

建筑工程机械与设备系指用于工程建设和城镇建设的机械与设备的总称。

建筑工程机械在各国有着不同的含义。其中美国和英国称为建筑机械与设备，德国称为建筑机械与装置，俄罗斯称为建筑与筑路机械，日本称为建设机械。在我国，由于以前归口部门不同，有工程机械、建筑机械、筑路机械、施工机械等称号，名称不同，实际上你中有我，我中有你，由归口部门按需要采用，故内容大同小异。

当前，"设备"作为机械设备的统称，已在国内外普遍采用，因为"机械"也是属于设备的范畴，故现在在建筑施工行业，把机械设备统称为机械或设备。

1.1.2 机械化施工的意义

机械化施工是指应用现代科学管理手段，在对各种建筑工程组织施工时，充分利用成套机械设备进行施工作业的全过程，以达到优质、高效、低耗地完成施工任务的目的。

机械化施工是解决施工速度的根本出路，是衡量各国建筑行业水平的主要标志，对加速发展国民经济起着重要的作用。建筑工程施工是一个占用劳动力多、劳动强度大、劳动条件差和劳动生产率低的工程类型，只有最广泛地实现机械化施工，才能将人们从落后的手工操作和繁重的体力劳动中解放出来，才有可能从根本上改变我国建筑企业施工水平相对落后的现状。

1.1.3 建筑工程施工对建筑工程机械的基本要求

由于建筑工程机械的使用条件多变，工作环境恶劣，受施工场地、自然环境等各种条件影响大，工程作业中受冲击和振动载荷作用，直接影响到机械设备的稳定性和寿命。因此要求建筑工程机械应具有良好的工作性能，主要包括以下几方面的要求：

1. 适应性

我国是一个幅员辽阔的国家，建筑工程机械的使用地区从热带到高寒带，自然条件和地理条件差别大；施工环境有地下、水下及高原，多数在野外、露天作业，建筑工程机械设备常年受到粉尘、风吹、日晒的影响，必须具有良好的防尘和耐腐蚀性能。因此，建筑工程机械既要满足一般施工要求，还要满足各种特殊施工的需要。

2. 可靠性

大多数建筑工程机械是在移动中作业的，工作对象有泥土、砂石、碎石、沥青、混凝土等。建筑工程机械作业条件严酷，机器受力复杂，振动与磨损剧烈，构件易于变形，底盘和工作装置动作频繁，经常处于满负荷工作状态，常常因疲劳而损坏。因此，要求建筑工程机械具有良好的可靠性。

3. 经济性

建筑工程机械制造的经济性体现在工艺上合理，加工方便和制造成本低；使用经济性则应体现在高效率、能耗少和较低的管理及维护费用等。

4. 安全性

建筑工程机械在现场作业，易于出现意外危险。为此，对建筑工程机械的安全保护装置有严格要求，不按规定配置安全保护装置的不允许出厂。

1.1.4 机械化施工水平的主要指标

常以下面四项指标作为衡量机械化施工水平的主要指标。

1. 机械化程度

计算方法有货币和工程量两种，即用货币消耗和机械施工工程量统计。由于货币往往有变化，故以工程量计算比较真实。我国一般都采用机械施工工程量统计的方法来计算机械化程度指标，即采用机械完成的工作量占总工作量的比率作为机械化程度指标。

2. 装备率

装备率一般以每千（或每个）施工人员所占有的机械台数、马力数、重量或投资额来计算。

3. 设备完好率

设备完好率是指机械设备的完好台数与总台数之比。设备完好率是反映机械本身的可靠性、寿命和维修保养、管理与操作水平的一项综合指标。

4. 设备利用率

设备利用率是指实际运转的台班数与全年应出勤的总台班数的比率。设备利用率与施工任务的饱满程度、调度水平及设备完好率等都有密切关系。

实际上，机械化施工水平与施工条件、施工方法、机械性能、容量、可靠性、管理、维修保养、操作熟练程度等许多因素有关。一般只能从实际效果上来衡量机械化水平的高低，即从节约劳动力或施工高峰人数、工期或年度竣工量、劳动生产率或工程的单位耗工量等方面去评价。

§1.2 建筑工程机械的类型、技术参数与产品型号

1.2.1 建筑工程机械的类型

建筑工程机械根据其用途、功能、结构特点以及某些具体特性进行分类。我国将工程机械与设备分为19类、183组、近900种型号，其中建筑工程机械14类，158组，782种型号。类、组、型、特性的定义如下。

(1) 类：按应用范围或作业对象划分的产品类别。

(2) 组：按产品的用途与功能划分的产品种类。

(3) 型：是指同一类、组的产品，按其作业方式、工作原理、动力装置、传动系统、操纵系统和控制系统等不同特征划分的产品型式。

(4) 特性：用以区分同组、同型产品的特征。

建筑工程机械与设备的分类如下：

(1) 挖掘机械；(2) 建筑工程起重机械；(3) 铲土运输机械；(4) 桩工机械；(5) 压实机械；(6) 路面机械；(7) 混凝土机械；(8) 混凝土制品机械；(9) 钢筋和钢筋预应力机械；(10) 高空作业机械；(11) 装饰机械；(12) 市政机械；(13) 环境卫生机械；(14) 园林机械；(15) 电梯；(16) 自动扶梯、自动人行道；(17) 垃圾处理机械；(18) 门窗加工机械；(19) 其他。

1.2.2 建筑工程机械的技术参数

建筑工程机械的技术参数是表征机械性能、工作能力的物理量。主要包括下列几类：

1. 尺寸参数

尺寸参数包括：工作尺寸、整机外形尺寸和工作装置尺寸等。

2. 质量参数（习惯称重量参数）

质量参数包括：整机质量、主要部件质量、结构质量、作业质量等。

3. 功率参数

功率参数包括：动力装置（如电动机、内燃机）功率、力、力矩和速度，液压和气动装置的压力、流量和功率等。

4. 经济指标参数

经济指标参数包括：作业周期、生产率等。

建筑工程机械的基本（技术）参数是表明建筑工程机械产品基本性能或基本技术特征的参数。基本参数是选择或确定产品功能范围、规格和尺寸的基本依据，在产品说明书中必须有明确的注明，以便于用户选用。基本参数中最重要的参数称为主参数，是在建筑工程机械产品的基本参数中起主导作用的参数，一般情况下主参数为一个，最多不超过两个。建筑工程机械的主参数是建筑工程机械产品代号的重要组成部分，直接反映出该机械的级别。

为了促进建筑工程机械的发展，我国对各类建筑工程机械制定了基本参数系列标准。产品型号是建筑工程机械产品名称、结构型式和主参数的代号，以供设计、制造、使用和管理等有关部门选用。

1.2.3 建筑工程机械的产品型号

(1) 建筑工程机械的型号是用以表示某一产品的代号。由产品的类、组、型、特性、主参数代号组成，必要时，可以增加更新、变型代号。如图1.2.1所示。

(2) 产品型号中组、型、特性代号一般由产品的组、型、特性名称有代表性汉字的汉语拼音字头（大写印刷体字母）表示；I、O、X三个字母不得使用；字母不得加脚注。

(3) 产品的组、型、特性代号组成的产品型号的字母总数不得超过三个字母（阿拉

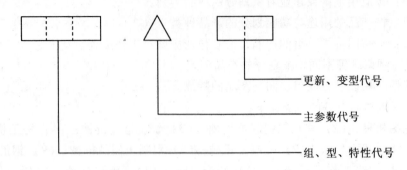

图 1.2.1

伯数字除外），若其中有阿拉伯数字，则阿拉伯数字置于产品型号之前。

（4）同类产品型号不得重复。为避免同类产品型号重复，对于重复的代号必须用该产品组、型、特性名称的汉字中其他汉语拼音字母代替。

（5）主参数代号一般用阿拉伯数字并采用整数表示。对于具有小数或过大数值的主参数，规定用其实际的主参数乘上 10^n（$n = -2、-1、1、2$ 等）表示。

（6）每一个型号原则上用一个主参数。型号中有两个以上主参数代号时，计量单位相向的主参数间用"×"号分隔，计量单位不相同的主参数间用"-"号分隔。

（7）产品若有技术更新或变型，其更新、变型代号置于主参数代号之后。

（8）建筑工程机械标记示例。

①整机质量等级为 25t 的履带式液压单斗挖掘机：WY25。

②额定重力矩为 800kN·m 的上回转自升式塔式起重机：QTZ80。

③发动机功率为 120kW 的液压式平地机：PY120。

④铲斗几何容量为 7m³ 的自行轮胎式铲运机：GX7。

⑤结构质量为 12t，加载后质量为 15t 的三轮压路机：3Y12/15。

⑥额定容量为 150L 的电动锥形反转出料混凝土搅拌机：JZ150。

⑦电动机功率为 20kW 的机械振动桩锤：DZ20。

⑧调直切断钢筋的直径范围是 4～8mm 的钢筋调直切断机：GT4/8。

§1.3 建筑工程机械的发展概况

1.3.1 建筑工程机械的发展历史

纵观建筑工程机械的发展历史，其技术上的进步经历了三次飞跃：

第一次是柴油机的出现，使工程机械有了较理想的动力装置，各类建筑工程机械的出现形成以这一时期为特点的第一代产品。

第二次是液压技术的广泛应用，使建筑工程机械的传动装置、工作装置更趋于合理，为建筑工程机械提供了良好的传动装置。建筑工程机械作业形式多种多样，工作装置的种类繁多，要求实现各种各样的复杂运动，液压传动结构紧凑，布置简单方便，易实现各种运动形式的转换，能满足复杂的作业要求，具有许多优良的传动平稳性、过载性、可控性，易实现无级变速，操纵简单轻便。由于建筑工程机械找到了理想的传动装置，推动了建筑工程机械的飞速发展，出现了形形色色完成各种施工作业的建筑工程机械，形成了以全面液压化为标志的第二代产品。

第三次是微电子技术在建筑工程机械方面的广泛应用，尤其是计算机技术的广泛应用，使建筑工程机械向着高性能、自动化和智能化方向发展。要使建筑工程机械高效节能，就要对发动机和传动系统进行控制，合理分配功率，使其处于最佳工况；为了减轻驾驶员的劳动强度和改善操纵性能，需要采用自动控制，实现建筑工程机械自动化；要完成高技能的作业，就需要智能化；为了提高安全性，需要安全控制，进行运行状态监控，故障自动报警；随着建设领域的扩展，为了避免人员到无法及不易接近的场所和作业环境十分恶劣的地方去作业，需要采用远距离操纵和无人驾驶技术。近年来，建筑工程机械的发展主要是操纵和控制机构的改进，例如，摊铺机自动找平控制，挖掘机节能控制、全功率控制、轨迹控制、自动挖掘控制等。推土机、装载机等操纵杆数的减少，操纵功率逐渐下降，操纵越来越方便。有的装载机转向操纵已从方向盘改为操纵杆式转向。动力装置方面：柴油机已采用微机控制电子喷射和电子调速器，挖掘机、推土机和装载机都采用了发动机工况控制，根据作业工况通过电子控制，使发动机输出不同的功率。传动装置方面：如装载机变速器采用了电子操纵、微机控制自动换挡和换挡品质控制等。

1.3.2 现代建筑工程机械的发展趋势

现代建筑工程机械的发展趋势，不仅与机械化施工的需要密切相关，而且与其他领域的科学技术发展相关，建筑工程机械的发展必然对机械化施工和管理提出新的要求，其中包括：

1. 机动性要求的提高

建筑业与其他制造业的不同之处在于，制造业的产品是流动的、生产设备是固定的，而建筑业则是产品固定的、施工机械是流动的。因此，建筑工程机械的机动性能可以大大提高设备的利用率和生产率，为设备在不同施工场地之间的快速转移、工程迅速衔接提供了必要的手段，而且也是机械作业所必需的。对一般施工机械机动性而言，以轮胎式最为理想，所以当前施工机械机动性的发展方向是以轮胎化作为其主要的标志，甚至大功率的轮胎式推土机已出现。当然，部分施工机械中，如土方机械、起重机械等方面，轮胎式还不能完全代替履带式；轨道起重机也在提高其机动性，现已有履带型塔式起重机。除了推土机，挖掘机外，履带式工程机械已呈现衰退趋势，而多功能型、机电液一体化的，以及轮胎式的机械正方兴未艾，在今后的相当一段时间，这种趋势还将不断持续下去。

2. 容量向两极发展

在工业迅速发展、建筑规模越来越大的今天，为大型机械的采用提供了先决条件，使工程机械的大型化得到了较快的发展。另一方面，为了提高工效，缩短工期，提高质量，过去那些由人工辅助完成的各种零星分散、工作面窄小的小量工程也都设法采用机械施工。于是又产生了各种小型的、甚至是超小型的施工机械。上述两个原因构成了现今工程机械向两极发展的新动向，以挖掘机为例，目前的单斗挖掘机斗容已经从普通常用的 $0.4m^3$ 发展到 $30m^3$，这样的大型设备一旦投入施工生产，就能获得巨大的经济效益。相反小型挖掘机的斗容量仅为 $0.01m^3$，挖斗仅有普通铁锹的大小。

3. 机电液一体化技术的应用

机电液一体化技术在建筑工程机械中的应用，大大提高了建筑工程机械的可靠性、实用性，特别是液压传动使建筑工程机械得到极大的增力比值，自动调节操作轻便，易于实现大幅度无级调速。容量大、结构简单、操作方便等特点使机电液一体化技术的应用已成为建筑工程机械的主流。

4. 满足多样化作业环境及一机多用型式

随着施工作业条件的多样化，施工机械的适应能力要相应提高，以便大幅度地提高机械的利用率，节约投资、降低成本。因此，世界各国都在积极研制开发一机多用以及能够适应各种特殊作业环境的机型，主要表现在中、小型建筑工程机械方面，尤其是小型建筑工程机械。

5. 提高作业质量和加工精度

随着建筑事业的发展，对工程质量的要求越来越高。例如：高速公路施工中使用的平地机与摊铺机等平整机械，其作业精度要求限制在几毫米的偏差范围内，人工操作已无法满足这样的要求，必须采用自动调平控制装置。

6. 改善操纵性能，减轻司机劳动强度

建筑工程机械的操纵手柄和踏板多，有的机械操作时需要手脚并用，不仅劳动强度大，而且操纵复杂，要求操纵技能高。如：在装载机循环作业中，在单位时间内的换挡极为频繁，劳动强度大。如果采用电控及电磁阀来进行换挡，可以大大降低换挡操纵人员的劳动强度。

7. 充分利用发动机功率，提高作业效率

通过对液压系统的自动负荷控制，可以使发动机在最佳工况下工作，并防止液压系统超载。例如：在挖掘机的液压系统中，采用多泵多回路液压控制系统，工作时经常多泵驱动和多个油缸同时动作，各泵的总吸收扭矩和发动机扭矩相匹配，充分利用发动机功率，还要求各作用油缸的功率按作业需要合理分配，以提高其作业效率，同时防止发动机过载熄火。

8. 降低燃油消耗量，进行节能控制

铲土运输机械采用微机控制自动换挡，由于能正确的选择挡位，可以大大节约燃油。根据国外相关试验资料表明，熟练司机比不熟练司机可以节省燃油百分之几十，而采用自动换挡又能比熟练司机节约燃油 20%～25%。

9. 提高安全性，防止事故发生

目前，起重机械（塔式、轮胎式和汽车式起重机）均装有力矩限制器，限制超载现象。在狭窄地区工作时，起重机有回转机构可以设定转角范围和限位装置，以免碰撞事故的发生。此外，还装有接近高压电线时自动报警的装置，能防止触电事故的发生。

10. 机械运行状态监控和自动报警

建筑工程机械采用电子监控装置，对发动机、传动系统、制动系统和液压系统等的运行状态进行实时监控，一旦出现异常情况，能够根据故障状况进行判断，并发出警报或及时采取相应措施。通过这些电子监控装置，司机在驾驶座上能够一目了然地了解到机械的各种运行状态。

11. 机械故障的自动诊断

电子故障诊断装置用于诊断现场工作的建筑工程机械是否有故障，性能是否降低，零部件是否过度磨损，并及早发现和防止事故扩大，从而提高机械出勤率，降低修理费用。这些诊断装置包括：对发动机、液压传动系统的油液自动进行金属微粒含量分析；探求故障和金属磨耗产生原因的原子吸光分析仪；用于检测油质，从而确定油更换期的红外线分光分析仪；按规定的时间间隔或在异常状态时自动采油的装置；预先在计算机中储存液压泵或变速箱的振动波形，然后测定使用过程中液压泵或变速箱的振动波形，对两者各自的波形加以比较并自动判断是否异常的振动分析仪。还有结构件超声波探伤仪和装有电子检测装置与微型计算机的综合诊断车等。

12. 机器人功能的发展

在建筑工程机械的发展中，根据不同的需要，或为了满足危险作业现场、人无法接近的场地、作业环境十分恶劣的场所、海洋开发海底作业等，需要远距离操纵和无人驾驶建筑工程机械。另外，还有矿区无人驾驶自卸汽车、水下挖掘机、水下推土机和海底步行机器人等。

第 2 章 土方工程机械

§2.1 概　述

土方工程机械是对土壤或其他松散材料进行挖掘、装载、运输、摊铺、压实的机械。根据工程作业性质，土方工程机械可以分为准备作业机械、铲土运输机械、挖掘机械、平整作业机械、压实机械和水力土方机械等。

准备作业机械用于清理土方工程施工场地和翻松坚实地面，以利于其他机械进行作业，常用的有除荆机和松土机。除荆机是以拖拉机为基础，前端装上 V 形刀架，刀架两侧下方装上刀片，工作时，机械一边前进一边切割灌木，并将割下的树干推向两旁，一般可以砍伐直径小于 20cm 的树木，工作效率较高。松土机是拖拉机后端悬装的单齿耙或多齿耙，用于翻松土壤，破碎碎石路面或清除树根。

铲土运输机械利用刀形或斗形工作装置铲削土壤，并将碎土输送一段距离，常用的有推土机、铲运机和装载机。

挖掘机械利用斗形工作装置挖土，只进行挖掘，不进行运土，或将土卸于弃土堆，或利用运输工具运土，分单斗和多斗两种型式。另有一种滚切式挖掘机，是在拖拉机前方装置一个具有多排滚刀的转架，当拖拉机前进时，转架旋转，滚刀自上而下切削土壤，工作效率高，但是易受到土质和地形条件的限制，使用不广泛。

平整作业机械利用长刮刀平整场地或修筑道路，常用的是各种平地机。

压实机械利用静压、振动或夯击原理，使地基土层和道路铺砌层密实，增加地基的密实度，以提高其承载能力。压实机械有羊足碾、各种压路机和夯实机等。

水力土方机械利用高速水射流冲击土壤或岩体进行开挖，然后将泥浆或岩浆输送到指定地点进行堆积去水。常用的有水泵、水枪、泥浆泵等，河道上疏浚作业的挖泥船和吸泥船也属水力土方机械。水力土方机械能够综合地完成挖掘、输送、填筑等作业，效率较高，但耗电、耗水量大，使用有较大的局限性。

土方工程具有工程量大，工期较长，施工条件复杂，劳动强度大，占用的劳动力多等特点，因此，土方工程施工应根据地质状况、工程量、工程特点、预计工期等条件，制定出最佳的施工方案。依据施工方案，来正确选择适宜的土方工程机械，并在机械品种、容量、性能和数量上作出合理的技术经济分析，采用最佳的机械配套方案，进行土方工程作业。实现土方工程的机械化施工有着十分重要的意义，这项工作不但可以提高劳动生产率、加快施工进度、保证工程质量、降低工程成本，而且还可以减轻繁重的体力劳动，节省大量的劳动力。

土壤是建筑工程机械的主要工作对象。因此，土壤的性质对建筑工程机械的作业性能、可靠性与寿命等都有很大影响。说明土壤性质的参数主要有下列几项指标：

(1) 容积重量。是指单位体积土壤的重量，一般以 t/m³ 计。在结实土块中，自然湿度状态下，原有的容积重量和疏松之后的容积重量是不同的，计算土方时应予以注意。

(2) 松散系数。同一重量的土壤，松散后的体积与原来体积之比称为松散系数。松散系数是用来确定挖掘机、装载机、推土机等土方机械生产率的重要因素之一。

(3) 自然静止角。是指松散的土壤从高处卸下时所形成土堆的坡角。自然静止角的大小取决于土壤种类和含水量，一般以角度或土堆边坡的水平投影长度与垂直长度之比来表示。不同土质的土壤和干土、潮土、湿土等的自然静止角均不同。粘土、干土和砾石干土的自然静止角最大，细砂、湿土的自然静止角最小。

(4) 抗陷系数。机械在地面行走时，使地面沉陷并压实。规定使地面沉陷 1cm 时所需的比压为土壤的抗陷系数。沼泽土的抗陷系数最低，干黄土的抗陷系数最高。

(5) 允许比压。规定土壤被挤压而沉陷 10~15cm 时所承受的比压为允许比压。干黄土的允许比压最高。

(6) 土壤摩擦系数。土壤颗粒间的摩擦系数为土壤的内摩擦系数。土与钢铁的摩擦系数随土壤质地的不同而不同，泥灰土与钢铁的摩擦系数较高。

(7) 其他指标。土壤颗粒的粘结性或粘聚力表明土壤的硬度和抵抗切削以及挖掘的能力。岩石土的粘结性较高，散粒土实际上不存任何颗粒粘聚性；湿度是表示这种土壤体积内含水的重量，一般以百分数表示。湿度取决于土壤的透水性及土壤通过水的能力和土壤容水量，即土壤的吸水能力。土壤湿度与容水量影响土壤的粘结性；塑性土在一定湿度下受到外力作用，有保持其所得到形状的能力。湿度相当大时，塑性土壤有粘着性。这种土壤粘着土方机械的工作机构，会使工作发生困难，降低其生产率；稳定性是土壤保持符合该类土壤和斜坡构造的能力。土方工程机械在坡道上工作的安全性取决于土壤的稳定性。

§2.2 挖掘机

2.2.1 概述

挖掘机(excavating machinery)是用于挖取土壤和其他松散材料或剥离土层的机械。第一台手动挖掘机问世至今已有 130 多年的历史，期间经历了由蒸汽驱动斗回转挖掘机到电力驱动和内燃机驱动回转挖掘机、应用机电液一体化技术的全自动液压挖掘机的逐步发展过程。

由于液压技术的应用，20 世纪 40 年代有了在拖拉机上装配液压反铲的悬挂式挖掘机，20 世纪 50 年代初期和中期相继研制出拖式全回转液压挖掘机和履带式全液压挖掘机。初期试制的液压挖掘机是采用飞机和机床的液压技术，缺少适用于挖掘机各种工况的液压元件，制造质量不够稳定，配套件也不齐全。从 20 世纪 60 年代起，液压挖掘机进入推广和蓬勃发展阶段，各国挖掘机制造厂和品种增加很快，产量猛增。1968—1970 年间，液压挖掘机产量已占挖掘机总产量的 83%，目前已接近 100%。

目前，机械式挖掘机已被液压挖掘机所取代。除大型采矿挖掘机外，中小型挖掘机都是液压挖掘机。尤其是规格齐全的履带式液压挖掘机，均采用先进的液压技术和计算机技术，可以配备多种工作装置，这种挖掘机使用可靠，生产率高。

2.2.2 挖掘机的分类

挖掘机产品的划分如表 2.2.1 所示。

表 2.2.1　　　　挖掘机械产品类、组、型、特征划分表

类	组	型	特征	产品名称
挖掘机械	单斗挖掘机	履带式	机械	履带式机械单斗挖掘机
			电动	履带式电动单斗挖掘机
			液压	履带式液压单斗挖掘机
		汽车式	机械	汽车式机械单斗挖掘机
			液压	汽车式液压单斗挖掘机
		轮胎式	机械	轮胎式机械单斗挖掘机
			电动	轮胎式电动单斗挖掘机
			液压	轮胎式液压单斗挖掘机
		步履式	机械	步履式机械单斗挖掘机
			电动	步履式电动单斗挖掘机
			液压	步履式液压单斗挖掘机
	多斗挖掘机	斗轮式	机械	斗轮式机械挖掘机
			电动	斗轮式电动挖掘机
			液压	斗轮式液压挖掘机
		链（条）斗式	机械	链（条）斗式机械挖掘机
			电动	链（条）斗式电动挖掘机
			液压	链（条）斗式液压挖掘机
	特殊用途挖掘机	水陆两用式	—	水陆两用挖掘机
		隧道式	—	隧道挖掘机
		湿地式	—	湿地挖掘机
		船用式	—	船用挖掘机
	装载挖掘机	—		装载挖掘机
	多斗挖沟机	斗轮式	机械	斗轮式机械挖沟机
			电动	斗轮式电动挖沟机
			液压	斗轮式液压挖沟机
		链斗式	机械	链斗式机械挖沟机
			电动	链斗式电动挖沟机
			液压	链斗式液压挖沟机
		链齿式	—	链齿式挖沟机
	掘进机	盾构掘进机	—	盾构掘进机
		顶管掘进机	—	顶管掘进机
		隧道掘进机	—	隧道掘进机
		涵洞掘进机	—	涵洞掘进机

2.2.3 单斗挖掘机

1. 单斗挖掘机的分类

单斗挖掘机是挖掘机械中使用最普遍的机械。有专用型和通用型,专用型挖掘机供矿山采掘用,通用型挖掘机主要用在各种建设的施工中。单斗挖掘机的工作装置根据建设工程的需要可以换抓斗、装载、起重、碎石和钻孔等多种工作装置,扩大了挖掘机的使用范围。单斗挖掘机有许多种类,除了按传动的类型不同可以分为机械式和液压式以外,还可以按工作装置的不同分为正铲、反铲、拉铲、抓铲等。如图2.2.1所示。

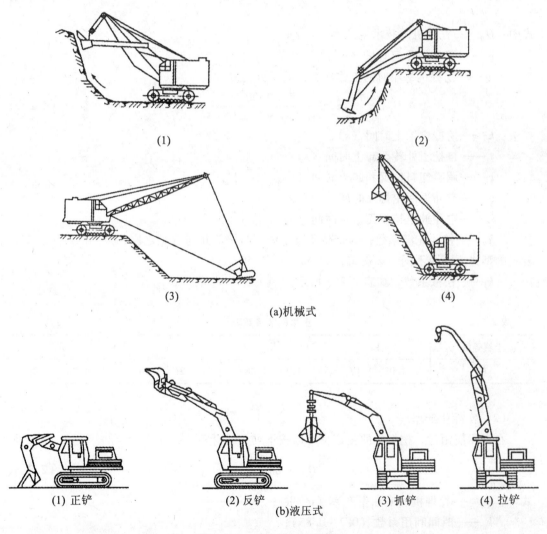

图 2.2.1 单斗挖掘机分类图

正铲挖掘机的铲斗铰装于斗杆端部,由动臂支持,其挖掘动作由下向上,斗齿尖轨迹常呈弧线,适于开挖停机面以上的土壤。

反铲挖掘机的铲斗也与斗杆铰接,其挖掘动作通常由上向下,斗齿轨迹呈圆弧线,适于开挖停机面以下的土壤。

抓铲挖掘机的铲斗由两个或多个颚瓣铰接而成,颚瓣张开,掷于挖掘面时,瓣的刃口切入土中,利用钢索或液压缸收拢颚瓣,挖抓土壤。松开颚瓣即可以卸土。抓铲挖掘机常用于基坑或水下挖掘,挖掘深度大,也可以用于装载颗粒物料。

2. 技术生产率及其提高措施

(1) 技术生产率

单斗挖掘机的技术生产率主要取决于铲斗的容量、工作速度及被挖的土质,可以按下列公式计算

$$Q_W = qn\frac{k_H}{k_P} \tag{2.2.1}$$

式中:Q_W——挖掘机的技术生产率(m^3/h);

q——铲斗的几何容量(m^3);

n——挖掘机每小时的工作次数,按下列公式计算

$$n = \frac{3600}{t_1 + t_2 + t_3 + t_4 + t_5} \tag{2.2.2}$$

式中:t_1——挖掘机挖土时间(s);

t_2——自挖土处转至卸土时间(s);

t_3——调整卸料位置和卸土时间(s);

t_4——空斗返回挖掘面时间(s);

t_5——空斗放至挖掘面始点时间(s)。

k_H——铲斗充满系数,为铲斗所装土体积与铲斗几何容积之比,因土的性质和工作装置的型式不同而不同。如正铲,$k_H = 0.75 \sim 1.50$;

k_p——松散系数,如表2.2.2所示。

表2.2.2 土壤松散系数表

土壤等级	Ⅰ	Ⅱ	Ⅲ	Ⅳ
k_p	1.08~1.17	1.14~1.28	1.24~1.30	1.28~1.32

(2) 实际生产率

在实际使用时,挖掘机的生产率可以按下列公式计算

$$Q_Z = qn\frac{k_H}{k_p}k_B k_W \tag{2.2.3}$$

式中:Q_Z——挖掘机的实际生产率(m^3/h);

k_B——时间利用系数(0.7~0.85);

k_W——土壤阻力系数,一般为0.05~1.0。

(3) 提高挖掘机生产率的措施

提高挖掘机的生产率应从施工组织设计与技术操作过程两方面进行。

①施工组织设计方面

在设计施工组织时,要满足与挖掘机配合运输的车辆尽量达到挖掘机的最大生产能力,而装载的容量应该为斗容量的倍数。挖掘机装车时,应尽量采用装运"双放"法、这样可以使挖掘机装满一辆,紧接着又装下一辆。由于两车分别停放在挖掘机铲斗卸土所能及的圆弧线上,铲斗顺转装满一车,反转又可以装满另一车,从而提高装车效率。运输车辆的行驶路线,在施工组织中应事先拟定好,避免进出车辆相互干扰,以利于车辆运行。

②施工技术操作过程方面

挖掘机驾驶员应具有熟练的操作技能,以缩短每一个工作循环的时间。

另外,挖掘机的技术状况、铲斗斗齿的锋利程度等,对挖掘机生产率都有影响。在施工中须注意斗齿的磨损情况,损坏后应及时修复或更换新齿。

3. 单斗挖掘机的选用原则

(1) 单斗挖掘机的适用范围

单斗挖掘机的各种工作装置适用范围如下:

①正铲挖掘机用于挖掘停机面以上的土壤,其挖掘和推压能力(机械式)较大,适于在Ⅰ~Ⅳ级土壤或爆破后Ⅴ~Ⅵ级岩石中工作。

②反铲挖掘机用于挖掘停机面以下的土壤,可以在Ⅰ~Ⅳ级土壤或爆破后Ⅴ~Ⅵ级岩石中工作,反铲装置带有吊钩也用于管道的敷设作业。

③拉铲挖掘机宜于挖掘停机面以下的掌子,并适合水下作业。拉铲的挖掘能力受铲斗自重的限制,一般只能挖掘Ⅰ~Ⅳ级土壤。

④抓斗挖掘机可以在提升高度和挖掘深度范围内用来挖掘停机面以上或以下的掌子,特别适合挖掘深且边坡陡直的基坑和深井,可以进行水下作业,其挖掘深度一般比拉铲大20%~40%,抓斗的挖掘能力因受自重限制,只能挖掘一般土料、砂砾和松散物料。

(2) 单斗挖掘机的选型

单斗挖掘机有许多品种型式。由于工程规模、施工条件、使用场合各不相同,对挖掘机的要求也不一样。选择适合于具体情况,优质、高效率的挖掘机,对于提高施工质量、加快施工进度、降低工程造价、改善劳动条件都有很大作用。单斗挖掘机的选型主要从如下三方面考虑:

①根据设计的总工程量、高峰工程量、施工期限、工程造价、设备投资、自然条件、开挖层次等方面的因素,来选择合适的机型。

②根据土壤的性质、级别、施工方法、工作面位置等因素来选择工作装置的型式。

③根据施工现场的动力供应条件,地层的稳定性和抗陷系数,内部道路质量和坡度大小以及非运输性行走距离和频繁程度等因素,来确定单斗挖掘机的动力装置和行走装置的型式。

2.2.4 液压单斗挖掘机

建筑工程中常见的挖掘机为液压单斗挖掘机。液压单斗挖掘机是一种采用液压传动并以一个铲斗进行挖掘作业的机械。这种机械主要是通过铲斗挖掘、装载土壤或石块,并旋转至一定的卸料位置(通常是运输车辆)卸载,是一种集挖掘、装载、卸料于一体的高效施工机械。广泛应用于建筑施工、市政工程、道路桥梁、机场港口、农田水电、国防工事等土石方施工和露天矿场的采掘作业中。

1. 基本构造

液压单斗挖掘机主要由工作装置、回转机构、回转平台、行走装置、动力装置、液压系统、电气系统和辅助系统等组成。工作装置是可以更换的，可以根据作业对象和施工的要求进行选用。如图 2.2.2 所示为 EX200V 型液压单斗挖掘机的构造简图。

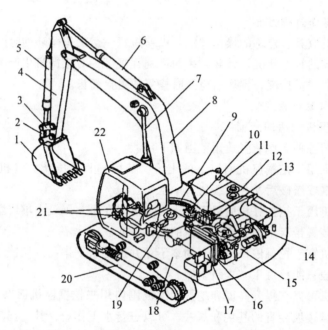

1—铲斗；2—连杆；3—摇杆；4—斗杆；5—铲斗油缸；
6—斗杆油缸；7—动臂油缸；8—动臂；9—回转支承；
10—回转驱动装置；11—燃油箱；12—液压油箱；13—控制阀；14—液压泵；15—发动机；16—水箱；17—液压油冷却器；18—平台；19—中央回转接头；20—行走装置；
21—操作系统；22—驾驶室

图 2.2.2　EX200V 型液压单斗挖掘机构造简图

(1) 工作装置

液压挖掘机的常用工作装置有反铲、抓斗、正铲、起重和装载等，同一种工作装置也有许多不同形式的结构，以满足不同工况的需求，最大程度的发挥挖掘机的效能。在建筑工程和公路工程的施工中多采用反铲液压挖掘机。如图 2.2.2 所示为反铲工作装置，其主要由动臂 8、斗杆 4、铲斗 1、连杆 2、摇杆 3 及动臂油缸 7、斗杆油缸 6、铲斗油缸 5 等组成。各部件之间的连接以及工作装置与回转平台的连接全部采用铰接，通过三个油缸伸缩配合，实现挖掘机的挖掘、提升和卸土等动作。

调节三个液压缸的伸缩长度可以使铲斗在不同的工作位置进行挖掘，这些液压缸的伸缩不等，可以组合成各种铲斗挖掘位置。各种位置可以形成一个最大的斗齿尖活动范围（即斗尖所能控制的工作范围），如图 2.2.3 所示的包络图。图 2.2.3 中可以显示挖掘机的铲斗尖所能达到的最大挖掘深度 A，最大挖掘半径 D，最大挖掘高度 B 及最大卸载高度 C，这些尺寸就是挖掘机的主要工作尺寸。

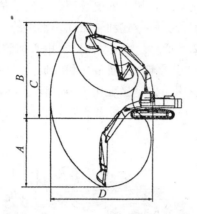

图 2.2.3 挖掘机工作范围包络图

(2) 回转平台

如图 2.2.2 所示，回转平台上布置有发动机 15、驾驶室 22、液压泵装置 14、回转驱动装置 10、回转支承 9、多路控制阀 13、液压油箱 12 和燃油箱 11 等部件。工作装置铰接在平台的前端。回转平台通过回转支承与行走装置连接，回转驱动装置使平台相对底盘 360°全回转，从而带动工作装置绕回转中心转动。

(3) 回转机构

如图 2.2.4 所示，回转机构由回转驱动装置 1 和回转支承 2 组成。回转支承连接平台与行走装置，承受平台上的各种弯矩、扭矩和载荷。采用单排滚珠式回转支承，由外圈 3、内圈 4、滚球 5、隔离块 6 和上下封圈 7 等组成。滚球之间用隔离块隔开，内圈 4 固定在行走架上，外圈 3 固定在回转平台上。

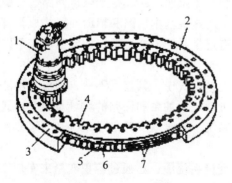

1—回转驱动装置；2—回转支承；
3—外圈；4—内圈；5—滚球；
6—隔离块；7—上下封圈
图 2.2.4 回转机构简图

驱动装置给回转机构提供动力，由制动补油阀、回转马达及二级行星减速器和回转小齿轮等组成。

(4) 行走装置

液压挖掘机的行走装置是整个挖掘机的支承部分，支承整机自重和工作荷载，完成工作性和转场性移动。行走装置分为履带式和轮胎式，常用的为履带式底盘。

履带式行走装置如图2.2.5所示。由行走架1、中心回转接头2、行走驱动装置3、驱动轮4、托链轮5、支重轮6、引导轮8、履带9和履带张紧装置7等组成。

履带行走装置的特点是牵引力大，接地比压小、转弯半径小、机动灵活，但行走速度低，通常在0.5~0.6 km/h，转移工地时需用平板车搬运。

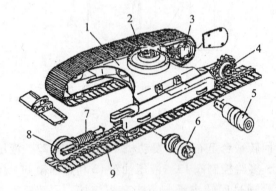

1—行走架；2—中心回转接头；3—行走驱动装置；
4—驱动轮；5—托链轮；6—支重轮；7—履带张紧装置；
8—引导轮；9—履带

图2.2.5　履带式行走装置简图

(5) 液压系统

液压挖掘机的液压系统都是由一些基本回路和辅助回路组成，包括限压回路、卸荷回路、缓冲回路、节流调速和节流限速回路、行走限速回路、支腿顺序回路、支腿锁止回路和先导阀操纵回路等，由上述这些基本回路和辅助回路构成具有各种功能的液压系统。液压挖掘机液压系统大致上有定量系统、变量系统和定量、变量复合系统等三种类型。

①定量系统

在液压挖掘机采用的定量系统中，其流量不变，即流量不随外荷载而变化，通常依靠节流来调节速度。根据定量系统中油泵和回路的数量及组合形式，可以分为单泵单回路定量系统、双泵单回路定量系统、双泵双回路定量系统及多泵多回路定量系统等。

②变量系统

在液压挖掘机采用的变量系统中，是通过容积变量来实现无级调速的，其调速方式有三种：变量泵—定量马达调速、定量泵—变量马达调速和变量泵—变量马达调速。

单斗液压挖掘机的变量系统多采用变量泵—定量马达的组合方式实现无级变量，且都是双泵双回路。根据两个回路的变量有无关联，分为分功率变量系统和全功率变量系统两种。分功率变量系统的每个油泵各有一个功率调节机构，油泵的流量变化只受自身所在回路压力变化的影响，与另一回路的压力变化无关，即两个回路的油泵各自独立地进行恒功率调节变量，两个油泵各自拥有一半发动机输出功率；全功率变量系统中的两个油泵由一个总功率调节机构进行平衡调节，使两个油泵的摆角始终相同、同步变量、流量相等。决定流量变化的是系统的总压力，两个油泵的功率在变量范围内是不相同的。

2. 主要技术性能

液压挖掘机的主要参数有：斗容量、机重、功率、最大挖掘半径、最大挖掘深度、最大卸载高度、最小旋转半径、回转速度、行走速度、接地比压、液压系统工作压力等。其中主要参数有三个，即标准斗容量、机重和额定功率，用来作为液压挖掘机的分级标志参数，反映液压挖掘机级别的大小。我国液压挖掘机的规格按照国际标准已由原来的斗容量分级改为机重分级，常见的液压挖掘机有 3t、4t、5t、6t、8t、10t、12t、16t、20t、21t、22t、23t、25t、26t、28t、30t、32t 等。

(1) 标准斗容量

标准斗容量是指挖掘Ⅳ级土壤时，铲斗堆尖时斗容量（m^3）。标准斗容量直接反映了挖掘机的挖掘能力和效果，并以此选用施工中的配套运输车辆。为充分发挥挖掘机的挖掘能力，对于不同级别的土壤可以配备相应不同斗容的铲斗。

(2) 机重

机重是指带标准反铲或正铲工作装置的整机重量（t）。机重反映了机械本身的重量级，对技术参数指标影响很大，影响挖掘能力的发挥，功率的充分利用和机械的稳定性，故机重反映了挖掘机的实际工作能力。

(3) 额定功率

额定功率是指发动机在正常运转条件下，飞轮输出净功率（kW）。额定功率反映了挖掘机的动力性能，是机械正常运转的必要条件。

3. 特点

(1) 液压挖掘机的优点：

①挖掘力及牵引力大，传动平稳，传动比大，作业效率高。不需要庞大复杂的中间传动，简化了机构，重量可以比同级的机械传动挖掘机减轻30%，降低了接地比压，因而大大改善了挖掘机的技术性能。

②各元件可以相对独立布置，各零部件位置同心度无严格要求，可以达到结构紧凑，合理布局，易于改进变型。更换工作装置时简单方便，扩大了其使用范围。

③液压传动有防止过载的能力，使用安全可行，操纵简便、灵活、省力，使司机工作条件得到改善。

(2) 液压挖掘机的缺点：

①液压元件加工精度要求高，装配要求严格，制造较为困难。使用中维修保养要求技术较高，难度较大。

②液压油受温度影响较大，总效率较低，有时有噪音和振动。

2.2.5 多斗挖掘机

多斗挖掘机是利用多个铲斗连续挖掘、运送和卸料的挖掘机械。把铲斗换成铲刀或铣刀即可以改制成滚切式或铣切式挖掘机，其特点是连续作业、生产率高、单位能耗较小，可以用于露天矿剥离与采矿、开挖运河、修筑路堑、装卸散料和挖掘沟渠等。

多斗挖掘机一般用于挖掘Ⅳ级以下土壤，土中夹杂物最大不得超过铲斗切削边缘宽度的 0.2~0.25。其所开挖的工作面具有光滑、平整的特点，一般不必再用人工或其他机械来加工修整。用多斗挖掘机施工的主要优点就是生产率高，特别适用于土质单一、工作性质相同的大型土方工程中。在不需要经常调移、土方作业比较集中的地区，使用多斗挖掘机是非常经济合理的。此时的能耗和单位施工成本都比单斗挖掘机低。但是，由于其工作装置的特殊性，在使用上也受到限制，转移工地比较困难。

多斗挖掘机的基本工作原理为：在轮架周沿上，按一定间距安装铲斗，工作时铲斗随斗链的移动或轮架的回转，在挖掘面上自下而上进行挖土。当铲斗升至顶部，土壤由于自重卸于连续运载的带式输送机上运出。为使每个铲斗的运动轨迹不重复上一个铲斗的轨迹，作业时，机械需匀速运行或回转，使铲斗的运动轨迹为斗链或斗轮的运动和机械的运行或回转运动的合成。

多斗挖掘机有链斗式、斗轮式、滚切式和铣切式。按工作运行方向与铲斗装置平面平行或垂直，又可以分为纵向挖掘和横向挖掘两种。中小型多斗挖掘机多采用双履带行走装置，大型挖掘机则采用多履带或轨道行走装置。

多斗挖掘机的动力装置和传动系统包括发动机、机械或液压传动装置、操纵机构和附属设备等。中小型多斗挖掘机多用内燃机驱动，大型机则多用电力驱动。

§2.3 铲土运输机械

铲土运输机械是指利用刀形或斗形切削装置在行进中铲掘、切削土石方，并能把铲削的土石方运送到一定距离自行卸掉的机械。

铲土运输机械是工程机械中的一大类型，主要有推土机、装载机、铲运机、平地机等。这类机械能完成刮削、铲掘、装卸堆积物料、平整场地、修筑边坡、露天矿场剥离等大量平面性的土石方工程作业，也是工程准备工作的主要机械。

2.3.1 推土机

1. 推土机的用途与分类

推土机是以履带式或轮式拖拉机牵引车为主机，再配置悬式铲刀的工程机械。推土机作业时，将铲刀切入土中，依靠机械的牵引力，完成土壤的切割和推运。可以完成铲土、运土、填土、平地、松土、压实以及清除杂物等作业，还可以为铲运机松土和助铲以及牵引各种拖式工作装置等作业。

履带式推土机是使用最广泛的一种推土机，适宜于Ⅳ级以下土壤的推运。当推运Ⅳ级和Ⅳ级以上土壤和冻土时，必须先进行松土。推土机的合理运距为 50~100m。

推土机有许多种类型，通常按下列方法分类：

按传动方式可以分为机械式、液力机械式和全液压式。液力机械式推土机应用最广，机械传动只用于小型推土机。

按推力装置的型式可以分为直铲倾斜式和角铲式。

按用途可以分为通用型和专用型两种。专用型用于特定的工况，如采用三角形履带板以降低接地比压的湿地推土机（比压为 0.02~0.04MPa）和沼泽地推土机（比压在

0.02MPa 以下），还有水陆两用、水下和无人驾驶推土机等。

按发动机功率可以分为小型、中型和大型推土机。发动机功率小于 75kW 为小型，75～239kW 为中型，大于 239kW 为大型。

按行进装置可以分为履带式和轮式推土机。履带式推土机附着性能好，接地比压小，通过性好、爬坡能力强，宜在山区和恶劣的条件下作业。轮式推土机行进速度快，运距稍长，机动灵活，不破坏路面，近年来发展较快。当前，推土机仍以履带式行进装置为主。

2. 推土机的基本构造

履带式推土机以履带式拖拉机配置推土铲刀而成，轮胎式推土机以轮式牵引车配置推土铲刀而成。有些推土机后部装有松土器，遇到坚硬土质时，先用松土器松土，然后再推土。推土机主要由发动机、底盘、液压系统、电气系统、工作装置和辅助设备等组成，如图 2.3.1 所示。

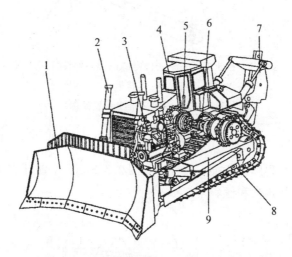

1—铲刀；2—液压系统；3—发动机；4—驾驶室；
5—操纵系统；6—传动系统；7—松土器；
8—行进装置；9—机架
图 2.3.1 推土机的总体构造图

发动机是推土机的动力装置，大多采用柴油机。发动机往往布置在推土机的前部，通过减震装置固定在机架上。电气系统包括发动机的电启动装置和全机照明装置。辅助设备主要由燃油箱、驾驶室等组成。

（1）工作装置

推土机的工作装置为推土铲刀和松土器。推土铲刀安装在推土机的前端，是推土机的主要工作装置，有固定式和回转式两种型式。松土器通常配备在大中型履带推土机上，悬挂在推土机的尾部。

①固定式推土装置

固定式推土装置又称直铲倾斜式推土装置，如图 2.3.2 所示。推土铲刀与拖拉机纵向轴线固定为直角，若同时改变左右斜撑杆的长度就可以调整推土装置刀片与地面的夹角，即切削角。当顶推架与履带台车架球铰连接时，相反调节左右斜撑杆长度，可以改变推土板在垂直面内的倾角。一般来说，从推土装置的坚固性及经济性考虑，小型及经常重载作业的推土机宜用这种型式。

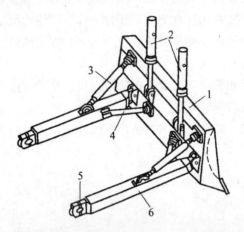

1—推土铲刀；2—升降油缸；3—斜撑杆；
4—水平斜撑杆；5—连接柄；6—顶推架
图2.3.2 固定式推土装置简图

②回转式推土装置

回转式推土装置又称脚铲式推土装置，如图2.3.3所示。推土铲刀能在水平面内回转一定角度，也能调整切削角和倾斜角。

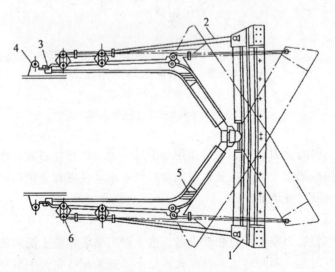

1—推土铲刀；2—斜撑杆；3—顶推门架；4—支承座；5，6—耳座
图2.3.3 回转式推土装置简图

③松土器

推土机的后部往往都悬挂松土器,以提高推土机的利用率,扩大其使用范围,如图 2.3.4 所示。松土器专门用来疏松坚硬的土,破碎需要翻修的路面、软岩层等。用松土器作业比钻孔爆破效率高、成本低且安全,目前超重型松土器可以松动中等硬度的岩石。松土器与推土机配合作业,对硬土层的剥离以及破冻土最为适合。松土器一般能凿裂软岩和翻松土层的厚度为 0.5~1m。

松土器按齿数可以分为单齿松土器和多齿(2~5个齿)松土器。单齿松土器开挖力大,可以松散硬土、冻土层、软石、风化岩、有裂缝的岩层,还可以拔除树根,为推土作业清除障碍。多齿松土器主要用于预松薄层硬土和冻土层,以提高推土机的作业效率。

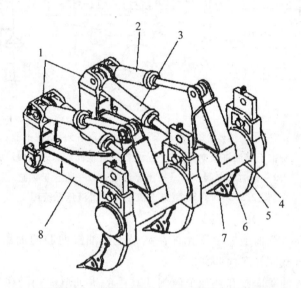

1—安装架;2—倾斜油缸;3—提升油缸;4—横梁;
5—齿杆;6—保护盖;7—齿尖;8—后支架
图 2.3.4 松土器简图

(2) 底盘

推土机底盘部分由主离合器(或液力变矩器)、变速箱、转向机构、后桥、行走装置和机架等组成。底盘的作用是支承整机,并将发动机的动力传递给行走机构和各个操作机构,主离合器装在柴油机和变速箱之间,用来平稳地接合和分离动力。若为液力传动,液力变矩器代替主离合器传递动力。

变速箱和后桥用来改变推土机的运行速度、方向和牵引力。后桥是指在变速箱之后驱动轮之前的所有传动机构,转向离合器改变行进方向。行走装置用于支承机体,并使推土机运行。机架是整机的骨架,用来安装发动机、底盘及工作装置,使全机成为一个整体。

(3) 液压系统

推土机工作装置液压系统可以根据作业需要,迅速提升或下降工作装置,或使其缓慢就位。操纵液压系统还可以改变推土铲的作业方式,调整铲刀或松土器的切削角。

国产 TY180 型履带式推土机工作装置液压系统如图 2.3.5 所示,该系统主要由液压泵 3、换向阀 7 与 8、溢流阀 4 和液压缸 11 与 12 等液压元件组成。其中的液压泵为 CB -

F32C 型齿轮泵；松土器油缸换向阀和推土铲油缸换向阀组成双联滑阀，构成串联油路；控制推土铲、松土器的执行元件分别是两个双作用油缸 11、12。

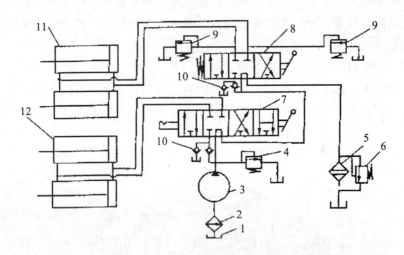

1—油箱；2—粗滤油器；3—液压泵；4—溢流阀；5—精滤油器；6—安全阀；7—推土铲油缸换向阀；8—松土器油缸换向阀；9—过载阀；10—补油单向阀；11—松土器油缸；12—推土铲油缸

图 2.3.5　TY180 型推土机工作装置液压系统图

为防止因松土器过载而损坏液压元件，在松土器油缸两腔的油路中均设有过载阀 9，油压超过规定值时过载阀开启而卸载。

换向阀上设有进油单向阀和补油单向阀，其中的进油单向阀的作用是防止油液倒流。例如，提升推土铲时若发动机突然熄火，液压泵则停止供油，此时进油单向阀使液压缸锁止，使推土铲维持在已提升的位置上，而不致因重力作用突然落下造成事故；补油单向阀的作用是防止液压系统产生气穴现象，即推土铲下落时因重力作用会使缸进油腔产生真空，此时补油单向阀工作，油液自油箱进入液压缸，从而防止了气穴现象的产生。

操纵推土铲的滑阀为四位五通阀，通过操纵手柄可以实现推土铲的上升、下降、中位（即液压缸封闭）和浮动四种动作。其中液压缸浮动是为了在推土机平整场地作业时，使铲刀能随地面的起伏而作上下浮动。松土器液压缸通过三位五通阀的控制，可以实现松土器的上升、下降和中位三种动作。换向阀通过阀芯在阀体内移动，改变不同的油路通断关系，分别控制松土器和推土铲的各种动作。换向阀的一端设有回位弹簧和弹簧座，回位弹簧有一定的预紧力，能使换向阀芯保持中位。

为保持油液清洁，该液压系统的所有控制阀均安装在封闭结构的油箱内。此外，液压泵的入口处和液压系统的回油路上设有滤油器。为了使回油滤清器堵塞时不影响液压系统正常工作，滤油器并联一安全阀，即滤油器堵塞时回油背压使安全阀打开，使液压系统正常回油。

3. 推土机的主要技术参数

推土机的主要技术参数为发动机额定功率、机重、最大牵引力和铲刀的宽度及高度等。几种国产常用推土机的技术参数如表 2.3.1 所示。

表 2.3.1　　　　　　　　　　推土机的主要技术参数表

	型　号	TY60	TY100	T120	T150	TYL180
	型　式	液压履带式	液压履带式	机械履带式	机械履带式	机械轮胎式
推土铲刀	宽度/mm	2280	3810	3760	3760	3190
	高度/mm	738	860	1100	1100	998
	提升高度/mm	625	800	1000	1000	900
	切土深度/mm	290	650	300	300	400
松土器	齿数/个		3	3	3	
	提升高度/mm		550	600		
	松土宽度/mm		1960		110	
	松土深度/mm		550	800	800	
柴油机功率/kW（马力）		44.7（60）	74.4（100）	100.6（135）	119.0（160）	134.0（180）
最大牵引力/kN		36.6	90	120	145	85
行驶速度/（km/h）		3.44~8.47	2.30~10.13	2.27~10.44	2.27~10.44	7~27.5
最大爬坡度/%			58	58	58	46
接地比压/（kg/cm²）		0.41	0.68	0.59	0.59	
油泵型号		CB-46		CB-140E	CBZ-140	CBG2100
外形尺寸（长×宽×高）/mm×mm×mm		4214×2280×2300	6900×3810×3060	6506×3760×2875	1930×1880×1540	6130×3190×2840
整机质量/t		5.9	16	14.7	14.7	12.8
生产厂家		长春工程机械厂	长春工程机械厂	四川建筑机械厂	四川建筑机械厂	郑州工程机械厂

4. 推土机的使用计算

（1）生产率计算

推土机是一种周期作用的土方机械，其工作循环包括铲土、推土、卸土和回程四个过程，其生产率大小取决于每次工作循环的推土量和循环作业时间。

①直铲铲推作业时的生产率计算

推土机直铲作业挖运土壤时，其生产率 Q_1（m³/h）是以单位时间内挖运的土方量来计算的，按下列公式计算

$$Q_1 = \frac{3600 V k_B k_S}{t} \qquad (2.3.1)$$

式中：k_B——时间利用系数，取 $k_B = 0.8 \sim 0.9$；

k_s——坡度影响系数,平地 $k_s=1.0$,上坡 $k_s=0.5\sim0.7$,下坡 $k_s=1.3\sim2.3$;

V——推土铲刀推运的土壤实方体积(m^3),其近似值为

$$V \approx \frac{lh^2}{2k_p \mathrm{tg}\phi} k_n \tag{2.3.2}$$

式中:l,h——推土铲刀的长度和宽度(m);

ϕ——推土铲刀前碎土的自然静止角(见表2.3.2);

k_n——推运时碎土流失系数,取 $k_n \approx 0.75\sim0.95$(运距大的松散土取低值);

k_p——土壤的松散系数,见表2.2.2;

t——每一工作循环的延续时间(s),其值为

$$t = \frac{l_1}{v_1} + \frac{l_2}{v_2} + \frac{l_3}{v_3} + t_1 + t_2 + 2t_3 \tag{2.3.3}$$

式中:l_1、l_2、l_3——推土机铲掘、推运、回程的距离(m);

v_1、v_2、v_3——推土机铲掘、推运、回程的速度(m/s);

t_1——换挡时间,$t_1 \approx 5\mathrm{s}$;

t_2——放下推土铲刀时间,$t_2 \approx 4\mathrm{s}$;

t_3——调头时间,$t_3 \approx 10\mathrm{s}$。

表2.3.2　　　　　　　各种土壤的自然静止角表(°)

土壤	土的状态			土壤	土的状态		
	干	潮	湿		干	潮	湿
砾石	40	40	35	粘土	45	35	15
大粒砂	30	35	27	亚粘土	50	40	30
普通砂	28	32	25	轻质亚粘土	40	30	20
细粒砂	25	30	20	种植土	40	35	25

②斜铲平整场地作业时的生产率计算

推运机斜铲作业平整场地的生产率 Q_2(m^3/h)按下列公式计算

$$Q_2 = \frac{3600L(l\sin\theta - b)k_B}{n\left(\dfrac{L}{v} + t_3\right)} \tag{2.3.4}$$

式中:L——平整地段的长度(m);

θ——推土铲刀在水平面上的斜角(°),$\theta=25°$;

b——两相邻平整段的重叠部分,取 $0.3\sim0.5\mathrm{m}$;

n——每一点上的平整次数;

v——工作速度(m/s)。

(2)牵引力计算

推土机作业时的牵引力 T 必须克服总阻力 W

$$T \geqslant W \tag{2.3.5}$$

式中

$$W = W_1 + W_2 + W_3 + W_4 + W_5 \quad (2.3.6)$$

式中：W_1——运行阻力（N），$W_1 = 10G_0w$。G_0 为推土机质量（kg），w 为运行阻力系数，取 0.1~0.15；

W_2——挖掘阻力（N），$W_2 = kF$。k 为土壤切削比阻力（N/cm²），如表 2.3.3 所示，F 为推土铲刀切开的土体断面面积；

W_3——碎土推移阻力（N），$W_3 = 10G\mu_1\cos\theta$。G 为所推运的碎土质量，按实方体积 V 与容重 γ 的乘积确定，μ_1 为土与土的摩擦系数，如表 2.3.4 所示，θ 为推土铲刀在水平面上的斜角；

W_4——碎土沿推土铲刀滑移阻力（N），$W_4 = 10G\mu_1\mu_2(\sin\beta\cos\theta + \sin\beta\cos\theta + \sin\beta\cos\beta\cos\theta)$，$\mu_2$ 为土与钢铁的摩擦系数，见表 2.3.4，β 为推土铲刀在垂直面上的斜角，$\beta = 10°$；

W_5——坡度阻力（N），$W_5 = 10G_0\cos\alpha$，α 为坡道的坡角（°）。

表 2.3.3　　　　　　　　土壤切削比阻力表（N/cm²）

土壤等级	I	II	III	IV
k	5	8~10	12~20	20~30

表 2.3.4　　　　　　　　土壤的摩擦系数表

土壤名称	土与土的摩擦系数 μ_1	土与钢铁的摩擦系数 μ_2
砂	0.58~0.75	0.73
粘土	0.7~1	0.5~0.75
小块砾石	0.9~1.1	—
泥灰土	0.75~1	0.6~0.75
饱和水分的粘土	0.18~0.42	—
碎石	0.9	0.84
水泥	0.84	0.73

2.3.2　铲运机

1. 铲运机的用途与分类

铲运机是一种利用铲斗铲削土壤，并将碎土装入铲斗进行运送的铲土运输机械，能够完成铲土、装土、运土、卸土和分层填土、局部碾实的综合作业，适于中等距离运土。在铁路、道路、水利、电力和大型建筑工程中，用于开挖土方、填筑路堤、开挖河道、修筑堤坝、挖掘基坑、平整场地等工作。具有较高的工作效率和经济性。其应用范围与地形条件、场地大小、运土距离等有关。铲削Ⅲ级以上土壤时，需要预先松土。

铲运机的运距比推土机大，拖式铲运机适宜的运距为 800~1 000m，自行式铲运机适宜运距为 800~5 000m。自行式铲运机的工作速度可以达到 40km/h 以上，充分显示了铲运机在中长距离作业中具有很高的生产效率和良好的经济效益的优越性。建筑工程施工铲运机主要用于大型基坑的开挖及大面积、自然地坪的场地平整。

铲运机有许多种类，其分类如下：

(1) 按斗容量可以分为：小型（$5m^3$ 以下）、中型（$5~15m^3$）、大型（$15~30 m^3$）、特大型（$30 m^3$ 以上）铲运机。

(2) 按卸土方式可以分为：强制式、半强制式和自由卸土式铲运机。

(3) 按工作装置操纵方式可以分为：钢丝绳式（目前已很少使用）和液压式铲运机。

钢丝绳式工作装置各部分通过钢丝绳操纵。传动冲击大，易磨损，使用寿命低，结构复杂，操纵费力；由于铲斗靠本身自重下压，切土深度小，延长装载路程和装满铲斗时间，对较硬的土则无法切入，由于以上缺点而被淘汰。

液压式工作装置部分用液压来操纵。能使刀刃强制切土，其结构简单，操纵轻便灵活，应用广泛。

(4) 按行进机构可以分为：拖式和自行式铲运机。

拖式铲运机本身没有行进动力，需借助牵引车牵引来进行作业。这种铲运机又可以分为：

单轴铲运机：铲运机自重和斗中土的重量部分通过牵引装置传至牵引车。

双轴铲运机：牵引车不承受铲运机自重和斗中土的重量。

拖式铲运机用履带式拖拉机或双轮拖式牵引车来牵引，其总长度长，转向不灵活，车速低，工作效率差，适用于运距短，路面条件差（倾斜，不平整，松软土壤）的地方。

自行式铲运机本身具有行进动力，按发动机数可以分为：

单发动机铲运机：由一台发动机驱动。

双发动机铲运机：由两台发动机分别前后驱动。

单发动机铲运机作用在驱动轮上的附着重量仅为整机（满载时）重量的 50%~56%，这大大地降低了其牵引性能；双发动机铲运机作用在驱动轮上的附着重量等于整机重量，改善了其牵引性、通过性能和爬坡性能好，但是其造价高。

(5) 按铲斗装载方式可以分为：普通装载式和链板升运装载式铲运机。

普通装载式铲运机靠牵引车的牵引力和助铲机的推力用带切削刀刃的铲斗在行进中装土。

链板升运装载式铲运机在切削刃上方装有链板运土机构，由该机构把切削刀切削下来的土输送到铲斗内，以加速装土过程及减少装土阻力，可以单机作业不用助铲机。但当土中夹杂着石块时不宜使用。

(6) 按行进装置型式可以分为：轮胎式和履带式铲运机。

与轮胎式铲运机相比较，履带式铲运机接地比压低，附着牵引力大，可以在承载能力低的土壤上工作；转向半径小，作业灵活；履带式铲运机行进速度低，铲运斗装在两条履带之间，其宽度受履带限制，因此斗容量较小。

2. 铲运机的基本构造

拖式铲运机本身不带动力，工作时由履带式拖拉机或轮式拖拉机牵引。这种铲运机的特点是牵引车的利用率高，接地比压小，附着能力大和爬坡能力强等，在短距离和松软潮湿地带工程中普遍使用,其工作效率低于自行式铲运机。

拖式铲运机结构如图2.3.6所示。斗体底部的前面装有刀片,用于切土。斗体可以升降,斗门可以相对斗体转动,即打开或关闭斗门,以适应铲土、运土和卸土等不同作业的要求。

目前,拖式铲运机以其特有的功效已逐步替代了自行式铲运机,设有后挂钩及液压输出端口的拖式铲运机,可以用于牵挂第二台铲运机同时作业。

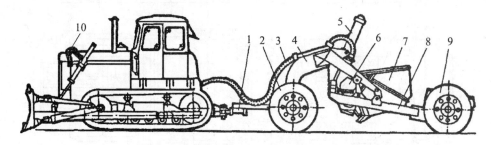

1—拖把;2—前轮;3—油管;4—辕架;5—工作油缸;6—斗门;7—铲斗;
8—机架;9—后轮;10—拖拉机
图2.3.6 CTY2.5型拖式铲运机的构造简图

自行式铲运机多为轮胎式,一般由单轴牵引车和单轴铲斗两部分组成,有的在单轴铲斗后还装有一台发动机,铲土工作时可以采用两台发动机同时驱动。采用单轴牵引车驱动铲土工作时,有时需要推土机助铲。轮胎式自行铲运机均采用低压宽基轮胎,以改善机器的通过性能。自行式铲运机本身具有动力,结构紧凑,附着力大,行驶速度快,机动性好,通过性好,在中距离土方转移施工中应用较多,其效率比拖式铲运机高。图2.3.7为CL7型自行式铲运机的构造简图。

3. 铲运机的作业过程与卸土方式

(1) 作业过程

如图2.3.8所示。铲运机的作业过程包括铲装、运土、卸土和回程四个环节。

①铲装过程:如图2.3.8(a)。升起前斗门,放下铲土斗,铲运机向前行驶,斗口靠斗的自重(或液压力)切入土中,将铲削下来的一层土挤装入铲土斗内。

②运土过程:如图2.3.8(b)。铲土斗装满后,关闭斗门,升起铲土斗,铲运机行进至卸土地段。

③卸土过程:如图2.3.8(c)。放下铲土斗,使斗口与地面保持一定距离,打开斗门,随着机械的前进将斗内的土壤全部卸出,卸出的一层土壤同时被铲运机后部的轮胎压实。

④回程:卸土完毕,关闭斗门,升起铲土斗,铲运机空载行驶到原铲土地段,进行下一个作业循环。

(2) 卸土方式

铲运机的卸土方式有强制式、半强制式和自由倾翻式三种,如图2.3.9所示,可以根据不同工况进行选用。

①强制式卸土:如图2.3.9(a)。卸土原理是靠安装在铲土斗后壁内的可移动卸土板

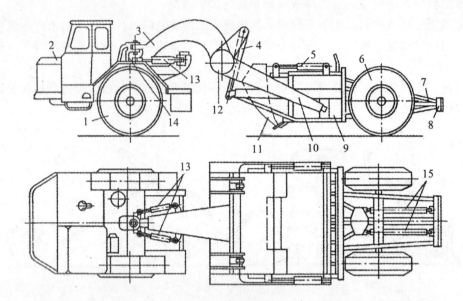

1—前轮（驱动轮）；2—牵引车；3—辕架曲梁；4—提斗油缸；5—斗门油缸；
6—后轮；7—尾架；8—顶推板；9—铲斗体；10—辕架臂杆；11—前斗门；
12—辕架横梁；13—转向油缸；14—中央枢架；15—卸土油缸

图 2.3.7　CL7 型自行式铲运机的构造简图

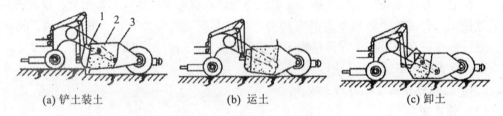

(a) 铲土装土　　　　　　(b) 运土　　　　　　(c) 卸土

1—前斗门；2—铲土斗；3—斗后壁（卸土板）

图 2.3.8　铲运机作业过程图

将斗内的土壤向前强制推出。这种卸土方式能彻底清除铲土斗内壁粘附的土壤。当铲运湿度较大或粘性较强的土壤时，采用这种卸土方式较好，但该方式消耗能量较大。

②半强制式卸土：如图 2.3.9(b)。其原理是利用制成一体的斗底与后壁一起翻转，先以强制式方式卸出一部分土壤，然后再借土的自重卸完。这种卸土方式适合介于图 2.3.9(a)、图 2.3.9(c)两种工况之间时选用。

③自由倾翻式卸土：如图 2.3.9(c)。卸土时将铲土斗整体翻转倾倒，土壤完全靠自重卸出。这种卸土方式消耗能量小，但不易将斗内的土壤全部卸出，比较适合铲运砂性土或含水率较低的土壤。

4. 铲运机的主要技术参数

铲运机的主要技术参数有铲斗的几何斗容（平装斗容）、堆尖斗容等，并且主要技术性能指标往往由其几何斗容量来表示。表 2.3.5、表 2.3.6 列出部分国产铲运机的技术参数。

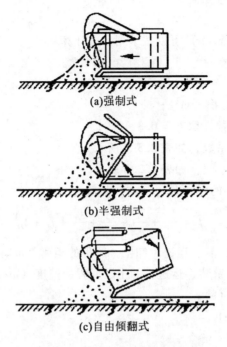

图 2.3.9 铲运机卸土方式示意图

表 2.3.5　　国产拖式铲运机的主要技术参数表

型号	斗容量/(m³)		最大铲土			整机质量/(t)	生产厂家
	平装	堆尖	宽度/(mm)	深度/(mm)	角度/(°)		
CT6A	6	8	2600	300	30	7.3	郑州工程机械制造厂
C3-6A	6	8	2600	300	25~30	8	铁道部紫荆关金属结构厂
CTG-7	7	9	2600	300	25~30	8.35	
CTY7	7	9	2700			8.5	郑州工程机械制造厂
CTY11	11	14	3000	300		14.87	黄河工程机械厂

表 2.3.6　　国产自行式铲运机的主要技术参数表

型号	斗容量/(m³)		最大铲土			整机质量/(t)	生产厂家
	平装	堆尖	宽度/(mm)	深度/(mm)	角度/(°)		
CL7	7	9	2700	300	39.5	15	郑州工程机械制造厂
SM150	15		2850	220	25.2	8	黄河工程机械厂

5. 铲运机的使用计算

(1) 生产率计算

铲运机的生产率 Q（m³/h）可以按下列公式计算

$$Q = \frac{3600 V k_B k_h}{k_p t} \tag{2.3.7}$$

式中：V——铲斗的几何容积（m³）；

k_B——时间利用系数，取 $k_B = 0.8 \sim 0.9$；

k_h——铲斗的充满系数，如表 2.3.7 所示；

k_p——土壤的松散系数，如表 2.2.2 所示；

t——每一工作循环的延续时间（s），其值为

$$t = \frac{l_1}{v_1} + \frac{l_2}{v_2} + \frac{l_3}{v_3} + \frac{l_4}{v_4} + t_1 + t_2 \tag{2.3.8}$$

式中：l_1、l_2、l_3、l_4——铲装、运送、卸土、回程的距离（m）；

v_1、v_2、v_3、v_4——铲装、运送、卸土、回程的速度（m/s）；

t_1——总换挡时间（s）；

t_2——调头时间（s）。

表 2.3.7　　　　　　　　　铲运机铲斗的充满系数表

装土方式	砂　土	粘砂土	粘　土
不用助铲	0.5~0.7	0.8~0.9	0.6~0.8
助　铲	0.8~1.0	1.0~1.2	0.9~1.2

(2) 牵引力计算

铲运机作业时的牵引力 T 必须克服总阻力 W

$$T \geqslant W \tag{2.3.9}$$

式中

$$W = W_1 + W_2 + W_3 + W_4 \tag{2.3.10}$$

式中：W_1——运行阻力（N），$W_1 = 10 G_0 w$。G_0 为铲运机连同铲斗内碎土的总质量（kg）；w 为运行阻力系数，坚硬地面取 0.1，松软地面取 0.2；

W_2——切削阻力（N），$W_2 = kbh$。k 为土壤切削比阻力（N/cm²），见表 2.3.3；b、h 为切斗刀片切入地面的宽度和深度（cm）；

W_3——斗门前碎土推移阻力（N），$W_3 = 10 G \mu_1$。G 为斗门前小土堆的质量，取决于土堆体积与容重，也可以参考表 2.3.8；μ_1 为土与土的摩擦系数，如表 2.3.4 所示；

W_4——铲斗内装土移阻力（N），$W_4 = 10 b h H \gamma \left(1 + \frac{H}{h} \frac{\text{tg}\phi}{1 + \text{tg}\phi^2}\right)$。$H$ 为铲斗装土高度，如表 2.3.9 所示；γ 为土壤容重（kg/m³）；ϕ 为土壤的自然静止角，见表 2.3.2；

W_5——坡度阻力（N），$W_3 = 10 G_0 \sin\alpha$。α 为坡角（°）。

表 2.3.8　　　　　　　　　斗门前土堆体积与铲斗几何容积的比值表

铲斗几何容积/（m³）	砂	粘砂土	干粘砂土	湿砂粘土	粘土
15	0.22	0.16	0.11	0.09	—
10	0.25	0.17	0.13	0.10	0.05
6~6.5	0.23	0.22	—	0.10	0.10

表 2.3.9　　　　　　　　　　　　铲斗装土高度表

铲斗几何容积/（m³）	2.5	6	10	15
装土高度/（m）	1.0~1.18	1.25~1.5	1.8~2.2	2.0~3.0

2.3.3 装载机

1. 装载机的用途与分类

装载机是一种依靠机身前端装置的铲斗进行铲、装、运、卸作业的土石方施工机械，广泛用于公路、铁路、建筑、水电、港口、矿山等建设工程的施工中。装载机主要用于铲装土壤、砂石、石灰、煤炭等散状物料，也可以对矿石、硬土等作轻度铲挖作业。装载机换装不同的辅助工作装置还可以进行推土、起重和其他物料（如木材）的装卸作业。在道路施工中，装载机可以用于路基工程的填挖、沥青混合料和水泥混凝土料场的集料与装料等作业。此外，装载机还可以进行推运土壤、刮平地面和牵引其他机械等作业。

装载机具有结构紧凑、作业速度快、效率高、机动性好、操作轻便、可以从事多种作业等优点，因此是工程建设中土石方施工的主要机种之一。与单斗挖掘机相比较，装载机自重轻，行动灵活，适应性强。但装载机挖掘力较小，定点作业的装卸效率较低。

装载机有单斗和多斗两种，由于多斗装载机在一般施工中少见，故本节只介绍单斗装载机。

按行进装置的不同，装载机可以分为轮胎式装载机和履带式装载机两种。

如图 2.3.10 所示，轮胎式装载机由动力装置、车架、行走装置、传动系统、转向系统、制动系统、液压系统和工作装置等组成。轮胎式装载机具有自重轻、行进速度快、机动性好、作业循环时间短和工作效率高等特点。轮胎式装载机不损伤路面，可以自行转移工地，并能够在较短的运输距离内当做运输设备用。所以，在工程量不大，作业点不集中，转移较频繁的情况下，轮胎式装载机的生产率大大高于履带式装载机。因此，轮胎式装载机发展较快。我国机架铰接、轮胎式装载机的生产已形成了系列。定型的斗容量有 0.5~5m³。

履带式装载机以专用底盘或工业拖拉机为基础车，装上工作装置并配装相应操纵系统而构成。履带式装载机的动力装置也是柴油机，机械式传动系统则采用液压助力湿式离合器或湿式双向液压操纵转向离合器和正转连杆机构的工作装置。

履带式装载机具有重心低、稳定性好、接地比压小，在松软的地面附着性能强、通过性能好等特点。特别适合在潮湿、松软的地向、工作量集中、不需要经常转移和地形复杂

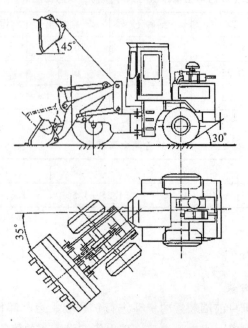

图 2.3.10 轮胎式装载机示意图

的地区作业。但是当运输距离超过 30m 时,其使用成本将会明显增大。履带式装载机转移工地时需平板拖车拖运。

装载机按卸料方式不同可以分为前卸式装载机、后卸式装载机和回转式装载机三种。

前卸式装载机在前端卸载,作业时,装载机需调头。因其结构简单,司机的操作视野良好且操作安全,故其应用最为广泛,目前,国内外生产的轮胎式装载机大多数为前卸式装载机。

后卸式装载机,作业时前端装料,向后端卸料,装载机不需要调头,可以直接向停在其后面的运输车辆卸载,节约时间,作业效率高。但卸载时铲斗需越过司机的头部,很不安全,故在应用上受到限制。

回转式装载机又称为侧卸式的装载机。这种装载机的动臂安装在可以回转180°~360°的转台上,铲斗在前端装料后,回转至侧面卸掉,装载机不需要调头,也不需要严格的对车,作业效率高,适宜于场地狭窄的地区施工选用。由于这种装载机需要增设一套回转机构而使整机复杂化,另外在卸载时因为是侧卸,造成整机承受的偏心荷载大,两侧轮胎受力也不均匀,受力大的一侧轮胎产生的变形大,形成机械侧向稳定性差,所以也应用得较少。

根据回转性能的不同,装载机可以分为全回转式装载机、半回转式装载机和非回转式装载机三种。非回转式装载机的基本形式;其主要特点是:行进机构采用液力机械传动,转向和制动采用液压助力,工作机构为液压传动,动臂只能作升降运动,铲斗可以前后翻转,但不能回转,故称为非回转式装载机。

按发动机功率大小,装载机又可以分为小、中、大、特大型。功率小于 74kW 为小型装载机;功率在 74~147kW 为中型装载机;功率在 147~515kW 为大型装载机;功率大于515kW为特大型装载机。

目前建筑工程中使用较多的是轮胎式、机架铰接、铲斗非回转的单斗装载机。

2. 装载机的基本构造

装载机由行进装置、发动机、传动系统、工作装置与操纵系统等组成。工作装置包括铲斗、动臂与液压操作油缸等。通过调整铲斗的位置与角度，装载机可以进行推土、铲土与装运作业；通过升降动臂，可以高举铲斗，并使铲斗翻转卸料。

国产装载机的产品为ZL系列，该系列装载机外形相似，零部件通用性强。如ZL50与ZL40、ZL30与ZL20装载机的通用件均达70%左右，并且，ZL系列都是轮胎式装载机，因此本小节只介绍轮胎式装载机的基本构造。

轮胎式装载机采用全轮驱动（前后轮驱动），车架常用铰接式，通过液压油缸实现前后车架的相对偏转而实现转向。发动机（多用柴油机）置于整机的后部，驾驶室在中部，工作装置在前部。

轮胎式装载机的工作装置多采用反转连杆机构，由铲斗、动臂、摇臂、连杆（或托架）、转斗油缸和动臂油缸等组成，如图2.3.11所示。

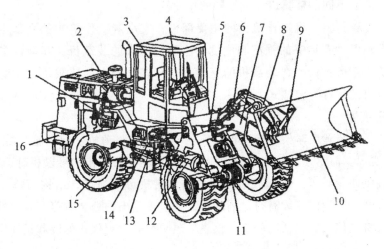

1—发动机；2—变矩器；3—驾驶室；4—操纵系统；5—动臂油缸；
6—转斗油缸；7—动臂；8—摇臂；9—连杆；10—铲斗；11—前驱动桥；
12—传动轴；13—转向油缸；14—变速箱；15—后驱动桥；16—车架

图2.3.11 轮胎式装载机的总体构造图

(1) 传动系统

装载机的传动方式有机械式、全液压式、液力机械式和电力机式四种类型。

机械传动式是装载机早期的一种形式，其缺点是不能自动调节扭矩，当作业中铲装阻力突然增大时，发动机常发生熄火，且操作时也比较费力。近几年来生产的轮胎式装载机中已不再应用机械传动。

全液压传动式装载机的工作机构、行进机构和操纵系统都为液压传动，这种传动虽然在作业中平稳性好，但其不能满足装载机行驶速度快和牵引力大的要求，所以，装载机生产中也应用得不多。

液力机械式传动系统，是当前装载机生产中普遍采用的一种型式，同机械式传动系统相比较，主要不同点是用液力变矩器代替了主离合器，其特点是能适应作业中荷载的急剧变化，可以减少变速箱内的挡数和换挡的次数。液力变矩器在传动系统中还可以有效地降低冲击荷载对整个传动系统的作用，还能较好地防止发动机熄火。其缺点是工作起来燃料消耗较大。

电力机械式传动系统因需要配备柴油发电机组和电动机式行进轮，造成设备复杂、成本高，所以，在中小型装载机的生产中极少采用。

（2）工作装置

装载机的工作装置主要是铲斗和动臂，铲斗和动臂都是用钢板或型钢按相关规定的规格尺寸下料，经焊接而成的。

①铲斗：装载机的标准铲斗的外形为 U 形，切土部分采用刀片或嵌上刀齿，以提高作业中铲斗的抗磨损能力，适用于容量重量为 l5~20kN/m³ 的各种材料、砂石、土壤等的装卸作业。铲斗应根据铲装的物料来选择，标准铲斗通常用来铲装砂、土之类松散材料。标准铲斗可以换装不同的辅具以完成不同的作业。

②动臂：动臂是装载机工作机构的主要部件，支承着工作机构的全部零件，受力最大，因此要求动臂具有足够的强度和刚度。斗容量不大的装载机，其动臂多为单梁式结构，断面形状为箱形，铰接在装载机的座架上；斗容量较大的装载机，动臂结构为双梁式；大型装载机的动臂为臂架式。

（3）行进装置

装载机的行进装置由车架、变速箱、前驱动桥、后驱动桥、前车轮、后车轮等组成，如图 2.3.11 所示。前驱动桥与前车架刚性连接，后驱动桥在横向可以相对于后车架摆动，从而保证装载机四轮触地。铰接式装载机的前、后桥可以通用，结构简单，制造较为方便。在驱动桥两端车轮内侧装有行进制动器，变速箱输出轴处装有停车制动器，实现机械的制动。装载机其他装置包括驾驶室、仪表、照明灯等。现代化的装载机还应配置空调和音响等设备。

（4）液压操纵系统

ZJ50 型装载机工作装置的液压系统如图 2.3.12 所示，是一个开式串联的液压系统。该液压操纵系统的动力元件是压力为 15MPa、流量为 320L/min 的 CB—G 型齿轮液压泵 1，执行元件是一对铲斗液压缸 7 和一对动臂液压缸 6，控制元件有操纵铲斗油缸的方向阀 4（三位六通阀）、操纵动臂油缸的方向阀 5（四位六通阀）、安全阀 2、双作用安全阀 3，辅助元件有滤油器和油箱等。

该液压系统的特点是保证铲斗有前倾、保持、后倾三个动作及动臂的上升、保持、下降和浮动四个动作。这种回路当铲斗翻转时，铲斗回路中的油液不能流向提升回路，而直接流向油箱，所以不能提升动臂，同样提升动臂时也不能转铲斗。因此铲斗与动臂不能进行复合动作，这样铲斗和动臂油缸的推力较大，以利于进行铲掘作业。并联在铲斗油缸油路上的两个双作用安全阀 3，是由安全阀和单向阀组成，其作用是在动臂升降过程中，使转斗油缸自动进行少量的泄油和补油。从而避免连杆机构运动不协调而出现的"爬行"现象。

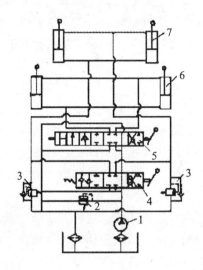

1—液压泵；2、3—安全阀；4、5—方向阀；
6—动臂液压缸；7—铲斗液压缸

图 2.3.12　ZL50 装载机工作装置液压系统原理图

3. 装载机的基本施工作业

（1）对松散材料的铲装作业

首先让铲斗保持在水平位置，缓慢放下至地面，然后使装载机以Ⅰ挡或Ⅱ挡的速度（视材料性质而定）前进，使铲斗插入料堆中。此后，一边前进，一边收斗。待装满斗后，将动臂举到运输位置（离地约 50cm）。在向卸料处开始运行前，必须先收起铲斗并退出料堆一定距离。如果铲斗直接铲满有困难，可以操纵铲斗的操纵杆，使斗上下颤动或稍举动臂。其装载过程如图 2.3.13 所示。

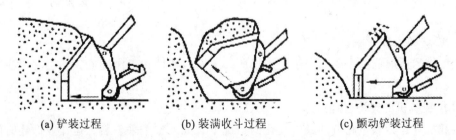

(a) 铲装过程　　　　(b) 装满收斗过程　　　　(c) 颤动铲装过程

图 2.3.13　装载机铲装松散物料示意图

（2）铲装停机面以下物料作业

铲装时应先放下铲斗并转动，使其与地面构成一定的铲土角，然后前进，使铲斗切入土中的切土深度一般保持在 150～200mm，直至铲斗装满，然后将铲斗举升到运输位置再驶离工作面运至卸料处。铲斗下切的铲土角约为 10°~30°。对于难铲的土壤，可以操纵动臂使铲斗颤动，或者稍改变一下切入角度。

不论是铲装松散材料还是切土都要避免铲斗偏载（就是要按斗的全宽切入），且在收斗后要一边举臂，一边倒退一点，让机械转向行驶至卸料处。切忌在收斗或半收斗而未举臂时机械就前进转向行驶，这样会使铲斗在收起或半收起状态继续压向料堆，会造成柴油机熄火。

（3）铲装土丘时作业

装载机铲装土丘时，可以采用分层铲装或分段铲装方法。分层铲装时，装载机向工作面前进，随着铲斗插入工作面，逐渐提升铲斗，或随后收斗直至装满，或装满后收斗，然后驶离工作面。开始作业前，应使铲斗稍稍前倾。这种方法由于插入不深，而且插入后又有提升动作的配合，所以插入阻力小，作业比较平稳。由于铲装面较长。可以得到较高的充满系数，如图 2.3.14 所示。

如果土壤较硬，也可以采取分段铲装法。这种方法的特点是铲斗依次进行插入动作和提升动作。作业过程是铲斗稍稍前倾，从坡角插入，待插入一定深度后，提升铲斗。当发动机转速降低时，切断离合器，使发动机恢复转速。在恢复转速过程中，铲斗将继续上升并装一部分土，待发动机转速恢复后，接着进行第二次插入，这样逐段反复，直至装满铲斗或升到高出工作面为止，如图 2.3.15 所示。

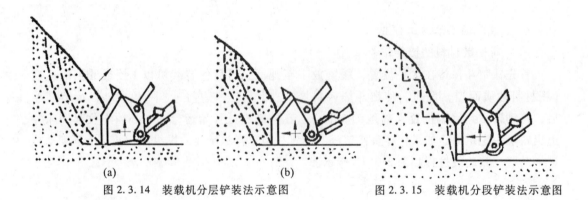

图 2.3.14　装载机分层铲装法示意图　　　图 2.3.15　装载机分段铲装法示意图

4. 装载机选用条件

装载机的适应范围主要取决于使用场所、土石料特性和工作环境，选用时应注意以下几点：

（1）装载机的经济合理运距

装载机在运距和道路坡度经常变化的情况下，如果整个采、装、运作业循环时间少于 3min 时，自铲自运是经济合理的。

用轮胎式装载机代替挖掘机，与自卸汽车配合工作的合理运距如表 2.3.10 所示，合理运距与设计年土石方生产量、设备斗容和装载量有关。加大装载机容量就可以增加合理运距。

表 2.3.10　　　　　　　　轮胎式装载机与自卸汽车配合的合理运距表

年生产量（10 000t）	10	30		50		80		100 以上	
挖掘机斗容/(m³)	2.25	2.25	4	2.25	4	2.25	4	2.25	4
自卸汽车载质量/(t)	10	10	27	10	27	10	27	10	27
装载机质量/(t)	装载机合理运距/(m)								
2	470	170	260	110	160	80	110	71	65
4	760	280	450	190	280	130	190	118	108
5	920	350	540	240	340	170	230	155	143
9		800	1190	560	750	400	520	384	347
16		890	1330	630	830	440	570	432	387

（2）装载机的斗容与自卸汽车车箱容积的匹配

通常以 2～4 斗装满一车箱为宜，车箱长度要比装载斗宽大 25%～75%。

（3）充分发挥装载机的效率

装载机作业循环时间，小型的不超过 45s，大型的不超过 60s，而且应考虑装载机行进与转弯速度。

5. 装载机的主要技术参数

装载机的主要技术参数为发动机额定功率、额定载重量、最大牵引力、机重、铲起力、卸载高度、卸载距离、铲斗的收斗角和卸载角等。装载机的主要技术参数如表 2.3.11 所示。

表 2.3.11　　　　　　　　装载机主要技术性能参数表

技术参数	单位	ZL10 型铰接式装载机	ZL20 型铰接式装载机	ZL30 型铰接式装载机	ZL40 型铰接式装载机	ZL50 型铰接式装载机
发动机型号		495	695	6100	6120	6135Q-1
最大功率/转速	kW/(r/min)	40/2400	54/2000	75/2000	100/2000	160/2000
最大牵引力	kN	31	55	72	105	160
最大行驶速度	km/h	28	30	32	35	35
爬坡能力	deg	30°	30°	30°	30°	30°
铲斗容量	m³	0.5	1	1.5	2	3
装载重量	t	1	2	3	3.6	5
最小转弯半径	mm	4850	5065	5230	5700	
传动方式		液力机械式	液力机械式	液力机械式	液力机械式	液力机械式
变矩器型式		单涡轮式	双涡轮式	双涡轮式	双涡轮式	双涡轮式

技术参数	单位	ZL10型铰接式装载机	ZL20型铰接式装载机	ZL30型铰接式装载机	ZL40型铰接式装载机	ZL50型铰接式装载机
前进挡数		2	2	2	2	2
倒退挡数		1	1	1	1	1
工装操纵型式		液压	液压	液压	液压	液压
轮胎型式			12.5~20	14.00	16.00	24.5~25
长	mm	4454	5660	6000	6445	6760
宽	mm	1800	2150	2350	2500	2850
高	mm	2610	2700	2800	3170	2700
机重	t	4.2	7.2	9.2	11.5	16.5
制造厂		烟台工程机械厂	成都工程机械厂	成都工程机械厂	厦门工程机械厂	柳州、厦门工程机械厂

6. 装载机的使用计算

装载机的生产率 Q（m³/h）可以按下列公式计算

$$Q = \frac{2600 V k_h k_B}{t k_p} \tag{2.3.11}$$

式中：V——装载机的额定斗容量（m³）；

k_h——铲斗的充满系数，与所装材料的粒径、装载机构和司机的熟练程度有关。对于有经验的司机可以取下列数值：

装砂石取 $k_h = 0.9 \sim 1.2$，

经破碎，粒径小于40mm的石灰石、碎石和粒径小于50mm的砾石取 $k_h = 1.0 \sim 1.2$，

经破碎，粒径小于50mm的坚硬岩石取 $k_h = 0.7 \sim 1.0$；

k_B——时间利用系数，取 $k_B = 0.75 \sim 0.85$；

k_p——物料的松散系数，见表2.2.2；

t——每一工作循环所需时间（s），按下式计算

$$t = \frac{l_1}{v_2} + \frac{l_2}{v_2} + t_1 + t_2 \tag{2.3.12}$$

式中：l_1、l_2——装载机带载运距和回程距离（m）；

v_1、v_2——装载机带载速度和回程速度（m/s）；

t_1——铲斗装料时间（s）；

t_2——铲斗卸料时间（s）。

2.3.4 平地机

1. 平地机的用途与分类

平地机是一种装有铲土刮刀为主、配有其他多种辅助作业装置，进行土壤的切削、刮

送和整平等作业的土方工程建设机械,可以进行路基、路面的整形;砾石或砂石路面维修;挖沟、草皮或表层土的剥离;修刮边坡;材料的推移、拌和、回填、铺平等。配置推土铲、土耙、松土器、除雪犁、压路辊等辅助装置,平地机的作业机具可以进一步扩大使用范围,提高工作能力或完成特殊要求的作业。因此,平地机是一种效率高、作业精度高、用途广泛的工程建设机械,被广泛用于公路、铁路、机场、停车场等大面积场地的平整作业,也被用于路堤整形及林区道路的整修等作业。

平地机按发动机功率可以分为轻型平地机(56kW以下)、中型平地机(56~90kW)、重型平地机(90~149kW)和超重型平地机(149kW以上)等。

按机架结构形式可以分为整体机架式平地机和铰接机架式平地机。整体式机架是将后车架与弓形前车架焊接为一体,车架的刚度好,转弯半径较大。铰接式机架是将后车架与弓形前车架铰接在一起,用液压缸控制其转动角,转弯半径小,有更好的作业适应性。

就其牵引装置的不同,平地机分拖式平地机和自行式平地机两大类。因拖式平地机具有行驶速度低、机动性差、操纵费力等缺点,故已基本淘汰。目前使用的多为液压操纵的自行式平地机。

国产自行式平地机根据行进轮数目的多少,可以分为四轮的和六轮的两种型式;根据行进轮的转向和驱动情况不同,有一对从动轮转向、一对主动轮转向、全轮转向和全轮驱动等型式。

2. 平地机的基本构造

平地机一般由发动机、机械及液压传动系统、工作装置、电气与控制系统、底盘和行进装置等部分组成。

图2.3.16为PY160C型平地机的结构简图,其传动系统为液力机械式的,由液力变矩器、变速器、后桥和平衡箱等部件组成。该型平地机的液力变矩器为单级,变速器为动力换挡,前进两挡,后退两挡,高低速两挡,从而使平地机具有前进4挡,后退4挡。

(1) 平地机的工作装置

平地机的工作装置为刮土装置、松土装置和推土装置。

刮土装置是平地机的主要工作装置,如图2.3.17所示,主要由刮刀9、回转圈12、回转驱动装置4、牵引架5、角位器1及几个液压缸等组成。牵引架的前端与机架铰接,可以在任意方向转动和摆动。回转圈支承在牵引架上,在回转驱动装置的驱动下绕牵引架转动,并带动刮刀回转。刮刀背面上的两条滑轨支承在两侧角位器的滑槽上,可以在刮刀侧移油缸11的推动下侧向滑动。角位器与回转耳板下端铰接,上端用螺母2固定,松开螺母时角位器可以摆动,并带动刮刀改变切削角(铲土角)。

平地机的刮土刀可以作升降倾斜、侧移、引出和360°回转等运动,其位置可以在较大范围内进行调整,以满足平地机平地、切削、侧面移土、路基成形和边坡修整等作业要求。近年来,较为先进的平地机上安装有自动调平装置,常用的自动调平系统有电子型和激光型两种。根据作业面平度、斜度和坡度等要求,施工人员给定的基准,平地机的自动调平装置能自动地调节刮土刀的作业参数,使平地机作业精度提高,作业次数减少,节省了作业时间,从而降低了机械的使用费用,提高了施工质量和经济效益,还能减轻司机的作业强度。

当遇到比较坚硬的土壤时,不能用刮土刀直接切削的地面,可以先用松土装置疏松土

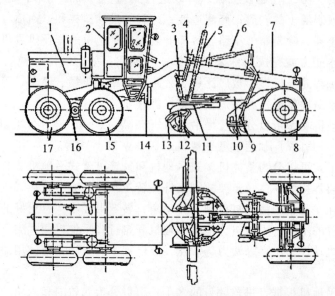

1—发动机；2—驾驶室；3—牵引架引出油缸；4—摆架机构；
5—升降油缸；6—松土器收放油缸；7—车架；8—前轮；
9—松土器；10—牵引架；11—回转圈；12—刮刀；13—角位器；
14—传动系统；15—中轮；16—平衡箱；17—后轮

图 2.3.16　PY160C 型平地机结构简图

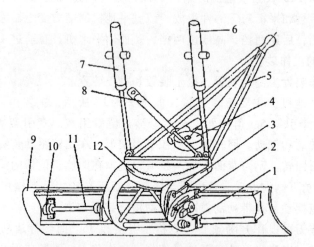

1—角位器；2—紧固螺母；3—切削角调节油缸；
4—回转驱动装置；5—牵引架；6、7—右、左升降油缸；
8—牵引架引出油缸；9—刮刀；10—油缸头铰接支座；
11—刮刀侧移油缸；12—回转圈

图 2.3.17　刮土工作装置简图

壤，然后再用刮土刀切削。用松土器翻松土壤时，应慢速逐渐下齿，以免折断齿顶，不准使用松土器翻松石渣路及高等级路面，以免损坏机件或发生意外。

松土工作装置按作业负荷程度分为耙土器和松土器。耙土器负荷比较小，一般采用前置布置方式，布置在刮土刀和前轮之间，其结构如图 2.3.18 所示。松土器负荷较大，采用后置方式，布置在平地机尾部，安装位置离驱动轮近，车架刚度大，允许进行重负荷松土作业，其结构如图 2.3.19 所示。松土器的结构型式有双连杆式和单连杆式两种，按负荷程度松土器分重型和轻型两种。双连杆式松土器近似于平行四边形机构，其优点是松土齿在不同的切土深度时松土角基本不变（40°～50°），这对松土有利，此外，双连杆同时承载，改善了松土齿架的受力情况。单连杆式松土器由于其连杆长度有限，松土齿在不同的切土深度时松土角度变化较大，其优点是结构简单。重型作业用松土器共有 7 个齿安装装置，一般作业时只选装 3 个齿或 5 个齿。轻型松土器可以安装 5 个松土齿和 9 个耙土齿，耙土齿的尺寸比松土齿的小。

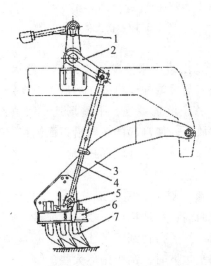

1—耙子收放油缸；2—摇臂机构；
3—弯臂；4—伸缩杆；5—齿楔；
6—耙子架；7—耙齿
图 2.3.18 耙土器结构简图

(2) 平地机的液压系统

平地机的液压系统包括工作装置液压回路、转向液压回路和操纵控制液压回路等。

工作装置液压回路用来控制平地机各种工作装置（刮刀、耙土器、推土铲等）的运动，包括刮刀的左、右侧提升与下降，刮刀回转，刮刀相对于回转圈侧移或随回转圈一起侧移，刮刀切削角的改变，回转圈转动，耙土器及推土铲的收放等。

平地机转向回路除少数采用液压助力系统外，多数则采用全液压转向系统，即由方向盘直接驱动液压转向器实现动力转向。

3. 平地机的作业方式

平地机是用刮刀铲、运、卸土壤的一种机械，刮刀有四种调整运动：水平回转、垂直升降、左右侧伸、机外倾斜等。为完成这些作业，平地机有四种基本的操作方法：

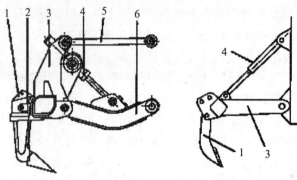

(a) 双连杆式松土器　　　　(b) 单连杆式松土器

1—松土齿；2—齿套；3—松土齿；4—控制油缸；
5—上连杆；6—下连杆

图 2.3.19　松土器结构简图

（1）铲土侧移：适用于挖出边沟来修整路型或填筑路堤。刮刀前置端应正对前轮之后，以便遇有障碍时，将刮刀前置端伸于机外，然后再下降铲土。

（2）刮土侧移：适用于移土填筑堤坝、平整场地、回填沟渠、拌和物料等。一般是先调好刮刀角度，两端同时放下。使刮起的土料沿刀面侧移，卸于一侧（内侧或外侧）。

（3）刮土直移：适用于平整不平度较小的场地，作整修的最后平整工作。刮刀置于正中，土料被挤向两侧。

（4）机外刮土：适用于修整路基、路堑边坡和开挖边沟等工作。工作前首先将刮刀倾斜于机外，然后使其上端向前，平地机以一挡速度前进，放刀刮土，于是被刮刀刮下的土就沿刀卸于左右两轮之间，然后再将刮下的土移走。但应注意，用来刷边沟的边坡时，刮土角应小些；刷路基或路堑边坡时，刮土角应大些。

4. 平地机的主要技术参数

表 2.3.12 为几种国内外生产的平地机的主要技术性能参数表。

表 2.3.12　　　　　　平地机的主要技术性能参数表

型　号		PY160A	PY180	PY250(16G)	140G	GD505A-2	BG300A-1	MG150
型　式		整体	铰接	铰接	铰接	铰接	铰接	铰接
标定功率/(kW)		119	132	186	112	97	56	68
铲刀	宽×高/(mm)	3705×555	3965×610	4877×78	3658×610	3710×655	3100×580	3100×585
	提升高度/(mm)	540	480	419	464	430	330	340
	切土深度/(mm)	500	500	470	438	505	270	285
前桥摆动角(左、右)		16	15	18	32	30	26	
前轮转向角(左、右)		50	45	50	50	36	36.6	48
前轮倾斜角(左、右)		18	17	18	18	20	19	20

续表

型号	PY160A	PY180	PY250(16G)	140G	GD505A-2	BG300A-1	MG150
型式	整体	铰接	铰接	铰接	铰接	铰接	铰接
最小转弯半径/(mm)	800	7800	8600	7300	6600	5500	5900
最大行驶速度/(km/h)	35.1	39.4	42.1	41	43.4	30.4	34.1
最大牵引力/(kN)	78	156					
整机质量/t	14.7	15.4	24.85	13.54	10.88	7.5	9.56
外形尺寸	8146×2575 ×3253	10280×2595 ×3305	1014×2140 ×3537				
生产厂家	天津工程机械厂			卡特皮勒公司	小松公司	小松公司	三菱重工

5. 平地机的使用计算

(1) 生产率计算

平地机平整作业生产率 Q (km/h) 可以按下列公式计算

$$Q = \frac{L}{t} \tag{2.3.13}$$

式中：L——平整地段的长度（km）；

t——平整作业全部时间（h），按下列公式计算

$$t = \left(\frac{2n_1 L}{v_1} + \frac{2n_2 L}{v_2} + \frac{2(n_1+n_2)t_0}{3600}\right)k_B \tag{2.3.14}$$

式中：n_1、n_2——铲土和推运平整所需要的行程次数；

v_1、v_2——铲土和推运平整所需要的速率（km/h）；

t_0——平地机每次调头的时间（s），可以取 $t_0 = 40 \sim 50s$；

k_B——时间利用系数，可以取 $k_B = 0.85 \sim 0.90$。

(2) 牵引力计算

平地机工作过程中的总阻力 $W(N)$ 由机械运行阻力 $W_1(N)$，刮刀工作阻力 $W_2(N)$ 和坡度阻力 $W_3(N)$ 组成，即

$$W = W_1 + W_2 + W_3 \tag{2.3.15}$$

式中

$$W_1 = 10G_0 w \tag{2.3.16}$$

式中：G_0——平地机质量（kg）；

w——平地机运行阻力系数，取 $w = 0.15 \sim 0.25$。

W_2 可以按照本章推土机牵引力计算中切削阻力、碎土推移阻力和碎土沿刮刀刀面滑移阻力的总和求出，其计算公式与推土机的相应计算公式相同。

$$W_3 = 10G_0 \sin\alpha \tag{2.3.17}$$

式中：α——坡角。

根据平地机的总阻力 W 和运行速度，可以验算发动机功率，或确定平地机的牵引机

功率。

§2.4 压实机械

2.4.1 概述

压实机械是一种利用机械力使土壤、碎石等松散物料密实,以提高承载能力的土方机械,广泛用于地基、路基、机场、堤坝、围堰等工程中压实土石方。通过压实作业可以消除土壤中的空隙,降低土壤的透水性,减少因水的渗入而引起土壤的软化和膨胀,使土壤保持稳定状态;使填土层斜面保持稳定并具有足够的强度,以便支承荷载;减少填土层因压力作用的下沉量,增加土壤或物料的密实度,提高其承载能力等。

压实机械的主要特点是:

(1) 作业效果不单纯反映在量上,而主要看作业质量;

(2) 工作效率较低,但耐用度较高,所以新旧机种更换较慢;

(3) 由于土壤组成差别较大、地质复杂多变,要求压实机械有相当的适应性;

(4) 土方施工工艺不同,对压实机械也有影响。大量填方的压实要考虑每次填土层的厚度。应选用最有效的压实机械。

压实机械按其工作原理可以分为三类:

1. 静力压实机械

静力压实机械是利用机械本身的重量在碾压层上滚过,通过碾压轮作用在被压实的部位,使被压实的土壤、路面产生深度为 h 的永久变形,其原理如图2.4.1(a)所示。这类机械包括光轮压路机、轮胎式压路机、羊足碾和拖式压路辊等。

2. 冲击压实机械

冲击压实机械是一种靠冲击能来做功的机械。这类机械利用一块质量为 M 的物体,从一定的高度 H 自由下落所产生的冲击能,将需要压实的部位压实,如图2.4.1(b)所示。属于这种工作原理的机械有电动蛙式打夯机和内燃打夯机等。

3. 振动压实机械

振动压实机械是利用质量为 M 的物体发出一定的振动频率,与碾压动作复合作用在压实部位,使土壤颗粒重新组合,从而提高其密实度和稳定性,如图2.4.1(c)所示。常用的振动压实机械有小型振动辊和振动式压路机等。

大面积、要求压实效率高、压实密度好的大截面建筑物基础道路工程、机场、运动场及水坝等的压实作业可以选用碾压式压路机或振动式压路机;压实作业面积不大的小型建筑物基础、带状沟槽等则可以选用夯实机械。

2.4.2 静力压实机械

1. 静力光轮压路机

(1) 光轮压路机的分类与应用

根据碾压轮和轮轴的数量不同,光轮压路机可以分为两轮两轴式(串联式)压路机、三轮两轴式(三轮式)压路机和三轮三轴式(三轮串联式)压路机。两轮两轴式压路机

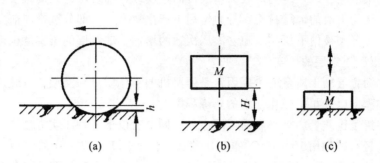

图 2.4.1 压实机械压实原理图

主要用于各类路面的压实;三轮两轴式压路机多用于路基和铺砌层的初压作业。

根据整机质量的不同,光轮压路机可以分为特轻型(0.5~2t)压路机,用于人行道和路面修理时压实;轻型(2~6t)压路机,用于压实一般道路、广场等;中型(6~10t)压路机,用于压实碎石及沥青混凝土路面;重型(10~15t)压路机,用于碎石路床及沥青混凝土路面的最终压实;特重型(15~20t)压路机,用于压实重石路基和路面。

根据移动方式的不同,光轮压路机可以分为拖式压路机和自行式压路机两种。

按车架的结构形式光轮压路机可以分为整体式压路机和铰接式压路机两种。

按传动方式光轮压路机可以分为液压传动压路机和机械传动压路机等。

(2) 光轮压路机的总体构造

光轮压路机一般都是由动力装置(柴油发动机)、传动系统、行驶滚轮(碾压轮)、机架和操纵系统等组成的。图 2.4.2 为两轮两轴式压路机总体构造示意图。这种压路机的机架是由钢板和型钢焊接而成的一个罩盖式结构,里面安装有柴油发动机、传动系统,前端和后部下方分别支承在前后行驶滚轮上。这种压路机的后轮为从动方向轮,露在机架外面,前轮为驱动轮,包在机架内。在前、后轮的轮面上都安装有刮泥板(每个轮上前、后各一块),用以刮除作业中粘附在轮面上的土壤和其他粘合材料。操作台安装在机架上面,操纵整机进行作业。

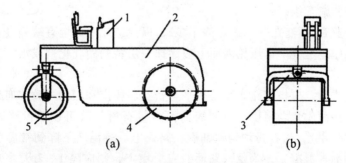

1—操纵台;2—机罩;3—方向轮叉脚;4—驱动轮;5—方向轮

图 2.4.2 两轮两轴式压路机构造示意图

(3) 光轮压路机的工作过程和施工作业

压路机的滚压轮,以一定的静载荷用缓慢的速度滚过铺筑层,在铺筑层表面施以短时间的静压力。压轮下面的铺层材料在外力作用下产生变形,一部分被推向前方,一部分被挤向侧面,一部分则被向下压实。随着滚压次数的增加,铺筑层的压实度也逐渐提高。

1) 沥青混凝土铺层的压实

决定压实沥青混凝土质量的主要因素是压路机的工作质量和类型,行驶速度,混合料温度、厚度和稠度以及司机操作技术的熟练程度。

根据压路机工作质量的大小和前后顺序的不同,有以下两种压实方法:

①先重后轻:首先用 10~15t 的重型压路机,以后则改用 7~8t 的中型压路机。这种压实方法是单纯从混合料温度和塑性方面来考虑,认为温度愈高,塑性变化愈快,压路机愈重则压实效果愈明显。由于温度高、塑性大,压轮在沥青混凝土铺层上所形成的起伏不平现象更明显,以后虽可以用轻型压路机滚压加以纠正,但相关实践证明,这种方法得不到预期效果,故目前采用的不多。

②先轻后重:先用 5~6t 轻型二轮或三轮压路机在同一位置上滚压 5~6 遍,然后用 7~8t 双轮压路机和 10~15t 三轮压路机在同一地点先后通过 15~20 遍滚压来完成。相关实践证明,这种压实方法可以使混合料的原有各种成分得到合理的分配,在其温度较高、塑性较大的状态下予以压实。若有纵向起伏不平现象产生,可以采用三轮三轴压路机进行纠正。

压实沥青混凝土应注意:

①严格控制沥青混合料压实温度。

压路机开始滚压的时间,不得迟于混合料摊铺后 15min,且必须在规定的滚压温度下进行。倘若滚压温度低于 50~70℃时,则滚压已完全不起作用。

②严格控制混合料在运输、摊铺时的温度以保证压实时的应有温度。

沥青混凝土由供应基地运达摊铺地点的施工温度,当大气温度在 5~10℃ 的情况下,运距在 10km 左右时,混合料的温降约在 10~20℃ 之间,因此在运料途中必须做好保温措施,或用封闭式的倾卸车运输。

由摊铺机摊铺完毕至压实开始,一般需用 1~8min,而温度下降 1~45℃,即沥青混凝土混合料的温降率平均每分钟达 1~5℃。为了缩短摊铺时间,必须有操作技术熟练的摊铺机手和合理的施工组织。

③压路机作业时,不能在同一地点停车多次,以免造成断面上有缺陷,影响压实质量。

④压路机在作业过程中,压轮表面上应涂抹一层特制的乳化剂或水,以免混合料粘附在压轮表面上。

全部工序完成后,应检查路表面是否平整密实、稳定和粗细一致、有无裂缝以及搭缝处是否齐平。待路面质量合格后,在路表面撒少量石粉(既可以填没路表面细空隙,又有防止车轮粘油作用),使石粉均匀地铺撒在路面上。待温度下降到常温后,即可以开放交通。如采用煤沥青混凝土,为保证路面的完全稳定,则应隔 1~2 天才开放交通。高温季节施工,尤应注意这一点。

2) 碎石铺层的压实

压实碎石铺层,根据施工程序可以分为三个阶段:

第一阶段:主要在于压稳物料,可以使用轻型压路机,无须洒水。此时碎石处于散动状态。

第二阶段：碎石经压实已被挤压得不能移动，碎石相互靠紧，所有空隙亦逐渐被碎石的细颗粒填充。为减少物料颗粒间的摩擦阻力，并提高其粘结性，应使用洒水车进行洒水，但洒水不宜过多。

在此阶段压实时，压路机的行驶速度不宜过高（1.5~2km/h），压路机质量宜为 7~8t，通过 25~30 次滚压，使铺撒料完全压实。压实的标准可以用以下方法试验：将一颗碎石投入压路机压轮下，压过以后，若石块被压碎而没有压入铺层之中，即算达到第二阶段的压实要求。

达到要求后，即铺撒石渣，并用路刷扫入面层的缝隙。再铺撒 5~15mm 厚的石屑，同样用路刷扫入小缝隙内。石渣、石屑撒铺厚度为 15~20mm。石渣、石屑均不能在沥青混合料未经压实前铺撒，否则非但不能使其与面层上方颗粒楔合，反而会落入碎石路的基层内，使石渣、石屑不起任何作用。

第三阶段：铺撒石渣之后，便开始用 10~15t 的重型压路机滚压。压实时，必须边洒水边滚压，洒水时洒水车要紧靠压路机之旁，使水直接洒在通道前面，以减小水分的消耗量，一般在干燥气候，每压实碎石 1m³，需水 150~300L。

达到压实要求的现象是表面平滑，压路机所经之处不留轮迹，面层结合如壳（整体），敲之会发出钝音。将碎石投入压路机滚轮下会被压碎，而不会被压入碎石层内。

2. 轮胎式压路机

轮胎式压路机是一种新型的压路机，国外已广泛应用。轮胎式压路机有增减配重、改变轮胎充气压的特性。所以，对压实砂质土壤和粘性土壤都能起到良好的碾压效果。压实时不破坏土壤原有粘度，使各层间有良好的结合性能。在压实碎石地基时，不破坏碎石的棱角而压成石粉，压实也较均匀。

(1) 轮胎式压路机的基本构造

轮胎式压路机实际上是一种多轮胎的特种车辆，如图 2.4.3 所示。轮胎式压路机是将机械本身的重量传给轮胎后而对工作面作静力滚压的。

轮胎式压路机由发动机、底盘和特制轮胎所组成。底盘包括机架、传动系统、操纵系统、轮胎气压调节装置、制动系统、洒水装置和电器设备等。

轮胎式压路机所采用的轮胎都是特制的宽基轮胎，其踏面宽度是普通轮胎的 1.5 倍左右，压力分布均匀，从而保证了对沥青面层的压实不会出现裂纹。压路机轮胎前后错开排列。有的前三后四，有的前四后五或前五后六，前、后轮迹相互叉开，由后轮压实前轮的漏压部分。轮胎是由耐热、耐油橡胶制成的无花纹的光面轮胎（压路面）或有细花纹的轮胎（专压基础），轮胎气压可以根据压实材料和施工要求加以调整。

(2) 轮胎式压路机的作业特点

宽基轮胎式压路机的轮胎踏面与铺层的接触面为矩形，而光轮与铺层的接触面为一窄条，因而两者压实作用不同。

在相同的运行速度下，当用充气轮胎滚压时，铺层处于压应力状态的延续时间比用光轮压时要长得多，同时还受充气轮胎的揉压作用，铺层的变形可能随时发生，因而压实所需的遍数可以减少，对粘性材料压实效果较好。在相同工作质量时，充气轮胎的最大压应力比光轮小，铺层材料表面的承载力因而也比较小，这样可以使下层材料得到较好的压实。

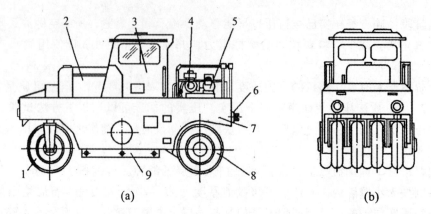

1—转向轮；2—发动机；3—驾驶室；4—汽油机；5—水泵；6—拖挂装置；
7—机架；8—驱动轮；9—配重铁

图 2.4.3 轮胎式压路机构造简图

在充气轮胎多次滚压时，轮胎的径向变形增加，而铺层的变形由于强度提高而减小。铺层变形的减小将引起轮胎接触面积缩小，从而使接触压力上升，压实终了时压力为第一遍滚压时压力的 1.5~2 倍。同时，充气轮胎的滚动阻力也随铺层强度的增加而减少，这可以大大地提高滚压效果和压实质量。

3. 压路机的使用计算

（1）压实生产率计算

压路机生产率 Q（m³/h）是指单位时间（小时）内获得达到压实标准的土的体积。

$$Q = \frac{3600(b-c)lhk_B}{\left(\dfrac{l}{v}+t\right)n} \tag{2.4.1}$$

式中：b——滚压带的宽度（m）；

c——滚压带重叠宽度（m），一般取 $c = 0.15 \sim 0.25$m；

l——滚压作业路段长度（m）；

h——铺层压实后的厚度（m）；

v——滚压速度（m/s）；

t——转弯调头或换挡时间，一般情况转弯，$t = 15 \sim 20$s，换挡 $t = 2 \sim 5$s；

k_B——时间利用率，一般取 $k_B = 0.85 \sim 0.9$；

n——同一作业路段需滚压的遍数。

（2）牵引力计算

拖式压路机所需牵引力 T（N）应不小于最不利工况下的各项阻力之和 W（N），即

$$T \geq W = 10G_0\left(w + \sin\alpha + f + \dfrac{v}{gt}\right) \tag{2.4.2}$$

式中：G_0——压路机加载后的质量（kg）；

w——压路机运行阻力系数；

α——坡角；

f——碾轮轴承的摩擦系数，$f \approx 0.2$；
v——碾压速度（m/s）；
t——压路机启动时间，$t \approx 3 \sim 5 \text{s}$；
g——重力加速度，$g = 9.8 \text{m/s}^2$。

牵引机（拖拉机）的功率 N（kW）按下式计算

$$N = \frac{v[T + G(\sin\alpha + f_1)]}{1020\eta} \tag{2.4.3}$$

式中：G——牵引机的质量（kg）；
f_1——牵引机与地面的摩擦系数，可以取 $f_1 = 0.3$；
η——机械传动效率，一般取 $\eta = 0.85$。

（3）作业参数的选择计算

光轮压路机作业时所需的质量 G_0（kg）按下式计算

$$G_0 = (0.32 - 0.4) \frac{db\sigma^2}{100 E_0} \tag{2.4.4}$$

式中：d——碾轮直径（cm）；
b——碾轮宽度（cm）；
E_0——土料的变形模数，粘性土 $E_0 \approx 20000 \text{kPa}$，非粘性土 $E_0 \approx (10000 \sim 15000)$ kPa；
σ——土料的允许接触压力（kPa），一般取 $\sigma \leq (0.8 \sim 0.9) \sigma_p$，$\sigma_p$ 为土料的极限强度值，如表 2.4.1 所示。

表 2.4.1　　　　　　　　　土料的极限强度值表

土　壤	σ_p
砂土、砂壤土	300～600
壤土	600～1000
重质壤土	1000～1500
粘土	1500～1800

轮胎压路机作业时应首先根据所压土壤的性质确定轮胎充气压力，再根据轮胎充气压力、个数和尺寸来确定轮胎碾压的质量。一般情况下，碾压粘性土时，轮胎充气压力取 500～600kPa 碾压，非粘性土时，取 200～400kPa。轮胎碾作业时的质量 G_0（kg）可以按下式计算

$$G_0 = \frac{\alpha p F n}{100} \tag{2.4.5}$$

式中：α——轮胎刚度影响系数，汽车轮胎取 $\alpha = 1.1 \sim 1.2$；
p——轮胎充气压力（kPa）；
F——轮胎接地面积（cm²），应通过试验确定；

n——轮胎个数。

2.4.3 振动压实机械

振动压实机械是利用机械的偏心振动装置所产生的高频振动（一般频率为 1000～3000 次/min）并使其振动频率接近被压实材料的自振频率而引起压实材料的共振，造成土壤颗粒之间的摩擦力大大下降，原来的土壤结构在机械自重与振动频率的共同作用下重新排列，向更稳定的位置移动并填满各颗粒间的空隙，增加了土壤的密实度从而达到压实的目的。

振动压实的效果，取决于振动压实机械本身的重量、所产生振动力的大小、振动机械与被压实材料的和谐程度、材料内聚力以及被压实材料微粒的粒径差等因素，这些因素往往都是确定振实方案和选择振动压实机械时所必须考虑的问题。

振动压实机的优点是压实厚度大，压实质量高，具有很高的生产率，且机械自重小，节省制造材料，最适宜压实各种非粘性土（砂、碎石、碎石混合料）及各种沥青混凝土等。振动压实机是公路、机场、海港、堤坝、铁路等建筑工程和筑路工程必备的压实设备，已成为现代压路机的主要机型，其缺点是不适于振实粘性较强的土壤，驾驶人员易疲劳。

1. 振动压路机的分类

振动压路机按行驶方式可以分为自行式振动压路机、拖式振动压路机和手扶式振动压路机；按机器结构质量可以分为轻型、中型、重型和超重型；按驱动轮数量可以分为单轮驱动、双轮驱动和全轮驱动；按传动系统传动方式可以分为机械传动、液力机械传动、液压机械传动和全液压传动；按振动轮外部结构可以分为光轮、凸块（羊脚）和橡胶滚轮；按振动轮内部结构可以分为振动、振荡和垂直振动等。

2. 振动压路机的基本构造与工作原理

振动压路机由动力装置、传动系统、振动装置、行进装置和驾驶操纵系统等部分组成。

如图 2.4.4 所示为 YZ4·5 型振动式压路机的外形。该型压路机由柴油发动机、传动系统、工作机构（转向轮与兼作振动轮的驱动轮）、机架和操纵系统等组成。机架是由钢板和型钢焊接而成的一个罩形体，柴油机安装在罩体的中部，其后部通过转向立柱和带框架的悬架安装一个小直径的方向轮，前轮则是驱动轮，同时也是振动轮。

振动压路机的传动路线是：柴油发动机的动力，经三角带传动机构传给分动箱 4，此后分两路传动：

一路：变速箱→传动链→最终传动齿轮→振动轮滚动；

另一路：无级调频装置→三角带传动→振动轮振动。

此传动的特点是，自分动箱 4 出去的两条动力是各自独立的系统，振动器的振动和振动轮的滚动互不影响。振动轮的行驶与停止，振动器的起振与停振由各自独立的操纵机构来完成。

2.4.4 冲击式压实机械

冲击式压实机械属于一种小型的夯实机械。由于这种机械体积小、重量轻、操作容

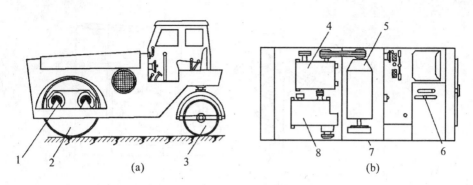

1—减振环；2—振动轮；3—方向轮；4—分动箱；5—柴油机；6—操纵机构；
7—机架；8—变速箱

图 2.4.4　振动式压路机构造简图

易、维修方便且压实效果好、生产率高，所以被广泛地应用于建筑、市政工程中无法使用大、中型压实机械压实的场合。目前实际工程中常用的冲击式压实机械有电动蛙式打夯机和内燃打夯机两种。

1．夯实机械分类

夯实机械按夯实冲击能量大小可以分为轻型夯实机、中型夯实机和重型夯实机；按结构和工作原理可以分为自由落锤式夯实机、振动平板夯实机、振动冲击夯实机、爆炸式夯实机和蛙式打夯机。

2．夯实机械主要结构

（1）蛙式打夯机

电动蛙式打夯机的外形构造如图 2.4.5 所示，其主要结构由底盘、传动系统、前轴装置、夯头架、操纵扶手、电动机和电气系统等组成。蛙式打夯机是利用偏心块旋转产生离心力的冲击作用进行夯实作业的一种小型夯实机械，具有结构简单、工作可靠、操作容易等特点，因而广泛用于公路、建筑、水利等施工工程。

（2）振动冲击夯实机

振动冲击夯实机由发动机（电机）带动曲柄连杆机构运动，产生上下往复作用力使夯实机跳离地面。在曲柄连杆机构作用力和夯实机重力作用下，夯板往复冲击被压实材料，达到夯实的目的。

振动冲击夯实机分内燃式夯实机和电动式夯实机两种型式。前者的动力是内燃发动机，后者的动力是电动机。其结构都是由发动机（电机）、激振装置、缸筒和夯板等组成。

如图 2.4.6 所示为 HD-60 型电动式振动冲击夯实机，主要由电动机 1、减速器 4、曲柄连杆机构 5 和 6、活塞 9、弹簧 10、夯板 12 和操纵机构等组成。电动机动力经减速器 4 传给大齿轮，使安装在大齿轮轴上的曲柄 5、连杆 6 运动，带动活塞 9 作上下往复运动，在弹簧力（压缩和伸张）作用下，使机器和夯板跳动，对被压材料产生高频冲击振动作用。

内燃式振动冲击夯实机结构与电动式振动冲击夯实机基本类似，仅动力装置为内

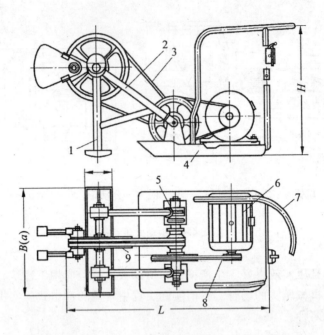

1—夯头；2—夯架；3，8—三角带；4—底盘；5—传动轴架；
6—电动机；7—扶手；9—三角带轮

图 2.4.5　蛙式打夯机外形构造简图

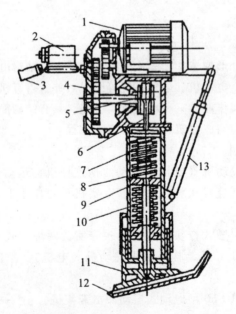

1—电动机；2—电气开关；3—操纵手柄；
4—减速器；5—曲柄；6—连杆；7—内套筒；
8—机体；9—滑套活塞；10—螺旋弹簧组；
11—底座；12—夯板；13—减振器支承器

图 2.4.6　HD-60 型电动式振动冲击夯实机结构简图

燃机。

(3) 振动平板夯实机

振动平板夯实机是利用激振器产生的振动能量进行压实作业，在工程量不大、狭窄场地得到广泛使用。

振动平板夯实机分非定向夯实机和定向夯实机两种型式，其结构简图如图 2.4.7 所示，主要由发动机、夯板、激振器、弹簧悬挂系统等组成。其动力由发动机经皮带传给偏心块式激振器，由激振器产生的偏心力矩带动夯板以一定的振幅和激振力振实被压材料。非定向振动平板夯实机是靠激振器产生的水平分力自动前移；定向振动平板夯实机是靠两个激振器壳体中心（两激振器中心）所处位置的不同，使振动平板原地垂直振动或在总离心力的水平分力作用下水平移动。

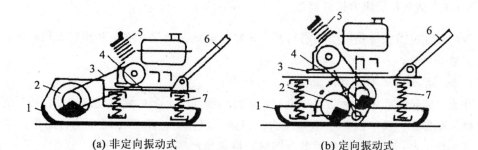

(a) 非定向振动式　　　　　　(b) 定向振动式

1—夯板；2—激振器；3—V 形皮带；4—发动机底架；
5—操纵手柄；6—扶手；7—弹簧悬挂系统

图 2.4.7　振动平板夯实机结构简图

第3章 钢筋混凝土工程机械

§3.1 概 述

3.1.1 钢筋和预应力机械简述

钢筋和预应力机械是用于钢筋切断、连接、成型、强化、镦头和预应力钢筋张拉等作业的机械。

1. 钢筋和预应力机械在建筑工程中的应用

在土木建筑工程中，钢筋混凝土与预应力钢筋混凝土是主要的建筑构件，担当着极其重要的承载作用，其中混凝土承担压力，钢筋承担拉力。钢筋混凝土构件的形状千差万别，从钢材生产厂家购置的各种类型钢筋，根据生产工艺与运输需要，送达施工现场时，其形状也是各异。为了满足工程的需要，必须先使用各种钢筋机械对钢筋进行预处理及加工。为了保证钢筋与混凝土的结合状况良好，必须对锈蚀的钢筋进行表面除锈、对不规则弯曲的钢筋进行拉伸与调直；为了节约钢材，降低工程成本，减少不必要的钢材浪费，可以采用钢筋的冷拔工艺处理，以提高钢筋的抗拉强度。在施工过程中，根据工程设计要求进行钢筋配置时，由于钢筋配置的部位不同，钢筋的形状、大小与粗细存在着极大差异，必须对钢筋进行弯曲、切断，对于大型结构与构件使用的钢筋为节约钢材还要进行连接，连接的方式有焊接、绑扎与压接等方法。为了提高构件的抗拉强度与抗压强度、节约钢材，需要对构件实施预应力处理，对钢筋或钢绞线实施拉伸。在预应力处理方法中，有先张法与后张法之分。

随着社会与经济的高速发展，在土木建设工程与建筑施工中，不同类型的钢筋机械与设备的广泛应用，对提高工程质量、确保工程进度，发挥着重要作用。

2. 钢筋和预应力机械的类型与技术参数

（1）钢筋和预应力机械的类型

钢筋和预应力机械可以分为：

①钢筋强化机械：各种钢筋除锈机械、钢筋冷拉机械、测力装置、夹具、钢筋冷拔机械、钢筋轧头机、冷轧带肋钢筋成型机、钢筋冷轧扭机等；

②钢筋切断机械：有机械式钢筋切断机、液压式钢筋切断机、手动钢筋切断机等；

③钢筋调直机械：有孔模式、斜辊式、数控钢筋调直切断机等；

④钢筋弯曲机械：有机械式钢筋弯曲机、液压钢筋弯曲切断机、钢筋弯箍机等；

⑤钢筋镦头机械：有手动冷镦机、电动钢丝冷镦机、电热镦头机、钢筋镦头机械等；

⑥钢筋连接机械：有钢筋绑扎机械及工具、各种钢筋焊接机、钢筋机械连接的挤压连接设备、螺纹钢筋连接设备等；

⑦钢筋预应力机械：有预应力张拉锚具和夹具、预应力张拉机械、挤压机、压花机、卷管机、穿束机、压浆机等；

⑧钢筋加工生产线：有冷轧带肋钢筋生产线，钢筋焊接网片自动成型生产线等。

（2）钢筋和预应力机械的技术参数

钢筋和预应力机械的技术参数是表征机械性能、工作能力的物理量，主要包括：

①尺寸参数：有工作尺寸、整机外形尺寸和工作装置尺寸等；

②质量参数：有整机质量、主要部件质量、结构质量、作业质量等；

③功率参数：有动力装置功率、力（力矩）和速度、液压和气动装置的压力量和功率等；

④经济指标参数：有作业周期、生产率等。

钢筋和预应力机械的基本参数是其主要技术性能指标，基本参数中最重要的参数又称为主参数。钢筋和预应力机械的主参数是建筑工程机械产品代号的重要组成部分，可以直接反映出机械的性能与级别。因此，为了促进建筑工程机械的发展，我国对各类建筑工程机械制定了基本参数系列标准。

3. 钢筋和预应力机械的现状和发展趋势

（1）钢筋和预应力机械的现状

随着社会经济与科学技术的发展与进步，钢筋和预应力钢筋混凝土结构在工业与民用建筑工程中日益得到广泛的应用，在现代化建筑施工中越来越占有重要地位，并且反映出一个国家建筑工程机械化的先进程度。由于我国目前还是一个发展中国家，与先进国家存在着一定差距，因此大部分钢筋工程还是依靠手工操作，劳动强度大，材料消耗量多，现场运输工作量大，这也是钢筋混凝土工程的特殊性。钢筋混凝土工程是由钢筋、模板及混凝土等多个工种配合来完成，目前我国城乡的混凝土部分的生产基本达到机械化程度，而其中钢筋工程的机械化施工程度相对存在一定的差距，大部分钢筋加工与现场绑扎工作依然依靠手工操作，大大落后于其他工作的机械化程度，成为钢筋混凝土工程的瓶颈之一。所以，应用钢筋及预应力工程机械，采用预制构件，实行工厂化、机械化施工可以大大提高施工速度，保证施工质量，降低人工与材料的成本，减轻劳动强度，提高劳动生产率。

（2）钢筋和预应力机械的发展趋势

随着施工技术的进步，钢筋和预应力机械正在逐渐改变面貌，由传统的手工、半自动操作向高技术、智能化方向发展。钢筋和预应力钢筋工程机械化与建筑施工有着更为密切的关系。根据建筑业生产设备的流动特性，钢筋和预应力机械必须具备良好的机动性，才能快速地在不同施工场地之间转移，最大限度地发挥设备的利用率和生产率。此外，钢筋和预应力机械也需要向机电液一体化方向发展，可以大大提高钢筋和预应力机械的可靠性、实用性。特别是液压传动可以使钢筋和预应力机械得到极大的增力比值，使其具有体积减小、能量大、结构简单以及操作方便等优点。应用液压式钢筋切断机、挤压式钢筋连接机能够满足施工作业条件多样化的要求，大幅度地提高机械的利用率、节约投资及降低人工成本，采用电液控制能够大大地降低操作人员的劳动强度。而钢筋加工线、手持式钢筋绑扎机与焊接机器人等的使用能大大地提高工作效率，改善工作环境。

3.1.2 混凝土机械简述

混凝土机械是指用于混凝土的搅拌、输送、浇筑和密实等作业的机械。

1. 混凝土机械的种类

混凝土的施工工艺过程如下：

混凝土的生产→混凝土的运输→混凝土的成型→养护。

根据混凝土的施工工艺过程可以将混凝土机械归纳为以下几类：

（1）混凝土制备机械

混凝土制备机械是指按配合比量配制各种混凝土的原材料，并均匀拌和成新鲜混凝土的混凝土生产机械，其作用是生产出满足施工要求的混凝土。混凝土制备机械主要由混凝土配料设备、称量设备、搅拌设备等组成，其中混凝土搅拌设备即各种类型的混凝土搅拌机。

（2）混凝土运输机械

混凝土运输机械是将新鲜混凝土从制备地点输送到混凝土结构的成型现场或模板中去的专用运输机械。混凝土的运输分水平运输和垂直运输，水平运输为各种容量的混凝土搅拌运输车，混凝土装入搅拌车的拌筒中，搅拌车一边行驶，一边对拌筒内的混凝土进行搅动，以防止混凝土发生分层离析，或防止在较长时间的运输途中凝结硬化。垂直运输为各种型式的混凝土泵，用混凝土泵配上适当的输送管道和布料装置，可以完成施工现场混凝土的水平及垂直输送，可以连续不断地向施工地点输送混凝土。采用泵送混凝土可以节省劳动力，加快施工速度和保证施工质量。

（3）混凝土密实成型机械

混凝土密实成型机械是使混凝土密实地填充在模板中或喷涂在构筑物表面，使之最后成型而制成建筑结构或构件的机械。混凝土密实成型机械的种类很多，根据对混凝土施工的要求，可以分为混凝土振动机械、混凝土砌块成型机械、混凝土喷射机械、混凝土路面摊铺机械、混凝土滑模机械等。混凝土的养护是使已成型的混凝土在一定温度的潮湿环境中硬化，不需要采用机械设备。

2. 混凝土机械的现状和发展趋势

为了适应经济建设的需要，混凝土施工应向机械化和自动化方向发展。

混凝土是建筑工程中的一种主要材料，其用途广，用量大。我国是混凝土使用大国，年需要量约10亿吨。如何来组织这样大量混凝土的生产，做到生产率高，质量好，成本低，并保持较好的生产环境，是研制混凝土机械及混凝土施工的关键所在。目前国内的混凝土施工主要采用两种形式：

（1）在施工现场临时设置混凝土拌制设备

即以混凝土配料机、搅拌机和水泥筒仓为主要设备，组成中、小型拆装式或移动式搅拌装置在施工现场生产混凝土。混凝土的输送一般采用两种方式：一种是用塔式起重机周期地吊送混凝土吊罐，但当建筑物比较高大时，起重机还要兼运其他各种建筑材料，过于繁忙，另外由于混凝土不能连续浇筑，影响浇筑质量；另一种是使用混凝土泵来完成混凝土在施工现场的水平及垂直输送，将生产的混凝土直接送到浇筑点，使混凝土的配比、搅拌、输送实现了机械化，又由于混凝土是连续浇筑，保证了施工中混凝土的质量。

（2）混凝土生产商品化

混凝土生产商品化即把混凝土的生产集中到工厂进行，工厂把混凝土作为一种商品提供给各施工现场。通常商品混凝土工厂的成套设备是指"一站三车"，这是商品混凝土生产成套设备的主要设备。

一站：即混凝土搅拌站（楼），混凝土搅拌站（楼）都配有大型机械化骨料堆场、水泥筒仓、原材料的预处理（并非所有）设备、供给设备、计量设备及对混凝土搅拌设备等，整个生产过程由计算机控制。

三车：①混凝土搅拌运输车，完成混凝土从搅拌站（楼）至施工现场的水平运输；②混凝土泵车（泵），完成混凝土到浇筑点的水平和垂直输送；③散装水泥车，将散装水泥自水泥厂送至搅拌站（楼）的水泥筒仓。

商品混凝土应用量的大小，标志着混凝土生产工业化程度的高低，也标志着施工现代化程度的高低，因为商品混凝土具有如下优点：

①工艺装备能力和工艺质量控制条件决定了商品混凝土的高性能和高质量；
②节省水泥综合费用约10％；
③减少了对环境的污染；
④具有规模效益，对于大方量混凝土施工作业可以由数个商品混凝土公司联合供应；
⑤可以向施工现场狭小地区供应商品混凝土；
⑥极大地减轻了劳动强度。

§3.2 钢筋和预应力机械

3.2.1 钢筋强化机械

为了提高钢筋强度，通常对钢筋进行冷加工。冷加工的原理是：利用相关机械对钢筋施以超过屈服点的外力，使钢筋产生变形，从而提高钢筋的强度和硬度，减少其塑性变形。同时还可以增加钢筋长度，节约钢材。钢筋冷加工主要有冷拉、冷拔、冷轧和冷轧扭四种工艺。钢筋强化机械是对钢筋进行冷加工的专用设备，主要有钢筋冷拉机、钢筋冷拔机、冷轧带肋钢筋成型机和钢筋冷轧扭机等。

1. 钢筋冷拉机

钢筋冷拉是指在常温下，以超过钢筋屈服强度的拉应力拉伸钢筋，使钢筋产生塑性变形，达到提高其强度和节约钢材的目的。钢筋冷拉后屈服点提高、塑性降低（变脆）、弹性模量也略有降低。

冷拉工艺适用于Ⅰ~Ⅳ级钢筋。冷拉时钢筋被拉直，表面锈渣自动剥落。因此冷拉不仅可以提高钢筋的强度，而且还可以同时完成调直和除锈工作。冷拉Ⅰ级钢筋用做非预应力的受拉钢筋，冷拉Ⅱ、Ⅲ级钢筋则多用做预应力钢筋。

受压钢筋一般不宜冷拉，即使冷拉，也不利用其冷拉后提高的强度。在承受冲击荷载的动力设备基础及负温度条件下也不应采用冷拉钢筋。

钢筋的冷拉设备有两种：一种是采用卷扬机带动滑轮组为冷拉动力的机械设备；另一种是采用长行程（1500mm以上）的专用液压千斤顶和高压油泵的液压设备。

（1）卷扬机冷拉设备

①构造组成

卷扬机式钢筋冷拉机主要由地锚1、卷扬机2、定滑轮组3、导向滑轮13、测力器10和动滑轮组5等组成，如图3.2.1所示。

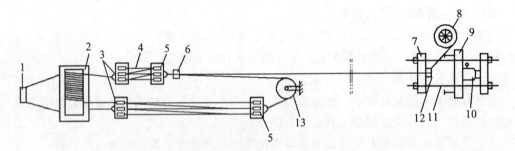

1—地锚；2—卷扬机；3—定滑轮组；4—钢丝绳；5—动滑轮组；6—前夹具；7—活动横梁；
8—放盘器；9—固定横梁；10—测力器；11—传力杆；12—后夹具；13—导向滑轮

图3.2.1 卷扬机式冷拉机示意图

②工作原理

卷扬机式钢筋冷拉机的工作原理是：卷扬机卷筒上的钢丝绳正、反向绕在两副动滑轮组上，当卷扬机旋转时，夹持钢筋的一副动滑轮组被拉向卷扬机，钢筋被拉长。另一副动滑轮组被拉向导向滑轮，为下一次冷拉时交替使用。钢筋所受的拉力，经传力杆11和活动横梁7传给测力器10，测出拉力的大小。钢筋拉伸长度通过机身上的标尺直接测量或用行程开关控制。

③技术特点

电动卷扬式钢筋冷拉机是目前冷拉钢筋的主要设备。一般采用慢速的电控制式卷扬机和离合器式卷扬机两种，其卷扬能力多在5t以下。由于冷拉钢筋有时需要数十吨的冷拉力（如冷拉一根$\phi 20mm$的Ⅱ级钢筋需要14t的冷拉力，冷拉一根$\phi 40mm$的Ⅱ级钢筋需要56t的冷拉力），即使选用慢速卷扬机，其卷扬速度对冷拉也是不适应的。如果直接进行冷拉，其速度还是太快，难以控制。所以，采用卷扬机冷拉钢筋，还必须有滑轮组配合，以提高冷拉能力和降低冷拉速度。粗、细钢筋的冷拉机的结构和工作原理相同，而其拉力大小不同。在一般情况下，冷拉细钢筋时，采用3t慢速卷扬机；冷拉粗钢筋时，采用5t慢速卷扬机。

④技术性能

电动卷扬式钢筋冷拉机的主要技术性能如表3.2.1所示。

表 3.2.1　　　　　　　电动卷扬式钢筋冷拉机的主要技术性能表

粗钢筋冷拉		细钢筋冷拉	
卷扬机型号规格	JM-5（5t 慢速）	卷扬机型号规格	JM-3（3t 慢速）
滑轮直径和门数	计算确定	滑轮直径和门数	计算确定
钢丝绳直径/mm	24	钢丝绳直径/mm	15.5
卷扬机速度/（m/min）	<10	卷扬机速度/（m/min）	<10
测力器形式	千斤顶式测力计	测力器形式	千斤顶式测力计
冷拉钢筋直径/mm	12～36	冷拉钢筋直径/mm	6～12

（2）液压式钢筋冷拉设备

①构造组成

如图 3.2.2 所示，液压式冷拉机主要由液压张拉缸 5、泵阀控制器 6、装料小车 3、翻料架 2、前端夹具 4 和尾端挂钩夹具 1 等组成。

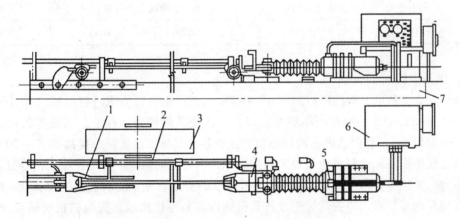

1—尾端挂钩夹具；2—翻料架；3—装料小车；4—前端夹具；5—液压张拉缸；
6—泵阀控制器；7—混凝土基座

图 3.2.2　液压钢筋冷拉机构造简图

②工作原理

液压钢筋冷拉工艺是采用液压冷拉机作为冷拉动力设备。作业时，由两台电动机分别带动高、低压油泵，使高、低压油经过输油管路、液压控制阀进入油压张拉油缸，完成拉伸钢筋和回程的动作。

③技术特点

液压式钢筋冷拉机的主要特点是：结构紧凑、工作平稳、噪声小、自动化程度高、操作灵敏，同时可以准确地测定冷拉率和冷拉应力，很容易实现自动控制。但液压装置行程短，其使用范围受到限制。

④技术性能

320kN 液压钢筋冷拉机的主要技术性能如表 3.2.2 所示。

表3.2.2　　　　　　　　320kN液压钢筋冷拉机的主要技术性能表

主要项目	技术性能		主要项目	技术性能
冷拉钢筋直径/mm	φ12~φ13	高压油泵	型号	ZBD40
冷拉钢筋长度/mm	9000	高压油泵	压力/MPa	21
最大拉力/kN	320	高压油泵	流量/L/min	40
液压缸直径/mm	220	高压油泵	电动机型号	JO1-52-6
液压缸行程/mm	600	高压油泵	电动机功率/kW	7.5
液压缸截面积/cm²	380	高压油泵	电动机转速/(r/min)	960
冷拉速度/(m/s)	0.04~0.05	低压油泵	型号	CB-B50
回程速度/(m/s)	0.05	低压油泵	压力/MPa	2.5
工作压力/MPa	32	低压油泵	流量/(L/min)	50
台班产量（根/台班）	700~720	低压油泵	电动机型号	JO2-31-4
油箱容量/L	400	低压油泵	电动机功率/kW	2.2
总质量/kg	1250	低压油泵	电动机转速/(r/min)	1430

2. 钢筋冷拔机

如图3.2.3所示，钢筋冷拔是使φ6~8mm的光圆钢筋强力通过拔丝模（模孔比钢筋直径小0.5~1mm），使钢筋产生塑性变形，以改变其物理力学性能。钢筋冷拔后，横向压缩（截面缩小），纵向拉伸，内部晶格产生滑移，其抗拉强度可以提高50%~90%，塑性降低，硬度提高。这种经冷拔加工的钢丝称为冷拔低碳钢丝。与冷拉相比，冷拉是纯拉伸线应力，冷拔是拉伸与压缩兼有的立体应力。冷拉后，钢筋仍有明显的屈服点。冷拔后则没有明显的屈服点。冷拔低碳钢丝按其机械性能和冷拔次数而提高的钢丝强度分为甲、乙两级。甲级钢丝主要用于预应力筋，乙级钢丝适用于作焊接网、焊接骨架、箍筋和构造钢筋。

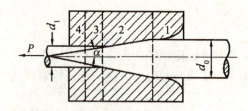

1—进口区；2—挤压区；3—定径区；4—出口区

图3.2.3　钢筋冷拔机示意图

拔丝模是拔丝机上的主要工作机构，根据拔丝模在拔丝过程中的作用不同，大致可以将其划分为四个工作区域：

进口区：进口区的形状呈喇叭口形，这种形状便于被拔钢筋的引入。

挤压区：该区域是拔丝模的主要工作区域，被拔的粗钢筋在该区域内被强力拉拔和挤压而由粗变细,挤压区的角度为14°~18°;拔制φ4mm的钢丝时为14°;拔制φ5mm的钢丝时为16°;拔制大于φ5mm的钢丝时为18°。

定径区:该区域使被拔钢筋保持一定的截面,又称为圆柱形挤压区,其轴向长度约为所拔钢丝直径的一半。

出口区:拔制成一定直径的钢丝从该区域引出,卷绕在卷筒上。

钢筋冷拔机械(拔丝机)有立式和卧式两种,每种又有单卷筒和双卷筒之分。当拔丝的生产任务大时(如构件厂的钢筋加工车间),还可以将几台拔丝机组合起来,形成三联、四联、五联的拔丝机。

(1) 立式拔丝机

立式拔丝机的构造及拔丝过程如图3.2.4所示,即涡轮涡杆传动的立式拔丝机的外形构造。电动机通过涡轮涡杆传动机构带动立轴旋转,使安装在立轴上的拔丝筒一起转动,卷绕着强行通过拔丝模的钢筋,使其成为冷拔钢丝。当拔丝筒上面的冷拔丝达到一定圈数后,可以用拔丝机上的辅助小吊车将其取下,再使拔丝筒继续拔丝。

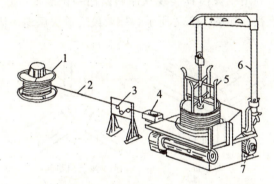

1—盘料架;2—钢筋;3—阻力轮;4—拔丝模;
5—卷筒;6—支架;7—电动机

图3.2.4 立式单卷筒拔丝机构造简图

(2) 卧式拔丝机

如图3.2.5所示为电动双筒卧式拔丝机的构造。由电动机、减速箱、拔丝卷筒、拔丝模和放圈架等组成。

卧式拔丝机的工作原理是:电动机带动三角带驱动变速箱4减速,使卧式卷筒3以20r/min的旋转速度强力引拉钢筋通过拔丝模而完成拉拔工序,并将拔出的钢丝缠绕在卷筒上。

3. 冷轧带肋钢筋成型机

冷轧带肋钢筋(冷轧螺纹钢筋)是近几年发展起来的一种新型的建筑用钢材,用普通低碳钢盘条或低合金钢盘条,经多道冷轧或冷拔减径和一道压痕,最后形成带有两面或三面月牙形横肋的钢筋。由于其强度高(抗拉强度比热轧线材提高50%~100%)、塑性好(一般冷拔的$\delta_{10} \geq 2.5\%$,冷轧的$\delta_{10} \geq 4\%$)、握裹力强(与混凝土粘结锚固能力提高2~6倍),因而得到迅速发展,广泛应用于各种建筑工程。冷轧带肋钢筋适合于10mm以下的小规格钢筋,弥补了热轧螺纹钢筋品种的不足。

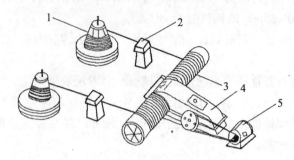

1—放圈架；2—拔丝模块；3—卧式卷筒；4—变速箱；5—电动机

图 3.2.5 卧式双筒拔丝机构造简图

目前，带肋钢筋生产工艺基本上可以归纳为两种：第一种为轧制工艺，即利用三辊技术实现从原料断面→弧三角断面→圆断面→弧三角断面→刻痕的流程，如图 3.2.6 所示。第二种为拉拔工艺，即利用冷拔模具实现从原料断面→圆断面→圆断面（再次减径）→弧三角断面→刻痕的流程，如图 3.2.7 所示。一般最后道次压缩率固定为 22.1%。

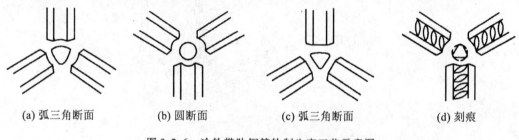

(a) 弧三角断面　　(b) 圆断面　　(c) 弧三角断面　　(d) 刻痕

图 3.2.6 冷轧带肋钢筋轧制生产工艺示意图

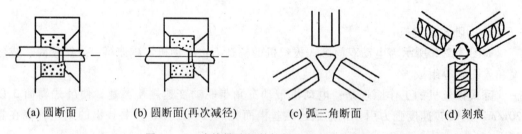

(a) 圆断面　　(b) 圆断面(再次减径)　　(c) 弧三角断面　　(d) 刻痕

图 3.2.7 冷轧带肋钢筋拉拔生产工艺示意图

两种生产工艺相比较，冷轧更有利于钢筋的塑性变形，因为钢筋与轧辊之间为滚动摩擦，有较好的塑性变形条件和较低的加工硬化率，可以提高钢筋的延伸率和变形效率，适合于负偏差轧制。另外，轧制使盘条之间的对焊接头仅受到压力作用，断头率较低（仅为拉拔工艺的 2%），可以充分发挥设备的速度潜力。轧制工艺生产的成品松弛性能比拉拔成品的好，而且轧制的成品有更高的屈服极限。但是轧制工艺成品抗拉强度一般低于冷拔工艺成品的 5% 左右，生产成本要比冷拔工艺略高。若产品要求较高强度或原材料强度较低,可以采用拉拔工艺,并增加消除应力装置,将成品延伸率提高1%~2%,从而克服成品延伸率低的缺陷。

冷轧带肋钢筋成型机有主动式和被动式两种,目前趋向使用以拉拔机带动的辊模进行被动轧制。

被动式冷轧带肋钢筋成型机主要由机架1、调整手轮2、传动箱5和轧辊组6等组成,其结构如图3.2.8所示。冷轧机是通过轧辊组内三个互成120°角并带有孔槽的辊片组成的孔型来完成减径或成型。每台轧机装有两套轧辊组,两套轧辊组的辊片交差成60°角,使钢筋经轧制后,上下两面形成相互交错为60°角的肋条。冷轧机通过左、右侧轴,经涡轮4和涡杆3传动来实现三个辊片的收拢或张开,从而调整孔型的大小。线材通过冷轧机前轧辊出口后的断面为略带圆角的三角形,经后轧辊轧制后断面缩成圆形。

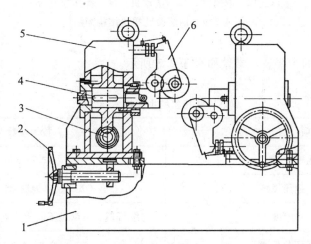

1—机架;2—调整手轮;3—涡杆;4—涡轮;5—传动箱;6—轧辊组
图3.2.8 被动式冷轧带肋钢筋成型机构造简图

4. 钢筋冷轧扭机

冷轧扭钢筋(冷轧变形钢筋)是将普通低碳钢热轧成盘圆钢筋,经过冷拉、冷轧和冷扭加工,形成具有一定螺距的连续螺旋状强化钢筋。冷轧扭钢筋的生产工艺流程如下:

原料→冷拉调直→冷却润滑→冷轧→冷扭→定尺切断→成品。

钢筋经过冷轧扭加工后不仅大幅度提高了钢筋的强度,而且由于冷轧扭钢筋具有连续的螺旋曲面,使钢筋与混凝土之间产生较强的机械胶合力和法向应力,提高了两者间的粘结力。当构件承受荷载时,钢筋与混凝土相互制约,可以提高构件的强度和刚度,改善构件的弹塑性能,使钢筋强度得到充分发挥,从而达到节省材料的目的。

钢筋冷轧扭机主要由调直机构2、冷轧机构4、冷扭机构6和定尺切断机构8等组成,如图3.2.9所示。其工作原理是:钢筋由承料器1上引出,经过调直机构调直,并清除氧化皮,再经导向架3和7进入轧机,冷轧至一定厚度,其断面轧成近似于矩形。在轧辊推动下,钢筋被迫通过已旋转了一定角度的一对扭转辊,从而形成连续旋转的螺旋状钢筋。再经过渡架穿过切断机构,进入下料架的料槽,碰到定位开关而启动切断机构,钢筋被切断并落到料架上。

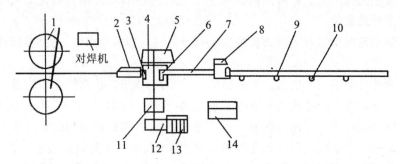

1—承料器；2—调直机构；3、7—导向架；4—冷轧机构；5—冷却润滑机构；
6—冷扭机构；8—定尺切断机构；9—下料架；10—定位开关；
11、12—减速器；13—电动机；14—操作控制台

图 3.2.9　钢筋冷轧扭机结构简图

钢筋冷轧扭机的主要技术参数如表 3.2.3 所示。

表 3.2.3　　　　　　钢筋冷轧扭机的主要技术参数表

项　目	技术参数
轧辊转速	42.7r/min
可轧钢筋规格	Q235 盘圆钢筋 $\phi 5 \sim 10$mm
轧扁厚度	连续可调，可满足不同规格钢筋的轧制工艺要求
钢筋切断长度	0.6～6.3m
冷轧扭钢筋线速度	约为 24m/min
最大外形尺寸	13.5m×3.55m×1.35m
总量	3t

3.2.2　钢筋切断机械

在混凝土构件中，根据设计图纸的构件受力状况需要配置不同规格和形状的钢筋。因此在进行钢筋配料时，由于钢筋原材料不可能与实际工程需要的长度相符，依据计算出的钢筋直线长度（即下料尺寸），经过调整后，将钢筋进行切断。

目前，钢筋切断方式有两种形式：一种形式是作为单独的切断工序进行切断；另一种形式则作为钢筋联动机械的一部分，例如钢筋调直机便附有钢筋切断装置，能自动进行切断。

钢筋切断机械按其结构形式分为卧式和立式，按传动方式分为手工操作、机械式和液压式；机械式切断按传动形式又分为曲柄连杆式和凸轮式；液压式钢筋切断机分为电动式和手动式，电动式又分为移动式和手持式。

1. 手工钢筋切断机具

手工切断钢筋是一种劳动强度大,且工效低的方法,一般用于切断量小的配筋、补筋或小型建筑企业缺少动力设备的情况下采用。此外,在预应力长线台座上放松预应力钢丝也用手工切断的方法。

(1) 断线钳

断线钳(又称为剪线钳)是定型产品,按其外形长度可以分为450mm、600mm、750mm、900mm、1050mm五种,常用的600mm断线钳可以剪5mm以下的钢丝,如图3.2.10所示。

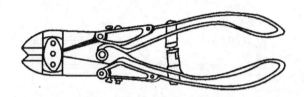

图3.2.10 断线钳示意图

(2) 手压式钢筋切断器

手压式钢筋切断器是目前建筑工程中常用的一种手动式钢筋切断工具。由定刀片、动刀片、底座、手柄等组成,定刀片固定在底座上,动刀片通过传动轴及齿轮,形成杠杆加力机构,施加外力后切断钢筋。因此,在使用中可以根据所切断钢筋的直径来调整手柄长度,手压式钢筋切断器一般用于切断直径 ϕ16mm 以下的 I 级钢筋(3号钢),形式及构造尺寸如图3.2.11所示。

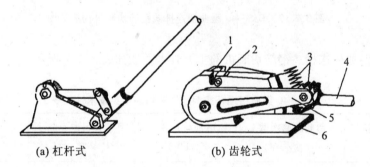

(a) 杠杆式　　　　　　(b) 齿轮式

1—动刀片;2—定刀片;3—齿轮;4—手压杆;5—摇杆;6—底座

图3.2.11 手压切断器外形及构造简图

2. 机械式钢筋切断机

机械式钢筋切断机是钢筋切断的专用设备,也是钢筋加工的基本设备。目前普遍使用的有GJ5—40型曲柄连杆式钢筋切断机、QJ40—1型凸轮式钢筋切断机及GQ40L型立式偏心轴钢筋切断机等种类,用于切断直径为 ϕ6~40mm 的钢筋。

(1) GJ5—40型曲柄连杆式钢筋切断机

GJ5—40型曲柄连杆式钢筋切断机由电动机驱动,通过V形带和两对齿轮传动使偏心轴旋转。装在偏心轴上的连杆带动滑块和动刀片在机座的滑道中作往复运动,与固定在机座上的定刀片相配合切断钢筋。

GJ5—40型曲柄连杆式钢筋切断机构造如图3.2.12所示。GJ5—40型曲柄连杆式钢筋切断机主要由电动机1、带轮2和4、两对齿轮6和8、偏心轴11、连杆10、滑块12、动刀片13和定刀片14等组成。

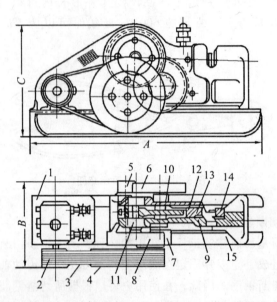

1—电动机;2、4—带轮;3—V形带;5、7—齿轮轴;
6、8—齿轮;9—机体;10—连杆;11—偏心轴;
12—滑块;13—动刀片;14—定刀片;15—底架

图3.2.12 GJ5—40型曲柄连杆式钢筋切断机构造简图

GJ5—40型曲柄连杆式钢筋切断机的主要技术性能如表3.2.4所示。

表3.2.4　　　　GJ5—40型曲柄连杆式钢筋切断机的主要技术性能表

切断钢筋直径 /(mm)	切断钢筋次数 /(次/min)	电动机功率 /(kW)	外形尺寸/(mm) 长×宽×高	机重 /(kg)
6~40	32	7.5	1770×695×828	950

(2) QJ40—1型凸轮式钢筋切断机

QJ40—1型凸轮式钢筋切断机由电动机通过皮带传动,使凸轮机构旋转,由于凸轮的偏心作用,动刀片在机座轴中作往复摆动,与固定在机座上的定刀片相配合切断钢筋。

QJ40—1型凸轮式钢筋切断机如图3.2.13所示,主要由机架1、操作机构3、传动机构4和5、电动机6等组成。

QJ40—1型凸轮式钢筋切断机的主要技术性能如表3.2.5所示。

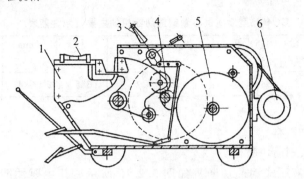

1—机架；2—托料装置；3—操作机构；4、5—传动机构；6—电动机

图 3.2.13　QJ40—1 型凸轮式钢筋切断机构造简图

表 3.2.5　　　　QJ40—1 型凸轮钢筋切断机的主要技术性能表

切断钢筋直径 /（mm）	切断钢筋次数 /（次/min）	电动机功率 /（kW）	外形尺寸/（mm）长×宽×高	机重 /（kg）
6～40	25	5.5	1400×600×780	450

（3）GQ40L 型立式偏心轴钢筋切断机

GQ40L 型立式偏心轴钢筋切断机如图 3.2.14 所示，由电动机通过皮带传动，两对齿轮实现减速，驱动偏心轴旋转，飞轮提供冲击惯性力。装在偏心轴上的连杆带动滑块和动刀片在垂直方向作往复运动，与固定在机座上的定刀片相配合切断钢筋。

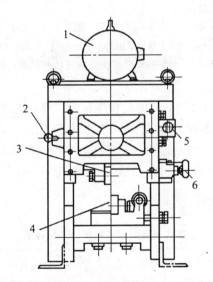

1—电动机；2—离合器操纵杆；3—动刀片；
4—定刀片；5—电气开关；6—压料机构

图 3.2.14　GQ40L 型立式偏心轴钢筋切断机示意图

GQ40L 型立式偏心轴钢筋切断机的主要技术性能如表 3.2.6 所示。

表 3.2.6　　　　GQ40L 型立式偏心轴钢筋切断机的主要技术性能表

切断钢筋直径/（mm）	切断钢筋次数/（次/min）	电动机功率/（kW）	外形尺寸/（mm）长×宽×高	机重/（kg）
40	38	3	685×575×984	650

3. 液压式钢筋切断机

（1）手动液压式钢筋切断机

SYJ—16 型手动液压式钢筋切断机如图 3.2.15 所示，其主要性能如表 3.2.7 所示。主要用于切断直径为 φ16mm 以下的钢筋及直径为 φ25mm 以下的钢绞线。这种切断机体积小、重量轻、操作简单便于现场携带工作。

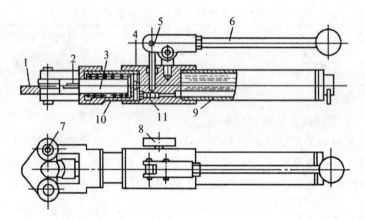

1—滑轨；2—动刀片；3—活塞；4—缸体；5—柱塞；6—压杆；
7—拔销；8—放油阀；9—储油筒；10—回位弹簧；11—吸油阀
图 3.2.15　SYJ—16 型手动式液压切断机构造简图

SYJ—16 型手动液压式钢筋切断机的工作原理为：将放油阀 8 按顺时针方向旋紧，压杆 6 下压，柱塞 5 提升，吸油阀 11 被打开，工作油进入油室；提起压杆，工作油被压入缸体内腔，压力油推动活塞 3 向左运动，安装在活塞端部的动刀片 2 切断钢筋。切断完毕后，按逆时针方向旋开放油阀，在回位弹簧 10 的作用下，压力油返回油室，动刀片自动缩回缸内。

表 3.2.7　　　　　　　液压式钢筋切断机主要技术性能表

型号	切断钢筋直径/（mm）	工作压力/t	活塞直径/（mm）	最大行程/（mm）	单位工作压力/（MPa）	电动机功率/（kW）	外形尺寸（长×宽×高）/（mm）	机重/（kg）
SYJ—16	16	8	36	30	79.0	—	680（长）	6.5
GQ—20 型	6~20	15	38	—	34.0	3	420×218×130	15
DYJ—32 型	8~32	32	95	28	45.5	3	889×396×398	145

(2) GQ—20型电动液压手持式钢筋切断机

GQ—20型电动液压手持式钢筋切断机外形如图3.2.16所示，其主要性能如表3.2.7所示。主要由电动机5、油箱4、工作头2和机体3等组成。该机型采用一个可超载2.6倍，转速22000r/min单向串激电动机5带动一只直径为φ38mm的活塞缸，产生150kN的压力，推进动刀片1与工作头2配合工作，可以切断直径为φ25mm以下的单根钢筋。钢筋切断后，限位回流阀自动打开，压力油自动返回，同时在复位弹簧的协助下动刀片复位。

GQ—20型电动液压手持式钢筋切断机自重轻，一般不超过15kg，可以跨在操作人员的肩上进行现场施工或高空作业，尤其适用于建筑施工工地现浇钢筋混凝土结构物上多余钢筋头的切断工作。

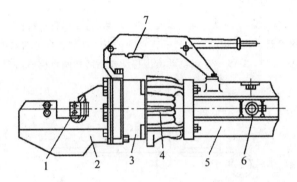

1—动刀片；2—工作头；3—机体；4—油箱；5—电动机；6—碳刷；7—开关

图3.2.16 GQ—20型电动液压手持式钢筋切断机构造简图

(3) DYJ—32型电动液压移动式钢筋切断机

DYJ—32型电动液压移动式钢筋切断机的结构如图3.2.17所示，其主要性能如表3.2.7所示，其工作原理为：电动机直接带动柱塞式高压油泵，油泵产生的高压油推动活塞运动，动刀片与活塞连在一起，实现动刀片的往复运动，完成钢筋切断的工作。

3.2.3 钢筋调直机械

钢筋调直是钢筋加工中的一项重要工序。通常，钢筋调直机用于调直径为φ14mm以下的盘圆钢筋和冷拔钢筋，并且根据需要的长度进行自动调直和切断，在调直过程中将钢筋表面的氧化皮、铁锈和污物除掉。

1. 钢筋调直机的分类

钢筋调直机按调直原理的不同可以分为孔模式钢筋调直机和斜辊式钢筋调直机两种；按切断机构的不同可以分为下切剪刀式钢筋调直机和旋转剪刀式钢筋调直机两种（如图3.2.18所示）；而下切剪刀式钢筋调直机按切断控制装置的不同又可以分为机械控制式钢筋调直机与光电控制式钢筋调直机。

2. 钢筋调直机的基本构造与工作原理

(1) 孔模式钢筋调直机

孔模式钢筋调直机有多种型号，常用的有GT3—8型、GT4—8型、GT4—14型、

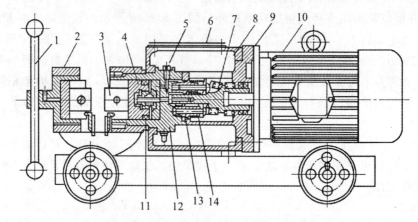

1—手柄；2—支座；3—动刀片；4—活塞；5—放油阀；6—观察窗；7—油泵斜盘；
8—油箱；9—连接架；10—电动机；11—密封圈；12—油缸；13—油泵体；14—柱塞
图 3.2.17　DYJ—32 型电动液压移动式钢筋切断机构造简图

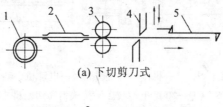

(a) 下切剪刀式

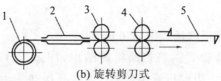

(b) 旋转剪刀式

1—盘料架；2—调直筒；3—牵引轮；4—剪刀；5—定长装置
图 3.2.18　钢筋调直机示意图

GT6—12 型、GT10—16 型等。

①GT4—14 型钢筋调直机

GT4—14 型钢筋调直机为旋转剪刀式，主要由调直筒 3、导向筒 2、牵引剪切电机 11、调直电机 12、送料及旋转剪切机构、受料装置和操纵机构等组成。其结构如图 3.2.19 所示。

GT4—14 型钢筋调直机的工作原理是：盘圆钢筋 1 上的钢筋经导向筒 2 进入调直筒 3，调直筒内装有五个不在同一中心线上的调直块，钢筋在每个调直块的中孔中穿过，由上、下牵引轮 5 夹紧后向前送进，穿过剪切齿轮 6 的槽口到受料槽 7 中。调直筒以高速旋转，调直块反复地连续弯曲钢筋，将钢筋调直，同时也清除钢筋表面的锈、污和氧化皮。两个相互啮合的剪切齿轮，圆周均布环形槽，钢筋从中通过，每一齿轮上有横贯槽口齿形切刀。齿形刀为三个，相隔 120°角安装，可以轮流剪切钢筋，以提高其使用寿命。

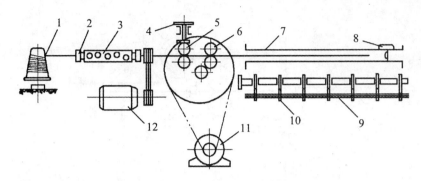

1—盘圆钢筋；2—导向筒；3—调直筒；4—压紧手轮；5—牵引轮；6—剪切齿轮；
7—受料槽；8—定长开关；9—钢筋；10—拖料轮；11—牵引剪切电机；12—调直电机

图 3.2.19　GT4—14 型钢筋调直机构造简图

当调直后的钢筋在受料槽中向前运动，顶住定长开关 8 时，接通电路，电磁离合器接合，剪切齿轮相对旋转 120°角，钢筋被刀齿切断。

②GT4—8 型钢筋调直机

GT4—8 型钢筋调直机为下切剪刀式，除钢筋切断方式与前者不同以外，其余的机构部分基本相同。其工作原理如图 3.2.20 所示。采用一台电动机作总动力装置，电动机轴端安装两个 V 形带轮，分别驱动调直筒、牵引和切断机构。其牵引、切断机构传动如下：电动机启动后，经 V 形带轮带动圆锥齿轮 6 旋转，通过另一圆锥齿轮使曲柄轴 7 旋转，再通过减速齿轮 3、4、5 带动对同速反向回转齿轮，使牵引轮 14 转动，牵引钢筋 12 向前运动。曲柄轴 7 上的连杆使锤头 8 上、下运动，调直好的钢筋顶住与滑动刀台 13 相连的定长挡板 11 时，挡板带动定长拉杆 10 将刀台拉到锤头下面，刀台在锤头冲击下将钢筋切断。

（2）斜辊式钢筋调直机

斜辊式钢筋调直机的结构与 GT4—8 型钢筋调直机基本相同，只是调直装置不同。斜辊式钢筋调直机采用斜辊调直模，克服了孔模式钢筋调直机存在的摩擦阻力大，钢筋表面易损伤，钢筋耗损大等缺点，尤其适用于冷轧带肋钢筋的调直。

（3）数控钢筋调直机

随着科学技术的发展，在大型建筑工地钢筋加工厂中，已采用数控式钢筋调直机。数控钢筋调直机采用光电测长系统和光电计数装置，能自动控制钢筋的切断长度和切断根数。调直和牵引部分与普通钢筋调直机相同，仅在切断部分增加一套由穿孔光电盘、光电管和光电源等组成的光电测长系统及一个计量钢筋根数的记数信号发生器。其工作原理如图 3.2.21 所示。

光电盘 9 上有 100 个等距小孔，光电盘与周长为 100mm 的摩擦轮 8 同轴，当调直后的钢筋被牵引轮 4 送出 100mm 时，摩擦轮转动一周，光电盘亦转动一周，这时由于光电源透过光电盘上的小孔而被光电管接受，便产生信号，每一小孔可以发生一个信号，100个小孔即发生 100 个脉冲信号，每一信号间隔相等，钢筋前进 1mm 长度，在控制台上调定信号个数，可以使钢筋得到所需的切断长度。当钢筋到达预定长度时，控制台上的长度

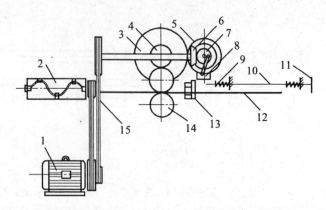

1—电动机；2—调直筒；3、4、5—减速齿轮；6—圆锥齿轮；
7—曲柄轴；8—锤头；9—压缩弹簧；10—定长拉杆；
11—定长挡板；12—钢筋；13—滑动刀台；
14—牵引轮；15—皮带传动机构

图 3.2.20 GT4—8 型钢筋调直机构造简图

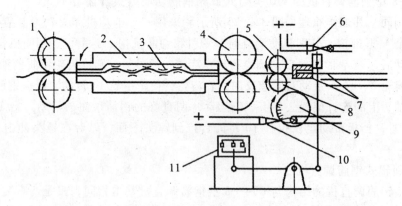

1—进料导向轮；2—调直筒；3—调直块；4—牵引轮；5、8—摩擦轮；
6、10—光电管；7—切断机构；9—光电盘；11—制动电磁块

图 3.2.21 数控调直机工作原理简图

计数器也达到调定值，这时长度计数器即可以接通电路，使控制电磁铁动作、拉动切刀切断钢筋。钢筋的切断同时发出另一信号，在该信号值达到预先调定的根数值时，根数计数器便接通电路，使电动机停转。

3.2.4 钢筋弯曲机械

为了保证钢筋在混凝土结构中的相互连接，提高预制构件的强度。必须对钢筋进行配置，弯曲成设计图纸所要求的尺寸和形状，这是钢筋加工中一道重要的加工工序。因此，在钢筋加工机械中，钢筋弯曲机械同样是重要的钢筋加工设备之一。

1. 手工钢筋弯曲机具

手工弯曲钢筋的方法，在一些现场工地中还经常被采用，这种方法具有投资小、设备简单等特点，但是其劳动强度大、效率低等，一般仅在弯曲工序少或缺少动力设备的中小型建筑企业中采用。

在施工现场主要使用的工具和设备有：

（1）工作台

细钢筋弯曲的工作台，台面尺寸为 400cm×80cm（长×宽），可以用 10mm 厚的木板钉制，其高度为 90～100cm。

粗钢筋弯曲的工作台，台面尺寸为 800cm×80cm（长×宽），可以用 40mm×50mm 的木板钉制，工作台要求稳固牢靠，避免在操作时产生晃动。

目前，大部分钢筋加工台采用钢制，钢制工作台经久耐用，台面光滑，钢筋在上面操作方便。钢制工作台可以根据现场实际状况，用槽钢拼制而成。

（2）手摇扳

手摇扳由一块钢板底盘和扳柱（钢筋柱）、扳手（或摇手）组成，是弯曲细钢筋的主要工具。图 3.2.22(a) 是一个弯单根钢筋的手摇扳，可以弯曲直径 ϕ 为 12mm 以下的钢筋；图 3.2.22(b) 是可以弯曲多根钢筋的手摇扳，每次可以弯曲 4 根直径 ϕ 为 8mm 的钢筋，主要适用弯制箍筋。手摇扳手长度为 300～500mm，可以根据弯制钢筋的直径适当调节长度，底盘钢板厚 4～6mm，扳柱直径为 ϕ16～18mm，扳手用直径 ϕ 为 14～18mm 钢筋制成。操作时，将底盘必须固定在工作台上。

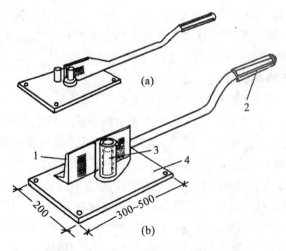

1—挡板；2—扳柱；3—扳手；4—底盘
图 3.2.22 手摇扳示意图

（3）卡盘

卡盘是弯粗钢筋的主要工具之一。由一块钢板底盘和扳柱（直径 ϕ 为 20～25mm 钢筋柱）组成，底盘固定在工作台上，如图 3.2.23 所示。

（4）钢筋扳手

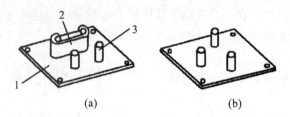

1—底盘；2—钢套；3—扳柱

图 3.2.23 卡盘的两种形式简图

钢筋扳手主要和卡盘配合使用，钢筋扳手有横口和顺口两种，分别如图 3.2.24（a）、(b）所示。

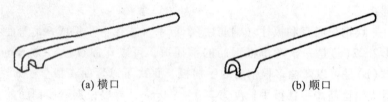

(a) 横口　　　　　　　　　　　(b) 顺口

图 3.2.24 钢筋扳手示意图

2. 机械式钢筋弯曲机

采用机械弯曲钢筋，能减轻劳动强度，且工效高、质量易于保证。目前，在弯制直径为 $\phi 40mm$ 以下的钢筋时，常用的有涡轮涡杆式钢筋弯曲机和齿轮式钢筋弯曲机，这两类钢筋弯曲机具有通用性强、结构简单、操作方便等特点。

(1) GJB7—40 型涡轮涡杆式钢筋弯曲机

GJB7—40 型涡轮涡杆式钢筋弯曲机的结构如图 3.2.25 所示，钢筋弯曲机的工作过程如图 3.2.26 所示。首先将钢筋 5 放在工作盘 4 上的心轴 1 和成型轴 2 之间（见图 3.2.26（a））；开动弯曲机使工作盘转动，当工作盘转动 90°时，成型轴也转动 90°，由于钢筋一端被挡铁轴 3 挡住不能自由运动，成型轴就迫使钢筋绕着心轴弯成 90°弯钩（见图 3.2.26（b））；如果工作盘继续旋转到 180°，成型轴也就把钢筋弯成 180°弯钩（见图 3.2.26（c））；用倒顺开关使工作盘反转，成型轴回到起始位置并卸料，即一根钢筋的弯曲结束（见图 3.2.26（d））。如果需要，通过调整成型轴的位置，即可以将被加工的钢筋弯曲成所需要的尺寸形状。不同直径的钢筋其弯曲半径一般是不同的，为了弯曲各种直径钢筋，可以在工作盘中间孔中换装不同直径的心轴，并选择成型轴在工作盘上的位置和挡铁轴的位置即可。该弯曲机的通用性强，结构简单，操作方便，可以将钢筋弯曲成各种形状和角度。

(2) WG—40 型齿轮钢筋弯曲机

WG—40 型齿轮钢筋弯曲机如图 3.2.27 所示，采用双速带制动电动机，传动效率高，多对齿轮啮合实现变速驱动。操作系统具有点动、自动状态、双速控制、双向控制、瞬时制动、事故急停以及系统的短路保护、电动机的过热保护等多种功能。工作台上左右两个

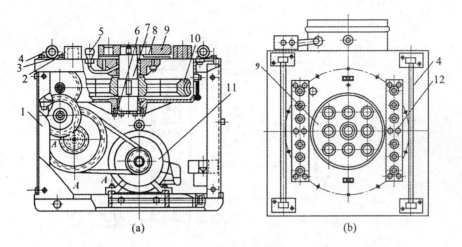

1—机架；2—工作台；3—插座；4—滚轴；5—油杯；6—涡轮箱；7—工作主轴；
8—立轴承；9—工作圆盘；10—涡轮；11—电动机；12—孔眼条板

图 3.2.25 GJB7—40 型涡轮涡杆式钢筋弯曲机结构简图

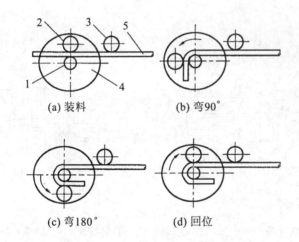

1—心轴；2—成型轴；3—挡铁轴；4—工作盘；5—钢筋

图 3.2.26 钢筋弯曲机工作过程示意图

插入座可以通过手轮无级调节，并与不同直径的成型轴及挡料装置相配合，能适应各种不同规格的钢筋弯曲成型。

3. 液压钢筋弯曲切断机

液压钢筋弯曲切断机，是由液压传动和操纵的两用机床，适用于加工直径为 $\phi 6 \sim 32$ mm 的钢筋。这种弯曲机还可以进行切断工作，是一种两用机械，但不能同时进行切断和弯曲两项工作。

液压钢筋弯曲切断机的结构如图 3.2.28 所示。主要由两组柱塞式高压油泵、组合式分配阀、回转油缸、刀座架、工作盘等组成。为了移动方便，机械底盘上装有行走轮。

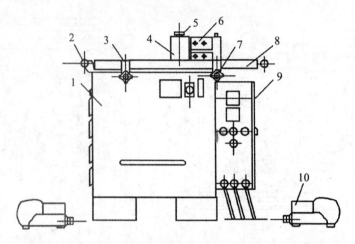

1—机架；2—滚轴；3、7—紧固手轮；4—转轴；5—调节手轮；
6—夹持器；8—工作台；9—控制配电柜

图 3.2.27 WG—40 型齿轮钢筋弯曲机结构简图

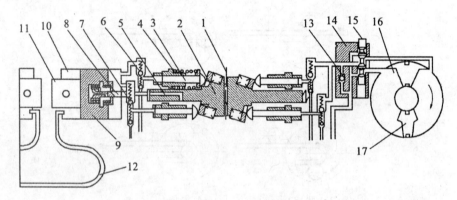

1—双头电动机（略）；2—轴向偏心泵轴；3—油泵柱塞；4—弹簧；5—中心油孔；
6、7—进油阀；8—中心阀柱；9、10—油缸；11—切刀；12—板弹簧；13—限压阀；
14—分配阀体；15—滑阀；16—回转油缸；17—回转叶片

图 3.2.28 液压钢筋弯曲切断机结构简图

3.2.5 钢筋镦头机械

钢筋镦头机是将钢筋或钢丝的端头在热状态下或常温状态下镦粗成圆头作为预应力钢筋锚固头的一种设备。

钢筋镦粗的方法有热镦和冷镦两种。在建筑工程中，常用冷镦法加工端头。在冷镦法中，冷镦机按其动力传递的不同方式可以分为机械传动和液压传动两种类型。机械传动又有手动和电动两种，电动和手动冷镦机，适用于冷镦直径为 $\phi 4 \sim 5mm$ 低碳钢丝。液压传动按其性能又可以分为液压钢丝冷镦机和液压钢筋冷镦机两种。

1. 手动冷镦机

手动冷镦机是一种以人力作为原动力把钢筋头部压成所需形状的一种钢筋镦头机械，其结构如图 3.2.29 所示。

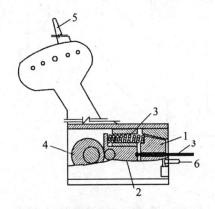

1—夹具；2—镦模；3—弹簧；4—偏心轮；
5—扳手；6—夹具张合扳手；7—钢丝
图 3.2.29　手动冷镦机结构简图

手动冷镦机结构简单，使用方便，不受电源限制，但只适用于冷镦小直径（φ4～5mm）的低碳钢丝。

2. 电动冷镦机

电动冷镦机是采用电动机作为原动机把钢筋端头压成所需形状的钢筋镦头机械，如图 3.2.30 所示。电动机经两级带传动减速后，带动凸轮轴 4 转动。当凸轮轴上的加压凸轮与加压杠杆上的滚轮 6 相接触时，加压杠杆左端顶起，右端压下，使加压杠杆右端的压模 10 将钢丝压紧；同时顶镦凸轮很快与顶镦滑块左端的滚轮接触，使顶镦滑块沿水平滑道向右运动，滑块右端上的镦模 13 冲击钢丝端头，钢丝端头被冷镦成型。

电动冷镦机有移动式和固定式，使用较为方便，生产率亦高，适用于冷镦直径为 φ4～5mm 或稍大一些的钢丝，冷镦过程是自动进行的，只需人工送入和取出钢丝即可。

3. 液压冷镦机

液压冷镦机是由高压油泵驱动，通过液压油推动执行机构将钢筋头部压成所需形状的机械。

液压冷镦机的冷镦压力大，可以冷镦直径较大的低合金钢，也可以冷镦高强度的碳素钢而且操作方便，工作可靠、噪音小，在施工现场和钢筋车间均可以使用。

液压冷镦机是由液压冷镦器、高压油泵、换向转阀和油箱等组成。常用的液压冷镦机有 YLD—45 型、SLD—10 型和 LD—10 型等型号。现以 SLD—10 型说明这类机械的构造及工作原理。

SLD—10 型液压钢丝冷镦机主要由夹紧活塞 3、镦头活塞 8、镦模 2、夹具 1 等构成，其构造如图 3.2.31 所示。SLD—10 型液压钢丝冷镦机工作时，液压油经进油嘴进入油缸，推动夹紧活塞 3 向左运动带动夹具 1 将钢筋夹紧，继续进油推动镦头活塞 8 向左运动，将

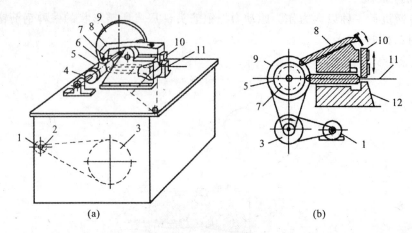

1—电动机；2、3、9—带轮；4—凸轮轴；5—加压凸轮；6—加压杠杆滚轮；7—顶镦凸轮；
8—加压杠杆；10—压模；11—钢筋；12—顶镦滑块；13—镦模

图 3.2.30　电动钢丝冷镦机结构简图

钢丝端部镦粗。回程时，夹紧活塞 3 及镦头活塞 8 在夹紧弹簧 5 及镦头弹簧 6 的作用下向右运动，夹具松开，即可以取出已镦好的钢丝。

SLD—10 型液压钢丝冷镦机与压力为 30MPa 的油泵配套使用，最大镦头力为 100kN，适用于冷镦直径为 $\phi5mm$ 的高强度碳素钢丝。

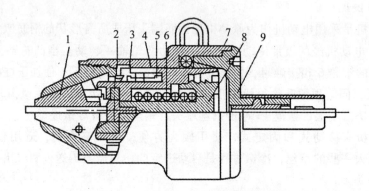

1—夹具；2—镦模；3—夹紧活塞；4—夹紧弹簧定位销；5—夹紧弹簧；
6—镦头弹簧；7—外壳；8—镦头活塞；9—液压缸盖

图 3.2.31　SLD—10 型液压钢丝冷镦机结构简图

3.2.6　钢筋连接机械

钢筋混凝土结构中，大量的钢筋需进行连接作业，以往钢筋连接大多采用搭接绑扎方法，不仅受力性能差，浪费材料，而且影响混凝土的浇筑质量。近年来，随着高层建筑的发展和大型桥梁工程的增多，结构工程中的钢筋布置密度和其直径越来越大，传统的钢筋连接方法已不能满足需要，除传统的钢筋绑扎连接外，目前应用较广泛的钢筋连接有钢筋焊接连接和钢筋机械连接两类。

1. 钢筋焊接机械

在钢筋工程中采用焊接连接，不仅可以提高劳动生产率，减轻劳动强度，还可以保证钢筋网和骨架的刚度，并节省材料。目前普遍采用点焊、闪光对焊、电渣压力焊和气压焊。

（1）钢筋点焊机

点焊是使相互交叉的钢筋在其接触处形成牢固焊点的一种压力焊接方法。适合于钢筋预制加工中焊接各种形式的钢筋网。点焊机的种类很多，按其结构形式可以分为固定式和悬挂式；按压力传动方式可以分为杠杆弹簧式、气动式和液压式；按电极类型又可以分为单头、双头和多头等型式。

点焊机的结构如图 3.2.32 所示。点焊时，将表面清理好的钢筋叠合在一起，放在两个电极之间预压夹紧，使两根钢筋连接点紧密接触，然后接通电流，接触点处产生电阻热，使钢筋加热到熔化状态，然后切断电流，在压力的作用下，两根钢筋点焊在一起。

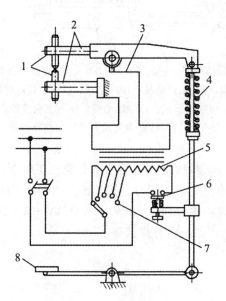

1—电极；2—钢筋；3—电极臂；4—变压器次级线圈；
5—弹簧；6—断路器；7—变压器调节级数开关；8—脚踏板
图 3.2.32 点焊机结构简图

建筑工程中应用较多的是杠杆弹簧式点焊机，如图 3.2.33 所示。施工现场使用的小型手提式点焊机是杠杆弹簧式点焊机的一种变型形式。

（2）钢筋对焊机

将两根钢筋端部对在一起并焊接牢固的方法称为对焊。完成这种焊接的机械称为对焊机械。使用对焊机对焊钢筋，可以将工程中剩下来的短料按新的工程配筋要求对接起来重新利用，节省了钢材；同手工电弧焊搭接焊工艺相比较，焊缝部位强度高，特别是在承重大梁钢筋密集的底部、曲线梁或拼装块体预应力主筋的穿孔、张拉等施工中，更显示出钢筋对焊的优越性。

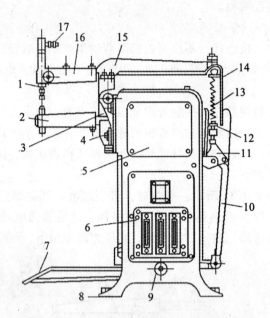

1—电极；2—下电极臂；3—下夹块；4—夹座；5—焊接变压器；6—分级开关；
7—脚踏板；8—机脚；9—支点销轴；10—连杆；11—三角形连杆；12—调节螺母；
13—压簧；14—指示板；15—压力臂；16—上电极臂；17—水嘴

图 3.2.33　杠杆弹簧式点焊机构造示意图

钢筋对焊机有 UN_1，UN_2，UN_3，UN_4 等系列，建筑工程中常用的是 UN_1 系列对焊机。UN_1 系列对焊机（外形如图 3.2.34 所示），按其额定功率的不同，有 UN_1—25 型、UN_1—75 型和 UN_1—100 型（额定功率分别为 25kV·A，75kV·A，100kV·A）杠杆加压式对焊机和 UN_1—150 型气动自动加压式对焊机等。

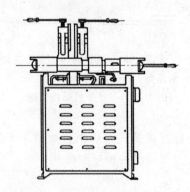

图 3.2.34　UN_1 系列对焊机外形图

钢筋对焊按其过程和操作方法不同，有电阻对焊和闪光对焊两种方法。
①电阻对焊
对焊时，将两根钢筋端部接触并施加压力，随后通电，使钢筋的接触面迅速加热到塑

性状态,然后切断电流,增加压力,使接触面处产生一定的塑性变形,以形成接头。

电阻对焊的缺点是要求钢筋的端面磨削平整,使其能紧密接触,否则会造成加热不均匀引起局部氧化或夹渣,而降低接头强度;耗电量较大,要求对焊机的功率大,因此,电阻对焊方法应用较少。

②闪光对焊

闪光对焊是在焊接过程中,熔化的金属微粒由接触口处喷出,同时出现火花,即所谓"闪光",按其"闪光"情况的不同,有三种操作工艺:连续闪光焊、预热闪光焊和闪光—预热—闪光焊。

闪光对焊的优点是对钢筋端面要求不严,可以免去钢筋端面磨平的工序;由于闪光时接触面积小,电流密度大,热量集中,加热迅速,所以热影响区小,接头质量好,又因采用了预热的方法,在较小功率的对焊机上能焊较大截面的钢筋,所以闪光对焊是普遍采用的方法。

钢筋闪光对焊工艺过程及适用范围如表 3.2.8 所示。

表 3.2.8 钢筋闪光对焊工艺过程及适用范围表

工艺名称	工艺过程	适用范围	操作方法
连续闪光焊	连续闪光、顶锻	适于焊接直径 25mm 以内的 I~III 级钢筋,焊接直径较小的钢筋最适宜。	1. 先闭合一次电路,使两钢筋端面轻微接触。由于钢筋端部不平,接触点很快熔化并产生金属蒸汽飞溅,形成闪光现象。徐徐移动钢筋,便形成连续闪光过程。 2. 当闪光达到预定程度(接头烧平、闪去杂质和氧化膜、白热熔化时),随即施加轴向压力迅速进行顶锻,使两根钢筋焊牢。
预热闪光焊	预热、连续闪光、顶锻	钢筋直径超过 25mm,端面较平整的 I~III 级钢筋。	1. 在连续闪光焊前增加一次预热过程,以扩大焊接热影响区。 2. 施焊时,先闭合电源,然后使钢筋端面交替地接触和分开,这时钢筋端面的间隙即发出断续的闪光,形成预热过程。 3. 当钢筋达到预热温度后,随后顶锻而成。
闪光—预热—闪光焊	一次闪光、预热、二次闪光、顶锻	适于端面不平整,且直径为 25mm 以上的 I~III 级钢筋及 IV 级钢筋。	1. 一次闪光:将不平整的钢筋端部烧化平整,使预热均匀。 2. 施焊时,使钢筋端部闪平,然后同预热闪光焊。

对焊机的工作原理如图 3.2.35 所示。对焊机固定电极 4 装在固定平板 2 上,活动电极 5 则装在滑动平板 3 上,滑动平板可以沿着机身的导轨移动,并与压力机构 9 相连。电流从对焊机变压器的次级线圈 10 引到接触板,从接触板引到电极。需对焊的钢筋夹在电极内,当移动活动电极使两根钢筋端部接触到一起时,由于电阻很大,通过电流很强,钢筋端部温度升高而熔化,然后利用压力机构压紧,使钢筋端部牢固地焊接在一起。

(3) 钢筋电渣压力焊机

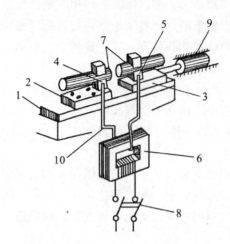

1—机身；2—固定平板；3—滑动平板；4—固定电极；5—活动电极；
6—变压器；7—钢筋；8—开关；9—加压机构；10—变压器次级线圈
图 3.2.35 对焊机工作原理示意图

电渣压力焊是将钢筋安放成竖向对接形式，利用焊接电流通过两钢筋端面间隙，在焊剂层下形成电弧过程和电渣过程，产生电弧热和电阻热，熔化钢筋，加压完成的一种压焊方法。这种方法比电弧焊易于掌握、工效高、节省钢材、成本低、质量可靠，适用于现浇钢筋混凝土结构中竖向或斜向（倾斜度在 4∶1 的范围内）钢筋的接长连接，焊接钢筋直径范围在 $\phi 14\sim40\text{mm}$，但不宜用于热轧后余热处理的钢筋。

钢筋电渣压力焊机按控制方式可以分为手动式、半自动式和自动式；按传动方式可以分为手摇齿轮式和手压杠杆式。

电渣焊是一种立焊方法，被焊的钢筋垂直放置，电焊机的两个电极分别接在两根钢筋上，被焊钢筋的两端面离开一定距离，也可以放置导电焊剂或铅丝球，钢筋焊接头的周围放着一个焊剂盒，放入焊剂，如图 3.2.36 所示。待接通焊接电路后，焊剂和钢筋相继熔化成渣池，渣池内可以产生很高的电阻热，其温度可以达 $1600\sim2000\text{℃}$，这样持续数秒钟后，借助操纵压杆使上钢筋缓慢下送，但要避免钢筋直接接触而造成电流短路，从而保证良好的电渣过程，待熔化留量达到规定数值后，切断焊接电流，迅速用力顶锻，挤出全部熔渣和熔化金属，便形成电渣焊接头。

电渣焊的设备主要由一台交流电弧焊机或直流电弧焊机，一套电气控制设备、焊接夹具（机头）和辅件（焊接填装盒、回收工具）等组成。电气设备是在二次线路中安装电流表和电压表各一只，以便在焊接时控制操作。

(4) 钢筋气压焊机

钢筋气压焊是采用一定比例的氧气和乙炔焰为热源，对需要连接的两钢筋端部接缝处加热烘烤，使其达到热熔状态，同时对钢筋施加 $30\sim40\text{N/mm}^2$ 的轴向压力，使钢筋连接在一起。这种方法具有设备投资少、施工安全、节约钢筋和电能等优点，但对操作人员的技术水平要求较高。钢筋气压焊不仅适用于竖向钢筋的焊接，也适用于各种方向布置的钢筋连接。钢筋直径的适用范围为 $16\sim40\text{mm}$。不同直径钢筋焊接时，两钢筋直径差不得大

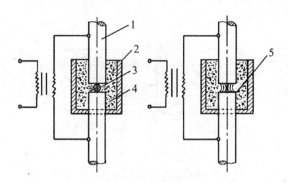

1—钢筋；2—焊剂盒；3—导电焊剂；4—焊剂；5—电弧

图 3.2.36　电渣焊原理示意图

于 7mm。

气压焊有开式和闭式两种。开式气压焊是将两钢筋端面稍加离开，加热到熔化温度，加压完成的一种方法，属熔化压力焊。闭式气压焊是将两钢筋端面紧密闭合，加热到 1200～1250℃，加压完成的一种方法，属固态压力焊。目前使用的主要是闭式压力焊。

图 3.2.37 是钢筋气压焊机的工作示意图。

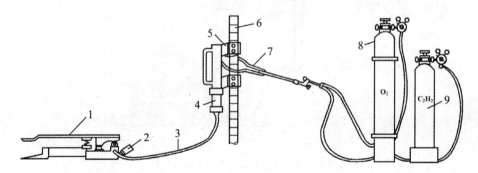

1—脚踏液压泵；2—压力表；3—液压胶管；4—油缸；5—钢筋夹具；
6—被焊接钢筋；7—多火口烤钳；8—氧气瓶；9—乙炔瓶

图 3.2.37　钢筋气压焊设备工作示意图

2. 钢筋机械连接设备

(1) 钢筋挤压连接设备

钢筋挤压连接是将需要连接的螺纹钢筋插入特制的钢套筒内，利用挤压机压缩钢套筒，使之产生塑性变形，靠变形后的钢套筒与钢筋的紧固力来实现钢筋的连接。这种连接方法具有节电节能、节约钢材、不受钢筋可焊性制约、不受季节影响、不用明火、施工简便、工艺性能良好和接头质量可靠度高等特点，适用于各种直径的螺纹钢筋的连接。钢筋挤压连接技术分为径向挤压和轴向挤压工艺，径向挤压连接技术应用较为广泛。

径向挤压连接是利用挤压机将钢套筒 1 沿直径方向挤压变形，使之紧密地咬住钢筋 2 的横肋，实现两根钢筋的连接，如图 3.2.38 所示。径向挤压方法适用于连接直径为

$\phi 12\sim 40mm$ 的钢筋。

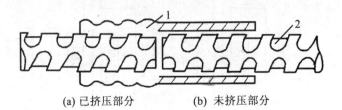

(a) 已挤压部分　　　(b) 未挤压部分

1—钢套筒；2—带肋钢筋

图 3.2.38　钢筋径向挤压连接示意图

图 3.2.39 是钢筋径向挤压连接设备的示意图。

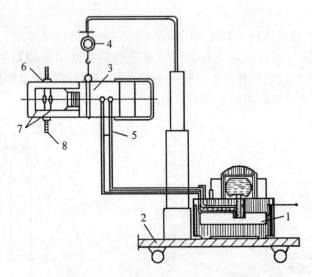

1—超高压泵站；2—吊挂小车；3—挤压钳；4—平衡器；
5—软管；6—钢套管；7—压模；8—钢筋

图 3.2.39　钢筋径向挤压连接设备示意图

(2) 钢筋螺纹连接设备

钢筋螺纹连接是利用钢筋端部的外螺纹和特制钢套筒上的内螺纹连接钢筋的一种机械式连接方法，按螺纹形式钢筋螺纹连接方法有锥螺纹连接和直螺纹连接。

① 锥螺纹连接

锥螺纹连接是利用钢筋 1 端部的外锥螺纹和套筒 2 上的内锥螺纹来连接钢筋，如图 3.2.40 所示，具有连接速度快、对中性好、工艺简单、安全可靠、无明火作业、可以全天候施工、节约钢材和能源等优点。适用于在施工现场连接直径为 $\phi 16\sim 40mm$ 的同径或异径钢筋，连接钢筋直径差不得超过 9mm。

② 直螺纹连接

直螺纹连接是利用钢筋 1 端部的外直螺纹和套筒 2 上的内直螺纹来连接钢筋，如图 3.2.41 所示。直螺纹连接是钢筋等强度连接的新技术，这种方法不仅使连接钢筋接头强

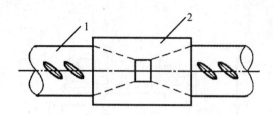

1—钢筋；2—套筒

图 3.2.40 钢筋锥螺纹连接示意图

度高，而且施工操作简便，质量稳定可靠。可以用于直径为 $\phi 20\sim 40\mathrm{mm}$ 的同径、异径、不能转动或位置不能移动钢筋的连接。直螺纹连接有镦粗直螺纹连接工艺和滚压直螺纹连接工艺。

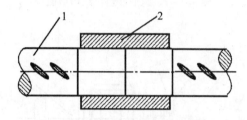

1—钢筋；2—套管

图 3.2.41 钢筋直螺纹连接示意图

镦粗直螺纹连接是钢筋通过镦粗设备，将端头镦粗，再加工出使小径不小于钢筋母材直径的螺纹，使接头与母材等强。

滚压直螺纹连接是通过滚压后接头部分的螺纹和钢筋表面因塑性变形而强化，使接头与母材等强。滚压直螺纹连接有直接滚压螺纹、挤（碾）压肋滚压螺纹和剥肋滚压螺纹三种形式。

钢筋螺纹连接设备和工具主要有钢筋套丝机、量规、力矩扳手和砂轮锯等。图 3.2.42 是钢筋套丝机的结构图。钢筋套丝机由夹紧机构 2、切削头 4、退刀机构 3、减速器 5、冷却泵 1 和机体 7 等组成。

镦粗直螺纹连接所用设备和工具主要由钢筋镦粗机、镦粗直螺纹套丝机、量规、管钳和力矩扳手等组成。

滚压直螺纹连接所用设备和工具主要由滚压直螺纹机、量具、管钳和力矩扳手等组成。图 3.2.43 是剥肋钢筋滚压直螺纹成型机结构图。

3.2.7 预应力机械

预应力机械是对预应力混凝土构件中的预应力筋、预应力钢结构中的预应力杆件、各种锚索、缆索等施加张拉力和超大超重构件提升、顶推、转体的机械。预应力机械工作时，需配套使用预应力锚固体系。预应力机械广泛应用于预应力高层建筑工程、预应力钢结构工程、预应力桥梁工程，水电站大坝加固、边坡治理、岩土锚固、深基坑支护、超大

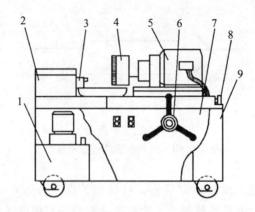

1—冷却泵；2—夹紧机构；3—退刀机构；4—切削头；
5—减速器；6—手轮；7—机体；8—限位器；9—电器箱

图 3.2.42　钢筋套丝机结构简图

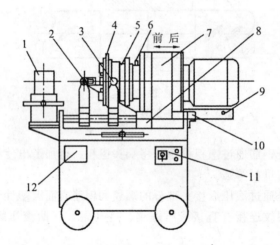

1—台钳；2—涨刀触头；3—收刀触头；4—剥肋机构；5—滚丝头；6—上水管；
7—减速机；8—进给手柄；9—行程挡块；10—行程开关；11—控制面板；12—机座

图 3.2.43　剥肋滚压直螺纹成型机结构简图

超重构件提升、顶推、转体等诸多工程领域。

施加预应力的方法是将混凝土受拉区域内的钢筋，拉伸到一定状态后，锚固在混凝土上，钢筋产生弹性回缩，并将回缩力传递给混凝土，对混凝土产生预应压力。预应力混凝土按施工方式分为先张法和后张法。

先张法是指先张拉钢筋，后浇筑混凝土的方法，如图 3.2.44 所示。在浇筑混凝土前先张拉预应力钢筋，并将其固定在台座或钢模上，然后浇筑混凝土。当混凝土强度达到要求的放张强度后，放松端部锚固装置或切断端部外露钢筋，钢筋回缩，使原来由台座或钢模板承受的张拉力传递给构件的混凝土，使混凝土内产生预压应力，这种预应力主要依靠混凝土与预应力筋的粘着力和握裹力。这种方法常用于生产预制构件，需要有张拉台座或承受张拉的钢模板,以便临时锚固张拉好的预应力筋。

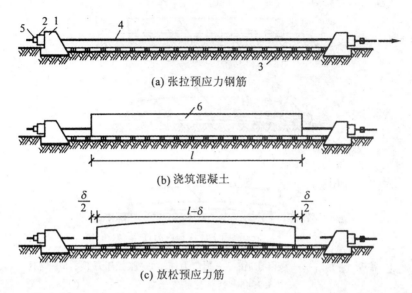

1—台座承力架；2—横梁；3—台面；4—预应力筋；5—锚固夹具；6—混凝土构件
图 3.2.44 先张法示意图

所谓后张法(如图 3.2.45 所示),就是先制作构件(或块体),并在预应力筋的位置预留出相应的孔道,待混凝土强度达到设计规定的数值后,穿入预应力筋(预埋金属螺旋管可以事先穿筋)进行张拉,并加以锚固,张拉力由锚具传递给混凝土构件产生预压应力,张拉完毕数小时后在孔道内灌浆。

1. 预应力锚固体系

预应力锚固体系是预应力成套技术的重要组成部分,预应力混凝土结构的合理性能依赖于预应力的准确性、永久性和准确位置,预应力锚固体系的作用正是为了保证这些要求能够得到具体的实现。完善的预应力锚固体系通常由夹具、锚具、连接器及锚下支承系统等组成。

夹具属于工具类的临时性锚固装置,因此也称为工具锚。在先张法构件施工中,在张拉和混凝土成型过程中夹持预应力筋,以保持预应力筋的拉力并将其固定在张拉台座(或钢模)上。用于后张法施工时,其作用是将张拉设备的张拉力传递给预应力筋。

锚具是一种机械装置,用以永久性保持预应力筋的拉力并将其传递给混凝土,主要应用于后张法结构或构件中。锚具分为张拉锚具和固定锚具两类。张拉锚具用于对预应力筋进行张拉和锚固;固定锚具用于只需一端张拉预应力筋的非张拉端的锚固。

连接器是预应力筋的连接装置,用于连续结构中,可以将多段预应力筋连接成一条完整的长束,能使分段施工的预应力筋逐段张拉锚固而又保持其连续性。

锚下支承系统包括锚垫板、螺旋筋或网片等。布置在锚固区混凝土中,作为预应力筋的定位件和锚具的支承件,并抵抗劈裂应力,控制局部开裂,从而满足使用要求。

(1) 预应力筋用夹具

①卡片式夹具

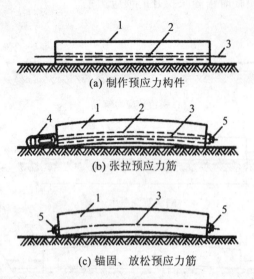

1—混凝土构件；2—预留孔道；3—预应力筋；4—张拉千斤顶；5—锚具

图 3.2.45 后张法施工示意图

卡片式夹具具有多种形式。圆套筒三片式夹具由套筒与夹片组成，如图 3.2.46 所示，套筒与夹片均采用 45 号钢制作。套筒热处理硬度为 HRC35～40，夹片为 HRC40～45。根据夹片的内径不同，可以用于夹持直径为 12mm 与 14mm 的单根冷拉 Ⅱ～Ⅳ级钢筋或 $\phi^s 12$ 和 $\phi^s 15$ 钢绞线，也可以作为千斤顶的工具锚使用。

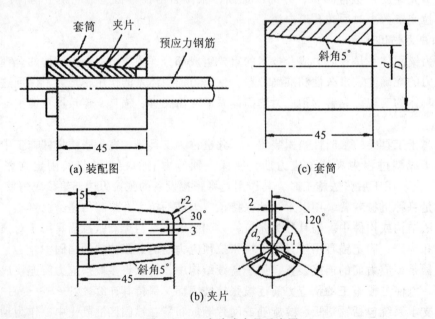

图 3.2.46 卡片式夹具示意图

方套筒二片式夹具由方套筒、夹片、方弹簧、插片及插片座等组成，如图 3.2.47 所示，用以夹持热处理钢筋。方套筒采用45号钢，热处理硬度为HRC40~45。夹片采用20Cr钢，表面渗碳，深度0.8~1.2mm，HRC58~62。夹片齿形根据钢筋外形确定，若钢筋外形改变，齿形也需作相应改变。

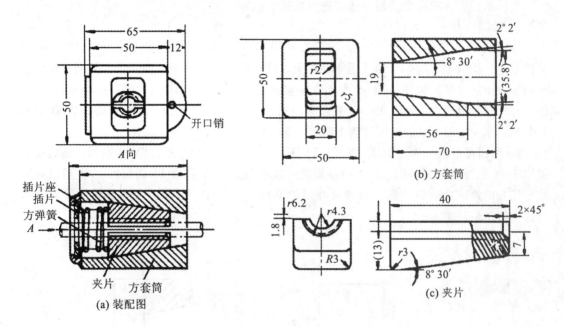

图3.2.47　方套筒二片式夹具示意图

②圆锥齿板式夹具

圆锥齿板式夹具由套筒与齿板组成，如图3.2.48所示，均用45号钢制成。当夹持冷轧带肋钢丝时，齿板必须热处理，硬度为HRC40~45；当夹持螺旋肋钢丝时，套筒热处理硬度为HRC25~28，夹片采用倒齿形，热处理硬度为HRC55~58。

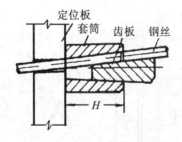

图3.2.48　圆锥齿板式夹具示意图

(2) 预应力筋用锚具

常用的锚具按其锚固的原理可以分为夹片式、支承式、锥塞式和握裹式四种。按其锚固钢筋或钢丝的数量，又可以分为单根钢筋的锚具、成束钢筋锚固、钢绞线锚具及钢丝束锚具等。

1）夹片式锚具

夹片式锚具系列应用极为普遍，无论在先张法和后张法中，还是在有粘结、无粘结预应力混凝土结构中都普遍采用。当用做先张法钢绞线夹具使用时，夹片外表面和锚孔表面应涂抹一层润滑剂（如石墨、石蜡等），以利于夹片松脱。张拉时为提高锚固可靠性和减少夹片回缩损失，应配套使用顶压器进行顶压。

①JM 型锚具

JM 型锚具由锚环与夹片组成，如图 3.2.49 所示。这种锚具的优点是预应力筋束的外径比较小，构件和结构端部的孔道不必扩大，设计施工比较方便，但一个夹片损坏会引起整束预应力筋失效。锚环采用 45 号钢，调质热处理硬度为 HRC32~37。夹片采用 45 号钢，热处理硬度为 HRC40~45；对钢绞线束用锚具，改用 20Cr 钢，表面渗碳，层深 0.6~0.8mm，淬火并回火后表面硬度为 HRC50~55。

JM 型锚具可以分为光 JM12 系列、螺 JM12 系列、绞 JM12 和绞 JM15 系列，分别用于锚固 3~6 根冷拉光圆热轧钢筋、冷拉螺纹热轧钢筋、$\phi^s 12$ 及 $\phi^s 15$ 钢绞线。JM 型锚具根据所锚固的预应力筋的种类、强度及外形的不同，其尺寸、材料、齿形及硬度等有所差异，使用时应注意。

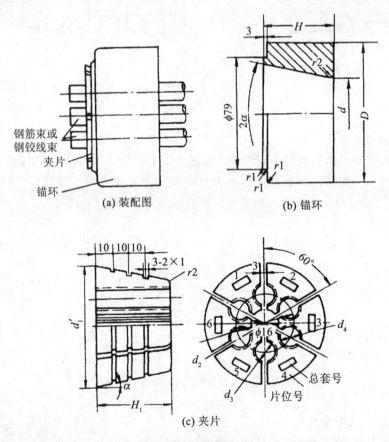

图 3.2.49 JM 型锚具示意图

②单孔夹片锚具

单孔夹片锚由锚环和夹片组成，如图3.2.50所示。夹片有直开缝三片式、斜开缝三片式和直开缝两片式三种。锚环采用45号钢，调质热处理硬度为HB285±15。夹片采用20Cr钢，表面热处理硬度为HRC58~61，以使其达到心软齿硬。单孔夹片锚具的型号有XM15—1型、QM15—1型、QM13—1型、OVM15—1型、OVM13—1型和Z15—1型等，适用于锚固$\phi^s 12$和$\phi^s 15$钢绞线。

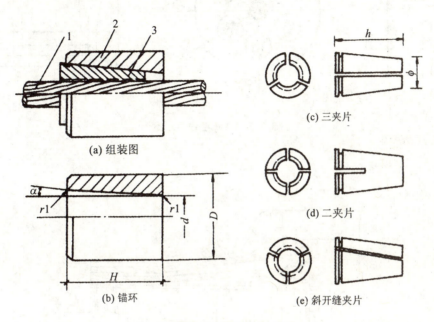

1—钢绞线；2—锚环；3—夹片
图3.2.50 单孔夹片锚具示意图

③多孔夹片式锚具

多孔夹片式锚具也称群锚，由多孔的锚环与夹片组成。这种锚具的优点是每束钢绞线的根数不受限制；任何一根钢绞线锚固失效，都不会引起整束锚固失效。多孔夹片式锚具在预应力混凝土施工中广泛应用，主要产品有：OVM型、XM型、QM型、BS型等。对于多孔夹片式锚具，若采用大吨位千斤顶整束张拉有困难，也可以采用小吨位千斤顶逐根张拉锚固。多孔夹片式锚具都有配套的钢垫板、喇叭管与螺旋筋等，在施工中使用十分方便。

XM型锚具：XM型锚具由锚板与夹片组成，如图3.2.51所示。XM型锚具适用于锚固3~37根$\phi^s 15$钢绞线，也可以用于锚固钢丝束。该锚具广泛用于各种后张法施工的预应力混凝土结构和构件，或用于斜拉桥的缆索。

QM型锚具：QM型锚具是由锚板与夹片组成，适用于锚固4~31根$\phi^s 12$钢绞线和3~19根$\phi^s 15$钢绞线。

OVM型锚具：该锚具是在QM型锚具的基础上发展起来的，夹片改用直开缝，适用于锚固3~55根$\phi^s 12$钢绞线和3~55根$\phi^s 15$钢绞线。

BM型扁锚具：当预应力钢绞线配置在板式结构内时，为了避免因配预应力筋而增大板的厚度，将锚具做成扁平形状，如图3.2.52所示。该锚具适用于锚固2~5根$\phi^s 13$钢

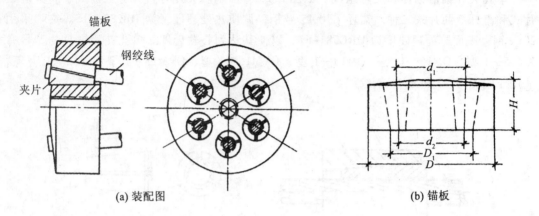

(a) 装配图　　　　　　　　　　　　(b) 锚板

图 3.2.51　XM 型锚具示意图

绞线或 ϕ^s15 钢绞线。

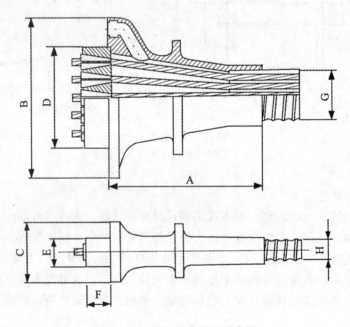

图 3.2.52　BM 型扁锚具示意图

2）支承式锚具

①LM 型螺丝端杆锚具

LM 型螺丝端杆锚具由螺丝端杆、螺母和垫板组成，如图 3.2.53 所示。螺丝端杆采用 45 号钢，先粗加工接近设计尺寸，再调质热处理，然后精加工至设计尺寸。经调质热处理后的硬度为 HB251～283，抗拉强度不小于 700MPa，伸长率 $\delta_s \geqslant 14\%$。螺母与垫板采用 Q235 号钢，不调质。螺杆锚具的强度不得低于预应力筋的实际抗拉强度。螺丝端杆与预应力筋的焊接，应在预应力筋冷拉以前进行。冷拉时螺母的位置应在螺丝端杆的端部，经冷拉后螺丝端杆不得发生塑性变形。

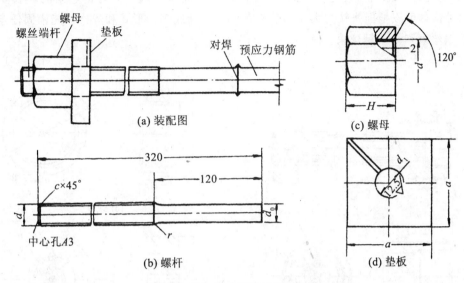

图 3.2.53 螺丝端杆锚具示意图

螺丝端杆锚具适用于直径为 φ14～36mm 的冷拉 Ⅱ～Ⅲ 级钢筋，也可以作为先张法夹具使用。

②帮条锚具

帮条锚具由帮条和衬板组成，如图 3.2.54 所示。帮条锚具的帮条采用与预应力筋同级别的钢筋，衬板采用配套低碳钢钢板。帮条锚具的三根帮条应成 120°角均匀布置。三根帮条应垂直于衬板，以免受力时发生扭曲。帮条焊接宜在钢筋冷拉前进行，并防止烧伤预应力筋。

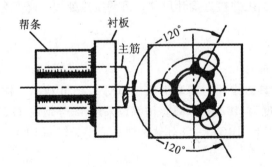

图 3.2.54 帮条锚具示意图

③JLM 型精轧螺纹钢筋锚具

JLM 型精轧螺纹钢筋锚具由连接器、锥形螺母及垫板组成。螺母分为平面螺母和锥形螺母两种，螺母材料采用 45 号钢，调质热处理后硬度为 HB220～253。垫板也相应分为平面垫板与锥面垫板。该锚具适用于锚固直径为 25mm 和 32mm 的高强精轧螺纹钢筋。

④DM 型镦头锚具

DM 型镦头锚具是利用钢丝两端的镦粗头来锚固预应力钢丝的一种锚具,如图 3.2.55 所示。镦头锚具加工简单,张拉方便,锚固可靠,成本较低,但对钢丝束的等长要求较严。这种锚具可以根据张拉力大小和使用条件,设计成多种形式和规格,能锚固任意根数的 $\phi^P 5$ 钢丝束和 $\phi^P 7$ 钢丝束。

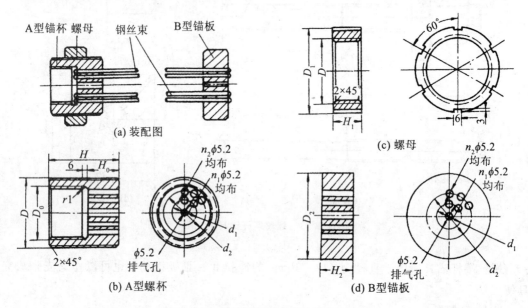

图 3.2.55 DM 型钢丝束镦头锚具示意图

锚具的型式与规格可以根据需要自行设计。最常用的镦头锚具分为 A 型锚具和 B 型锚具。A 型锚具为张拉端,由锚环和螺母组成;B 型锚具为固定端,为一锚板。DM 型锚具的加工材料:锚环与锚板采用 45 号钢,螺母采用 30 号钢或 45 号钢。制作锚环和锚板时,应先将 45 号钢粗加工并接近设计尺寸,再调质热处理,硬度为 HB251~283,然后精加工至设计尺寸。

3) 锥塞式锚具

①GZ 型钢质锥形锚具

GZ 型钢质锥形锚具由锚环与锚塞组成,如图 3.2.56 所示。锚环采用 45 号钢,锥度为 5°,调质热处理硬度为 HB251~283。锚塞也采用 45 号钢或 T7、T8 碳素工具钢,表面刻有细齿,热处理硬度为 HRC55~58。这种锚具适用于锚固 12~24 根 $\phi^P 5$ 钢丝束。

②KT-Z 型锚具

KT-Z 型锚具是可以锻铸铁锥形锚具的简称,是由锚环与锚塞组成,如图 3.2.57 所示。锚环与锚塞均以 KT37-12 或 KT35-10 可锻铸铁铸造成型。KT-Z 型锚具适用于锚固 3~6 根直径为 $\phi 12mm$ 的冷拉Ⅲ、Ⅳ级钢筋,直径为 $\phi 8mm$ 的Ⅴ级钢筋及 $\phi^s 12$ 的钢绞线。

4) 握裹式锚具

握裹式锚具按握裹方式分为浇铸式锚具和挤压式锚具两种。

①浇铸式锚具

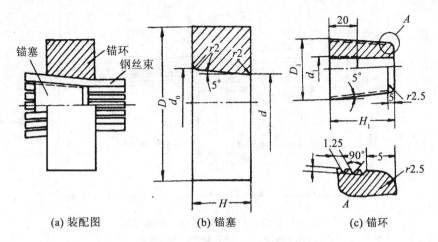

图 3.2.56 GZ 型钢质锥形锚具示意图

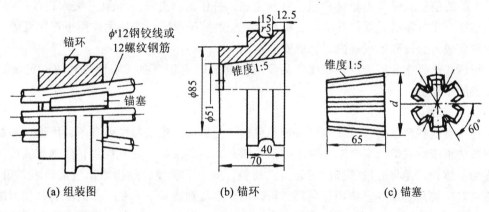

图 3.2.57 KT-Z 型锚具示意图

LZM 型冷铸锚具的构造如图 3.2.58 所示,主要依靠浇筑在锚环内的填充料将钢丝锚固。填充料将锚具与钢丝结成一体,用于承担钢丝束的拉力。这种锚具的特点是锚固性能好,锚固吨位大,尤其是抗疲劳性强,可以承担高应力变化幅度的动荷载。冷铸填充料由铁砂和环氧树脂配制而成,经适当加温固化。LZM 型锚具的固定方式有两种:带有外螺纹的锚环,利用螺母固定;锚环下设置对开垫块锚固。LZM 型冷铸锚具,适用于锚固多根钢丝,主要用于大跨度斜拉桥的拉索,是近年发展起来的大吨位无粘结预应力体系。

LZM 型冷铸锚具,也可以采用热铸。热铸镦头锚具,其填充料用熔化的金属代替环氧铁砂,且没有延长筒,其尺寸较小,可以用于房屋建筑、特种结构等 7~54 根 $\phi^P 5$ 钢丝束。

②挤压式锚具

挤压式锚具对预应力筋的握裹,是通过锚具的某些零件,在挤压力作用下发生塑性变形,紧紧握裹住预应力筋而实现的。

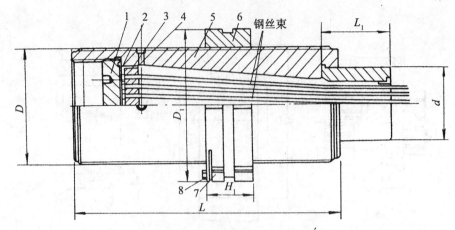

1—压板；2—筒体橡胶垫；3—镦头锚板；4—定位螺丝；5—筒体；
6—螺母；7—锁紧螺钉；8—垫圈

图 3.2.58 冷铸镦头锚具构造图

典型的挤压式锚具由套筒和钢丝衬套组成，挤压前，先将钢丝衬套旋入钢绞线端部，代上套筒，在挤压机上就位开动挤压机，套筒经过挤压模时，在压力作用下产生变形，使钢丝衬套嵌入套筒和钢绞线内，完成安装。

挤压式锚具主要用于以钢绞线作为预应力筋的固定端（如 BM 型锚具的固定端）和连接器的悬挂端。

(3) 连接器

连接器是将两段钢绞线或钢丝束连接成整体的机具。连接器主要有两种用途：一是将特别长的钢绞线或钢丝束在弯矩较小的部位断开，逐段张拉、逐段连接，使钢绞线或钢丝束连为一体；二是将分段搭接的短筋连成长筋，梁上不必设置凸出或凹进的齿板、齿槽，也不必对结构局部加厚。使用连接器，可以简化模板和锚具下大量复杂的配筋，使混凝土的浇筑质量更易得到保证，节约混凝土和预应力筋，减少张拉次数和缩短工期，同时也提高了结构的整体性。下面分别介绍钢丝和钢绞线的连接器。

1) 钢丝束连接器

采用镦头锚具时，可以采用带内螺纹的套筒或带外螺纹的连杆，如图 3.2.59 所示。

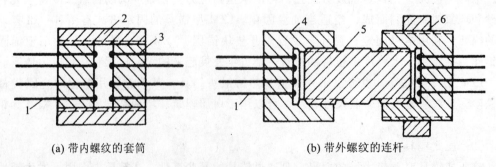

(a) 带内螺纹的套筒　　　　(b) 带外螺纹的连杆

1—钢丝；2—套筒；3—锚板；4—锚杯；5—连杆；6—螺母

图 3.2.59 钢丝束连接器示意图

2）钢绞线连接器

①单根钢绞线锚头连接器

单根钢绞线锚头连接器是由带外螺纹的卡片锚具、挤压锚具与带内螺纹的套筒组成，如图 3.2.60 所示。钢绞线的前段用带外螺纹的卡片锚具锚固，后段利用挤压锚具穿在带内螺纹的套筒内，利用该套筒的内螺纹拧在卡片锚具的外螺纹上，达到连接作用。

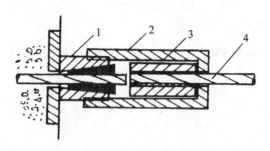

1—带外螺纹的锚环；2—带内螺纹的套筒；
3—挤压锚具；4—钢铰线

图 3.2.60 单根钢绞线锚头连接器示意图

②单根对接式连接器

如图 3.2.61 所示，单根对接式连接器可以将群锚锚固的钢绞线逐根接长，然后外部用钢质护套罩紧，再浇筑混凝土，张拉后段钢绞线。

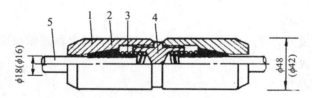

1—带内螺纹的锚环；2—带外螺纹的连接头；3—弹簧；
4—夹片；5—钢绞线

图 3.2.61 单根钢绞线连接器示意图

③周边悬挂式连接器

如图 3.2.62 所示，周边悬挂式连接器的锚具中央为群锚，用以张拉、锚固前段预应力束；锚具直径大于群锚锚具，周边等距分布 U 形槽口，其数量和群锚锚孔数量相同；槽内放置有挤压式锚固头的钢绞线或 7 根 ϕ^P5 钢丝束，并加以固定，然后用钢质护套罩紧。这种连接器构造简单、整体性好，适用范围广。但直径较大，要求结构截面厚度不能太小，一般应用于结构分段的端部、剪力较小处。

④接长连接器

接长连接器的构造如图 3.2.63 所示，这种连接器设置在孔道的直线区段，仅用于接长。连接器中，钢绞线的两端均用挤压锚具固定。张拉时连接器应有足够的活动空间。

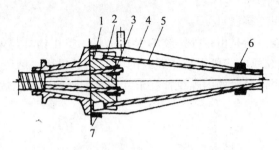

1—挤压式锚具；2—连接体；3—夹片；4—白铁护套；
5—钢绞线；6—钢环；7—打包钢条

图 3.2.62 周边悬挂式连接器示意图

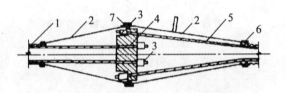

1—波纹管；2—白铁护套；3—挤压锚具；4—锚板；
5—钢绞线；6—钢环；7—打包钢条

图 3.2.63 接长连接器示意图

2. 预应力张拉机械

预应力张拉机械分为液压式张拉机、机械式张拉机和电热式张拉机三种，常用的是液压式张拉机和机械式张拉机。

(1) 液压式张拉机

1) 液压千斤顶

液压千斤顶是液压张拉机械的主要设备，按其工作特点分为单作用、双作用和三作用三种型式；按其构造特点分为台座式、拉杆式、穿心式和锥锚式四种型式；按其张拉吨位大小分为小吨位（≤250kN）、中吨位（>250 kN，<1000kN）和大吨位（≥1000kN）。

①台座式千斤顶

台座式千斤顶是一种普通油压千斤顶，与台座、横梁或张拉架等装置配合才能进行张拉工作，主要用于粗钢筋的张拉、顶推和顶举施工。

②拉杆式千斤顶

拉杆式千斤顶是以活塞杆为拉杆的单作用液压张拉千斤顶，适用于张拉带有螺纹端杆锚具的冷拉Ⅱ~Ⅲ级钢筋和带镦头锚具的钢丝束。

图 3.2.64 是 YL60 型拉杆式千斤顶的构造。YL60 型拉杆式千斤顶主要由油缸 5、活塞 7、拉杆 6、撑脚 1、连接头 3 等组成。

③穿心式千斤顶

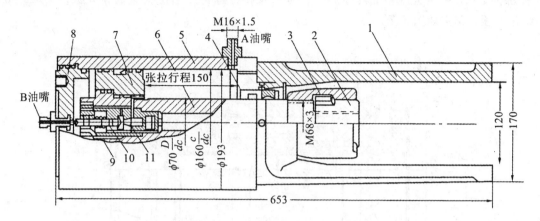

1—撑脚；2—张拉头；3—连接头；4—衬套；5—油缸；6—拉杆；7—活塞；8—端盖；
9—差动阀活塞杆；10—阀体；11—锥阀

图 3.2.64 YL60 型千斤顶的构造图

穿心式千斤顶的构造特点为沿千斤顶轴线有一穿心孔道，供穿预应力筋或张拉杆之用；其有两个工作油缸，分别负责张拉和顶压锚固；张拉活塞采用液压回程，顶压活塞采用弹簧回程或液压回程；张拉油缸与顶压油缸的排列有并联和串联两种形式。穿心式千斤顶既适用于张拉并顶锚带有夹片锚具的钢丝线、钢丝束，当配上撑力架、拉杆等附件后，又可以作为拉杆式千斤顶使用。YC 型穿心式千斤顶技术性能如表 3.2.9 所示。

表 3.2.9　　　　　　　　　YC 型穿心式千斤顶技术性能表

项　目	单位	YCD350	YCQ130 型	YDCS650 型
额定油压	MPa	50	63	40
张拉缸液压面积	mm^2	765761	21900	16250
理论张拉力	kN	3829	1380	650
张拉行程	mm	180	250	150
顶压缸活塞面积	mm^2	520	205	8420
穿心孔径	mm	128	90	55
外形尺寸	mm	$\phi480 \times 671$	$\phi256 \times 358$	$\phi195 \times 435$
重量	kg		100	63
配套油泵		ZB4—500	ZB4—500	ZB4—500

YDCS650 型千斤顶：这种千斤顶是一种用途最广的穿心式千斤顶，主要用于张拉带有 JM 型锚具的 3～6 根直径为 $\phi12mm$ 的Ⅳ级钢筋束和 ϕ^s12 钢绞线束；配上撑脚与拉杆后，也可以张拉带有螺杆锚具的粗钢筋或带有镦头锚具的钢丝束。此外，在千斤顶的前后

端分别装上分束顶压器和工具锚后，还可以张拉带有钢质锥形锚具的钢丝束。YDCS650型千斤顶的构造如图3.2.65所示。

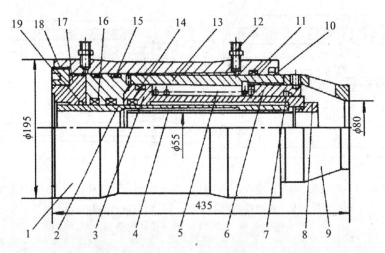

1—大缸体；2—穿心套；3—顶压活塞；4—护套；5—回程弹簧；6—连接套；
7、10—JA型防尘圈；8—顶压头；9—撑套；11、14、15、16—YX密封圈；
12—油嘴组件；13—缸体；14—堵头；18—压环；19—O形密封圈

图3.2.65 YDCS650型千斤顶构造图

YCD型千斤顶：这种类型的千斤顶具有大口径穿心孔，其前端安装顶压器，后端安装工具锚。张拉时，活塞杆带动工具锚向后移，张拉预应力筋；锚固时，采用液压顶压器或弹性顶压器对锚具的夹片进行顶压，以减少预应力筋的滑移量。YCD型千斤顶主要用于张拉带有XM型锚具的4~20根ϕ^s15钢绞线束。

YCQ型千斤顶：YCQ型千斤顶也是一种大孔径的单作用穿心式千斤顶，具有构造简单、造价低、无须预锚、操作方便等特点，但要求锚具的自锚性能可靠，主要用于张拉带有QM或OVM型锚具的4~31根ϕ^s12钢绞线或3~19根ϕ^s15钢绞线。YCQ型千斤顶的构造，如图3.2.66所示。这类千斤顶的特点是不顶锚，用限位板代替顶压器。限位板的作用是在钢绞线束张拉过程中限制工作锚夹片的外伸长度，以保证在锚固时所有夹片运动均匀一致，并使预应力筋的内缩值控制在相关规定的范围内。同时，这类千斤顶配有专门的工具锚，以保证张拉锚固后退楔方便。

④锥锚式千斤顶

锥锚式千斤顶是具有张拉、顶锚和退楔功能的三作用千斤顶，仅用于带钢质锥形锚具的钢丝束。

YDZ型锥锚式千斤顶主要用于张拉采用钢质锥形锚具的预应力钢丝束和KY-Z型锚具的预应力钢筋束或钢绞线束。YDZ型锥锚式千斤顶主要由张拉活塞、油缸、卡盘、楔块、顶杆、回程弹簧等组成，其构造如图3.2.67所示。

2）高压油泵

预应力高压油泵是预应力液压机具的动力源。油泵的额定油压和流量，必须满足配套机具的要求。大部分预应力液压千斤顶等液压机具，都要求油压在50MPa以上，流量较

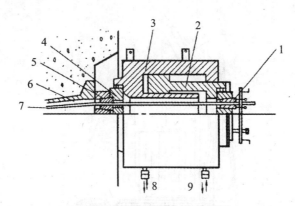

1—工具锚组件；2—活塞组件；3—油缸组件；4—限位板；
5—工作锚组件；6—垫板；7—预应力筋；8、9—油嘴

图 3.2.66　YCQ 千斤顶构造简图

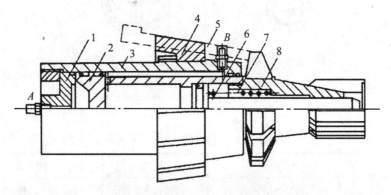

1—端盖；2—张拉活塞；3—油缸；4—卡盘；5—楔块；6—顶杆；
7—回程弹簧；8—分丝头

图 3.2.67　YDZ 型锥锚式千斤顶构造简图

小，要求能连续高压供油，油压稳定，操作方便。

高压油泵按驱动方式分为手动油泵和电动油泵两种。目前国内生产的油泵大部分为电动式高压油泵，能与各种机具配套，完成预应力张拉、钢筋冷拉、冷镦、重物提起、起重以及进行钢筋压接、冷弯、切断等工作。根据油泵的工作原理又分为叶片泵、齿轮泵、径向柱塞泵和轴向柱塞泵等。预应力油泵主要为轴向柱塞泵，常用的型号有 2ZB4—50 型、ZB3—63 型、ZB10—32～ZB10—80 型、ZB.8—50 型和 ZB.6—63 型等。

2ZB4—50 型电动油泵的外形如图 3.2.68 所示。主要用于预应力筋张拉、镦头、结构试验加载、液压顶升和提升等工作。其优点为性能稳定、与液压千斤顶配套性好、适用范围广、加工性能好和价格低廉。但也有吊运不便、油箱容量较小等缺点。2ZB4—50 型电动油泵的技术性能如表 3.2.10 所示。

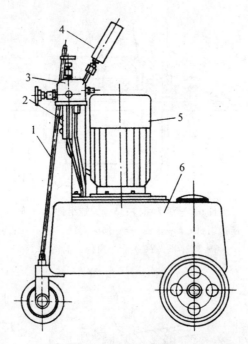

1—拉手；2—电源开关；3—控制阀；4—压力表；
5—电动机及油泵；6—油箱小车

图 3.2.68　2ZB4—50 型电动油泵外形图

表 3.2.10　　　　　　　　2ZB4—50 型电动油泵技术性能表

额定排量		2×2L/min		型号	JO—32—4T
额定油压		50MPa	电动机	电压	三相380
理论排量		2×2.29L/min		转速	1430r/min
斜盘倾角		6°30′		功率	3.0kW
柱塞	直径	10mm		油箱容积	50L
	行程	6.8mm		出油嘴	二个 M16×1.5
	数量	2×3		自重	120kg
	分布圆直径	60mm		长×宽×高	680mm×490mm×800mm

（2）机械式张拉机

机械式张拉机是采用机械传动的方法张拉预应力筋，主要用于小吨位、长行程的直线、折线和环向预应力工艺中。用于直线配筋的机械式张拉机包括张拉、夹持和测力三部分。

机械式张拉机按张拉的预应力筋类型分为钢丝张拉机和钢筋张拉装置。钢丝张拉机分为手动和电动两种。

1）手动张拉机具

常用的手动张拉机具有手动螺杆张拉器、手动张拉车两种。

手动螺杆张拉器由套筒、空心螺杆、压板、测力弹簧和锥形夹具等组成。该机具适用于每次张拉一根直径为 3~5mm 的冷拔低碳钢丝。使用时，将钢丝穿过张拉器空心螺杆，用夹具固定在螺杆后端，然后用扳手转动螺帽，使螺杆向后伸出张拉钢丝。张拉力大小由弹簧压缩变值控制。

手动张拉车由钢丝绳卷筒、测力弹簧及钳式夹具组成，小车可以在轻轨道上移动。可以用于张拉单根冷拔低碳钢丝。这种张拉车的卷筒，是通过搬动操纵杆转动方向齿轮带动旋转的。在卷筒的另一边装有棘爪，以免张拉时倒转。钢丝张拉、锚固后，脱开棘爪，将方向齿轮倒转即松脱钢丝。

2）电动张拉机具

电动张拉机具形式很多，一般均由以下几部分组成：

张拉部分——由电动机带动的轻便卷扬机或螺杆；

测力部分——带油压表的微型千斤顶、杠杆或测力弹簧；

夹持部分——钳式、偏心块式或楔块式等夹具；

行走部分——行走小车。

电动张拉机具适合张拉单根冷拔低碳钢丝及刻痕钢丝。

① 千斤顶测力卷扬机式电动张拉机

千斤顶测力卷扬机式电动张拉机如图 3.2.69 所示。使用时，将顶杆顶在台座横梁上，钢丝端头夹紧在夹具中，而后开动卷扬机，钢丝绳带动千斤顶向后移动，由于千斤顶和张拉夹具在一起，因此钢丝就被张拉。张拉力的大小可以通过压力表指示出来。待压力表读数达到所需的张拉力时，立即停车，将预应力钢丝锚固在台座上。

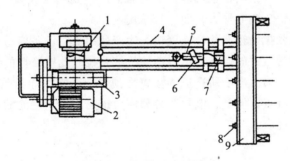

1—卷筒；2—电动机；3—变速器；4—顶杆；5—千斤顶；
6—压力表；7—表具；8—锚具；9—台座

图 3.2.69 千斤顶测力卷扬机式电动张拉机构造简图

② 弹簧测力螺杆式电动张拉机

弹簧测力螺杆式电动张拉机主要适用于预制厂在长线台座上，张拉冷轧带肋钢筋等预应力筋。图 3.2.70 为 DL_1 型电动螺杆张拉机构造图。其工作原理：电动机正向旋转时，通过减速箱带动螺母旋转，螺母即推动螺杆沿轴向向后运动，张拉钢筋。弹簧测力计上装有计量标尺和微动开关，当张拉力达到相关要求数值时，电动机能够自动停止转动。锚固好钢丝后，使电动机反向旋转，螺杆即向前运动，放松钢筋，完成张拉操作。DL_1 型电动螺杆张拉机的最大张拉力为10kN，最大张拉行程为780mm；张拉速度为2m/min；适于直径为φ5mm螺旋肋和冷轧带肋钢筋的张拉。为便于张拉和转移，常将其装置在带轮的小车上。

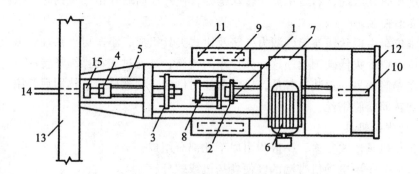

1—螺杆；2、3—拉力架；4—张拉夹具；5—顶杆；6—电动机；7—齿轮减速箱；8—测力计；
9、10—车轮；11—底盘；12—手把；13—横梁；14—钢筋；15—锚固夹具
图3.2.70 DL_1型电动螺杆张拉机构造简图

(3) 电热式钢筋预应力张拉机

电热张拉预应力钢筋是根据物体热胀冷缩的原理，在预应力筋上通过强大的电流，短时间内将其加热，钢筋受热而伸长。当钢筋伸长到所要求的长度后，切断电源，快速锚固，钢筋的温度下降，长度回缩，由于钢筋两端已锚固，钢筋产生了拉应力，压紧构件两端，使混凝土产生预应力。其加热伸长值根据相关规定的张拉力吨位，通过计算或试验确定。电热张拉可以用于后张法，也可以用于先张法。但是对于长线台座上的预应力钢筋，因其长度较大、散热快、耗电量大，而不宜采用。

电热张拉与机械张拉比较有张拉速度快，生产效率高；设备容易解决，操作方便；电热时，钢筋的伸长不受阻力的影响，可以消除机械张拉时孔壁摩擦的预应力损失，尤其是对圆形构筑物，能避免曲面影响所造成的预应力损失；高空作业只需把电线拉上去即可，不用搬移其他设备等特点。但是，电热张拉预应力钢筋，由于钢筋的不均质等情况，会影响伸长值计算的准确性。

§3.3 混凝土机械

3.3.1 混凝土制备机械

1. 混凝土搅拌机

(1) 概述

1) 用途和分类

混凝土搅拌机是将水、水泥、骨料及可能需要的添加剂等按一定比例配制后的组合料，经过一定时间搅拌生产出混凝土的机械。一台混凝土搅拌机可以配有下列附件：装料斗使用的卷扬机、固定的或轮式的车架、机械铲、水计量装置及料斗计量系统。

为适应不同混凝土搅拌的要求，混凝土搅拌机有多种机型。按工作原理可以分为自落式搅拌机和强制式搅拌机；按工作过程可以分为周期式搅拌机和连续式搅拌机；按卸料方式可以分为倾翻式搅拌机和非倾翻式搅拌机；按搅拌筒的形状可以分为锥式搅拌机、盘式搅拌机、梨式搅拌机和槽式搅拌机以及鼓筒式搅拌机；按搅拌容量可以分为大型（出料容量 $1\sim3m^3$）搅拌机、中型（出料容量 $0.35\sim0.75m^3$）搅拌机和小型（出料容量 $0.05\sim0.25m^3$）搅拌机。按搅拌轴的位置可以分为立轴式搅拌机和卧轴式搅拌机；按所用动力装置不同可以分为电动式搅拌机和内燃式搅拌机两种。

目前，我国混凝土搅拌机的容量、规格发展迅速，容量仅在3000L以下的就有11种之多，它们分别是：50L，100L，150L，200L，250L，350L，500L，750L，1000L，1500L和3000L。这些搅拌机都尚属周期作业式，随着混凝土施工工艺的发展和对搅拌机要求的提高，必将很快推出各种新型的混凝土搅拌机械。

2）主要机构

混凝土搅拌机单机主要由以下机构组成：

搅拌机构——是混凝土搅拌机的主要工作机构，由搅拌筒、搅拌轴、搅拌叶片和搅拌铲（刮铲）等组成。

传动装置——是向搅拌机各工作机构传递力和速度的系统，分由带条、摩擦轮、齿轮、链轮和轴等传动元件组成的机械传动系统和由液压元件组成的液压传动系统两大类。

上料机构——是向搅拌筒内装入混凝土物料的设施，有卷扬提升式料斗、固定式料斗和翻转式料斗三种形式。

配水系统——其作用是按照混凝土的配合比要求定量供给搅拌用水。搅拌机配水系统的型式主要有：水泵—配水箱系统、水泵—水表系统和水泵—时间继电器系统三种。

卸料机构——是将搅拌好的匀质熟料混凝土从搅拌筒中卸出的装置，有溜槽式、螺旋叶片式和倾翻式三种型式。

3）主要参数

①额定容量

混凝土搅拌机的各种不同含义的容量之间有如下关系：

进料容量 V_1（又称装料容量）是指装进搅拌筒未经搅拌的干料体积；

出料容量 V_2（又称公称容量）是指一罐次混凝土出料后经捣实的体积。

出料容量是搅拌机的主要性能指标，该指标决定着搅拌机的生产率，是选用搅拌机的重要依据。国家标准规定以出料容量 L 为搅拌机的主参数并将其系列化，即：50L，100L，150L，200L，250L，350L，500L，750L，1000L，1250L，1500L，2000L，2500L，3000L，3500L，4000L，4500L，6000L。

各种容量的关系：

搅拌筒的几何容积 V_0（指搅拌筒能容纳配合料的体积）和进料容量 V_1 的关系

$$\frac{V_0}{V_1} = 2 \sim 4 \tag{3.3.1}$$

搅拌好后卸出的混凝土体积 V_2 和进料容量 V_1 的关系

$$\varphi_1 = \frac{V_2}{V_1} = 0.65 \sim 0.7 \tag{3.3.2}$$

式中：φ_1——出料系数。

②工作时间

上料时间：从料斗提升开始到料斗内混合干料全部卸入搅拌筒的时间；

出料时间：从搅拌筒内卸出的不少于公称容量的90%（自落式）或93%（强制式）的混凝土拌合物所用的时间；

搅拌时间：从混合干料中粗骨料全部投入搅拌筒开始，到搅拌机将混合料搅拌成匀质混凝土所用的时间；

工作周期：从上料开始至出料完毕一罐次作业所用时间。

③生产率

混凝土搅拌机生产率的计算公式为

$$Q = \frac{3600 V_1 \varphi_1}{t_1 + t_2 + t_3} \tag{3.3.3}$$

式中：Q——生产率，m^3/h；

V_1——进料容量，m^3；

t_1——每次上料时间，s。使用上料斗进料时，一般为8～15s。通过料斗或链斗提升机装料时，可取15～26s；

t_2——每次搅拌时间，s。随混凝土坍落度和搅拌机容量的大小而不同，可以参考搅拌机有关性能参数；

t_3——每次出料时间，s。出料时间一般为10～30s；

φ_1——出料系数，对混凝土一般取0.65～0.7，砂浆取0.85～0.95。

若搅拌机每小时的出料次数为Z，且为连续生产，则搅拌机的生产率亦可以按下式计算

$$Q = \frac{Z V_1 \varphi_1 k}{1000} \tag{3.3.4}$$

式中：k——时间利用系数，根据施工组织而定，一般为0.9。

（2）自落式混凝土搅拌机

1）锥形反转出料搅拌机

锥形反转出料搅拌机是20世纪50年代发展起来的一种自落式搅拌机。这种搅拌机的出料通过改变搅拌筒的旋转方向来实现，省去了倾翻机构，在中、小容量的范围内（0.15～1.0m^3）是一种较好的机型。锥形反转出料搅拌机适用于拌制骨料最大粒径在80mm以下的塑性和半干硬性混凝土。可以供各种建筑工程和中、小型混凝土制品厂使用。锥形反转出料搅拌机性能参数如表3.3.1所示。

表3.3.1　　　　　　　　　　锥形反转出料搅拌机性能参数表

型　号	基本参数				
	出料容量/L	进料容量/L	搅拌额定功率/（kW）	工作周期/s	骨料最大粒径/（mm）
JZ150	150	240	≤3.0	≤120	60
JZ200	200	320	≤4.0	120	60

续表

型号	基本参数				
	出料容量/L	进料容量/L	搅拌额定功率/(kW)	工作周期/s	骨料最大粒径/(mm)
JZ250	250	400	≤4.0	≤120	60
JZ350	350	560	≤5.5	≤120	60
JZ500	500	800	≤11.0	≤120	80
JZ750	750	1200	≤15.0	≤120	80
JZ1000	1000	1600	≤22.0	≤120	100

锥形反转出料搅拌机主要由进料机构、搅拌筒、传动系统、供水系统、电气控制系统和底盘等机构组成。如图3.3.1所示为JZ350型锥形反转出料搅拌机总体布置图。

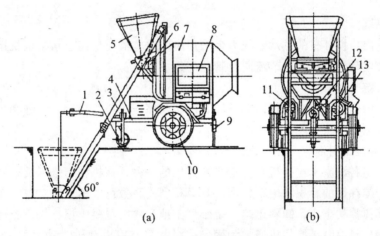

1—牵引架；2—前支轮；3—上料架；4—底盘；5—料斗；6—中间料斗；
7—锥形搅拌筒；8—电器箱；9—支腿；10—行走轮；
11—搅拌动力和传动机构；12—供水系统；13—卷扬系统
图3.3.1 JZ350型锥形反转出料搅拌机总体布置图

①搅拌筒

锥形反转出料搅拌机的搅拌筒呈双锥形，如图3.3.2所示。

②传动系统

目前，国内生产的锥形反转出料搅拌机，其传动机构有两种形式：

齿轮传动——具有不打滑，传动比准确等特点；

摩擦传动——具有噪声小，结构紧凑简单，但遇油、水容易打滑而降低生产率等特点。

③进料机构

锥形反转出料搅拌机的进料机构根据搅拌机出料容量的大小有所不同。一般由上料架、进料斗及提升装置等组成。

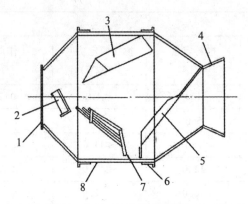

1—进料口；2—挡料叶片；3—主搅拌叶片；
4—出料口；5—出料叶片；6—滚道；
7—副叶片；8—搅拌筒筒身

图 3.3.2　JZ350 型锥形反转出料搅拌机搅拌筒构造简图

④供水系统

锥形反转出料搅拌机的供水系统大多采用时间继电器控制离心水泵电机运转时间的方式。该装置由电动机、水泵、节流阀及管路等组成。

⑤电气系统

电气系统的作用是控制搅拌筒的正转、反转及停止；料斗提升、下降和水泵的转动或停止；时间继电器和安全装置的控制。

2）锥形倾翻出料混凝土搅拌机

锥形倾翻出料混凝土搅拌机是自落式搅拌机的一种，该机种与锥形反转式搅拌机相比较其优点在于搅拌筒的容积利用系数高，其容积利用系数可以达 0.5 左右，在公称容量相同的情况下其搅拌功率小，卸料迅速，是小型工地和水工混凝土搅拌楼广泛使用的一种机型。锥形倾翻出料混凝土搅拌机通常为固定式，故只有以电动机为动力的 JF 型系列，表 3.3.2 列出了锥形倾翻出料混凝土搅拌机的型号和基本参数。

表 3.3.2　　　　　　　　锥形倾翻出料搅拌机的型号和基本参数表

型　号	基本参数				
	出料容量 /L	进料容量 /L	搅拌额定功率 /(kW)	工作周期 /s	骨料最大粒径 /(mm)
JF50	50	80	≤1.5	—	40
JF100	100	160	≤2.2	—	60
JF150	150	240	≤3.0	≤120	60
JF250	250	400	≤4.0	≤120	60
JF350	350	560	≤5.5	≤120	80

续表

型　号	基本参数				
	出料容量 /L	进料容量 /L	搅拌额定功率 /（kW）	工作周期 /s	骨料最大粒径 /（mm）
JF500	500	800	≤7.5	≤120	80
JF750	750	1200	≤11.0	≤120	120
JF1000	1000	1600	≤15.0	≤144	120
JF1500	1500	2400	≤22.0	≤144	150
JF3000	3000	4800	≤45.0	≤180	180
JF4500	4500	7200	≤60.0	≤180	180
JF6000	6000	9600	≤75.0	≤180	180

图3.3.3为JF1000型搅拌机，其主要机构有搅拌系统和倾翻机构，因大部分用做混凝土搅拌楼的主机，故该机的加料装置、供水装置以及空气压缩装置等辅助机构需另行配置。

（3）强制式混凝土搅拌机

1）卧轴强制式混凝土搅拌机

卧轴强制式混凝土搅拌机兼有自落式搅拌机和强制式搅拌机两种机型的优点，即搅拌质量好、生产效率高、耗能低，不仅能搅拌干硬性、塑性或低流动性混凝土，还可以搅拌轻骨料混凝土、砂浆或硅酸盐等物料。卧轴强制式混凝土搅拌机在结构上有单卧轴和双卧轴之分。两者在搅拌原理、功能特点等方面十分相似。表3.3.3列出了卧轴强制式混凝土搅拌机性能参数。

表3.3.3　　　　卧轴强制式混凝土搅拌机性能参数表

型　号	基本参数				
	出料容量 /L	进料容量 /L	搅拌额定功率 /（kW）	工作周期 /s	骨料最大粒径 /（mm）
JD50	50	80	≤2.2	—	40
JD100	100	160	≤4.0	—	40
JD150	150	240	≤5.5	≤72	40
JD200	200	320	≤7.5	≤72	40
JD250	250	400	≤11.0	≤72	40
JD350 JS350	350	560	≤15.0	≤72	40

续表

型号	基本参数				
	出料容量 /L	进料容量 /L	搅拌额定功率 /(kW)	工作周期 /s	骨料最大粒径 /(mm)
JD500 JS500	500	800	≤18.5	≤72	60
JD750 JS750	750	1200	≤22.0	≤80	60
JD1000 JS1000	1000	1600	≤37.0	≤80	80
JD1250 JS1250	1250	2000	≤45.0	≤80	80
JD1500 JS1500	1500	2400	≤45.0	≤80	100
JD2000 JS2000	2000	3200	≤60.0 ≤75.0	≤80	100 120
JD2500 JS2500	2500	4000	≤75.0 ≤90.0	≤80	100 150
JD3000 JS3000	3000	4800	≤90.0 ≤110.0	≤86	100 150
JD3500 JS3500	3500	5600	≤110.0 ≤132.0	≤86	100 150
JD4000 JS4000	4000	6400	≤132.0 ≤150.0	≤90	100 150
JS4500	4500	7200	≤150.0	≤90	100/150
JS6000	6000	9600	≤150/≤180	≤90	100/180

①双卧轴混凝土搅拌机

双卧轴混凝土搅拌机由搅拌传动系统、上料装置、搅拌筒、供水系统、卸料机构、供油装置、电气控制系统等组成整机结构，如图3.3.4所示。

②单卧轴混凝土搅拌机

单卧轴混凝土搅拌机已批量生产有JD150型、JD200型、JD250型、JD350型等型号，都是移动式的，各型结构基本相似，现以JD150型为例，简述其构造。

JD150型单卧轴混凝土搅拌机总体结构如图3.3.5所示。工作时由4条支腿支撑。为减轻后台上料的劳动强度，加料时料斗可以降入地坑，斗口和地面平齐。在工地现场作短

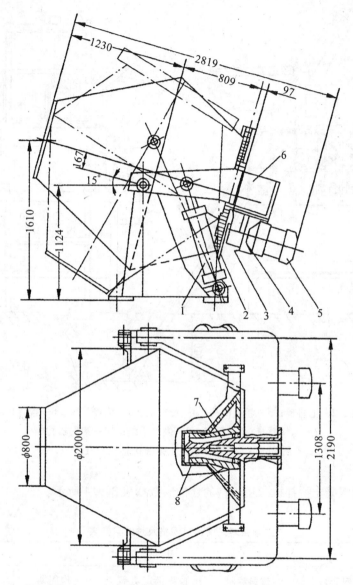

1—倾翻气缸；2—大齿圈；3—小齿轮；4—行星摆线针轮减速机；
5—电动机；6—倾翻机架；7—锥形轴；8—单列圆锥滚子轴承
图 3.3.3 JF1000 型搅拌机外形图

距离转移时，接长导轨可以翻折固定，用机动车辆牵引转移。若需整机装车运输时，上料架顶部可以下折，以降低高度。

2）立轴强制式混凝土搅拌机

立轴强制式混凝土搅拌机是一种适用于搅拌干硬性混凝土、高强度混凝土和轻质混凝土的搅拌机。立轴强制式混凝土搅拌机分蜗桨式搅拌机和行星式搅拌机，其搅拌筒均为水平布置的圆盘。

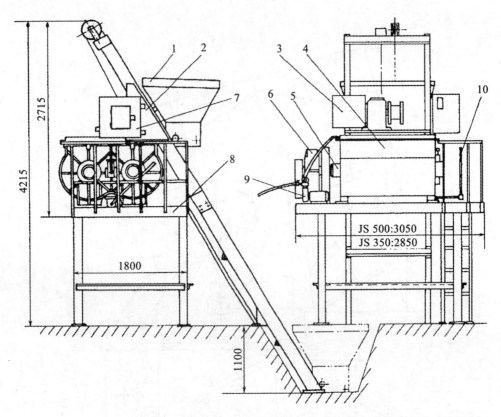

1—进料斗；2—上料架；3—卷扬机构；4—搅拌筒；5—搅拌装置；6—搅拌传动系统；
7—电气系统；8—机架；9—供水系统；10—卸料机构

图 3.3.4 双卧轴混凝土搅拌机整机示意图

立轴强制式混凝土搅拌机常用规格的性能参数如表 3.3.4 所示。

表 3.3.4 立轴强制式搅拌机规格及性能参数表

型号	基本参数				
	出料容量 /L	进料容量 /L	搅拌额定功率 /(kW)	工作周期 /s	骨料最大粒径 /(mm)
JW350 JN350	350	560	≤18.5	≤72	40
JW500 JN500	500	800	≤22.0	≤72	60
JW750 JN750	750	1200	≤30.0	≤80	60
JW1000 JN1000	1000	1600	≤45.0	≤80	60

续表

型号	基本参数				
	出料容量 /L	进料容量 /L	搅拌额定功率 /(kW)	工作周期 /s	骨料最大粒径 /(mm)
JW1250 JN1250	1250	2000	≤45.0	≤80	60
JW1500 JN1500	1500	2400	≤55.0	≤80	60

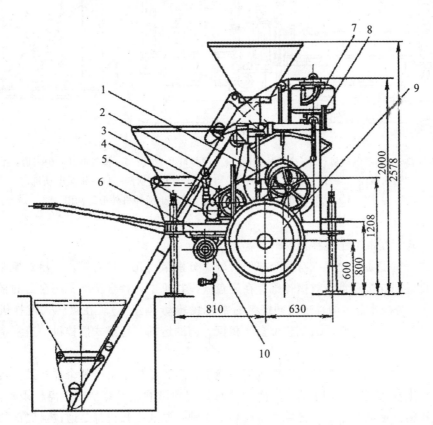

1—搅拌装置；2—上料架；3—料斗操纵手柄；4—料斗；5—水泵；6—底盘；
7—水箱；8—供水装置操纵手柄；9—车轮；10—传动装置

图 3.3.5 JD150 型单卧轴搅拌机结构示意图

① 强制式蜗桨混凝土搅拌机

强制式蜗桨混凝土搅拌机依靠安装在搅拌筒中央带有搅拌叶片和刮铲的立轴旋转时将混凝土物料挤压、翻转和抛掷等复合动作进行强制搅拌。与自落式搅拌机相比较，具有搅拌混凝土效率高、搅拌质量好，并适合拌合干硬性混凝土、高强度混凝土和轻质混凝土的优点，是当今国内外混凝土生产较为普遍采用的机型，尤其适合在混凝土制品厂、商品混凝土生产的搅拌楼（站）中以及大型施工现场选用。

如图 3.3.6 所示为 JW1000 型固定强制式蜗桨混凝土搅拌机的外形结构。该机主要由搅拌系统、传动机构、气动系统、供水系统、电气系统等组成。作业时，主电动机通过行星齿轮减速机构带动搅拌筒中央立轴旋转，迫使搅拌叶片和刮铲对混凝土物料进行强制拌合，一次搅拌循环时间在 2min 以内，拌出的匀质混凝土为 $1m^3$。

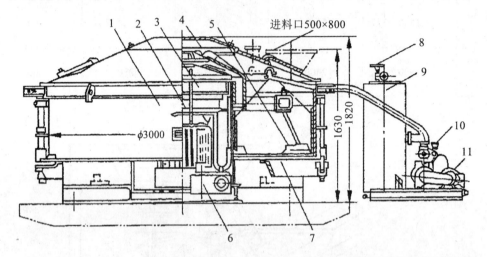

1—搅拌筒；2—主电动机；3—行星减速器；4—搅拌叶片总成；5—搅拌叶片；6—润滑油泵；
7—出料门；8—调节手轮；9—水箱；10—水泵及五通阀；11—水泵电动机

图 3.3.6　JW1000 型固定强制式蜗桨混凝土搅拌机外形结构图

②强制式行星混凝土搅拌机

强制式行星混凝土搅拌机有两个根回转轴，分别带动几个拌合铲。行星式搅拌机又可以分为定盘式搅拌机和盘转式搅拌机。在定盘式搅拌机中，拌合铲除了绕自己的轴线转动（自转）外，两根拌合铲的轴还共同绕盘的中心线转动（公转）。在盘转式搅拌机中，两根装拌合铲的轴不做公转，而是整个盘作相反方向的运动。行星式搅拌机构造复杂，但搅拌强度大。

在行星式搅拌机中，盘转式搅拌机消耗能量较多，结构上由于整个搅拌盘在转动，也不够理想。定盘式搅拌机由于消除了离心力对骨料的影响，不容易产生离析现象。所以，盘转式搅拌机已逐渐为定盘式搅拌机所代替。立轴强制式搅拌机都是通过盘底部的卸料口卸料，所以卸料迅速。但是，如果搅拌时卸料口密封不好，水泥浆容易从这里漏掉。所以，不适于搅拌流动性大的拌合料。

如图 3.3.7 所示为 JN1000 型强制式行星混凝土搅拌机外形简图。

2. 混凝土搅拌楼（站）

(1) 用途和分类

混凝土搅拌楼（站）是用来集中搅拌混凝土的联合装置，又称为混凝土预拌工厂。混凝土搅拌楼（站）由供料、贮料、称量、搅拌和控制等系统及结构部件组成，用以完成混凝土原材料（水泥、砂、石子等）的输送、上料、贮料、配料、称量、搅拌和出料等工作。混凝土搅拌楼（站）自动化程度高、生产率高，有利于混凝土的商品化等特点，

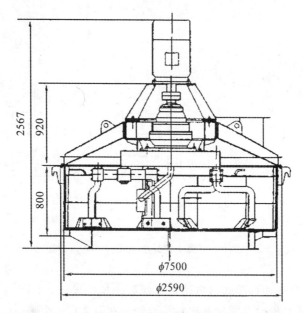

图 3.3.7　JN1000 型强制式行星混凝土搅拌机外形简图

所以常用于混凝土工程量大，施工周期长，施工地点集中的大中型建设施工工地。

混凝土搅拌楼（站）按其结构形式可以分为固定式搅拌楼（站）、装拆式搅拌楼（站）及移动式搅拌楼（站）；按生产工艺流程可以分为单阶式搅拌楼（站）和双阶式搅拌楼（站）；按作业形式可以分为周期式搅拌楼（站）和连续式搅拌楼（站）。

单阶式搅拌楼（站）是把砂、石、水泥等物料一次提升到楼顶料仓，各种物料按工艺流程经称量、配料、搅拌，直到制成混凝土拌合料装车外运。搅拌楼（站）自上而下分成料仓层、称量层、搅拌层和底层。单阶式搅拌楼（站）工艺流程合理、生产率高，但要求厂房高，因而投资较大，一般混凝土搅拌楼（站）多采用这种形式。

双阶式搅拌楼（站）是物料的贮料仓，搅拌设备大体上在同一水平上，集料经提升送至贮料仓，在贮料仓下进行累计称量和分别称量，然后再用提升斗或带式输送机送到搅拌机内进行搅拌。由于物料需经两次提升，生产率较低，但能使全套设备的高度降低，拆装方便，并可以减少投资，一般混凝土搅拌楼（站）多采用这种形式。

单阶式搅拌楼（站）与双阶式搅拌楼（站）的工艺流程如图 3.3.8 所示。

混凝土搅拌楼是一座自动化程度高、生产效率高的混凝土生产工厂，采用单阶式搅拌楼（站）生产工艺流程，整个生产过程用计算机控制。要配备 2~4 台搅拌设备和大型骨料运输设备，可以同时搅拌多种混凝土。

混凝土搅拌站是一种装拆式或移动式的大型搅拌设备，只需配备小型运输设备，平面布置灵活，但效率和自动化程度较低，一般只安装一台搅拌机，适用于中小产量的混凝土工程。

（2）混凝土搅拌楼（站）的组成

以下简述早期使用较广，现仍在使用的 HZ25 型和近年来使用较广的 HZS75 型两种搅拌站。

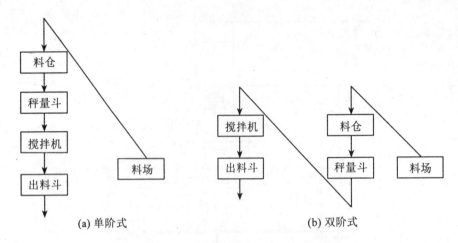

图 3.3.8 混凝土搅拌楼（站）工艺流程图

HZ25 型搅拌站是一种移动式、自动化的混凝土搅拌设备，该设备将砂、石、水泥等的贮存、配料、称量、投料、搅拌及出料等装置全部组装在一个整体机架上，可以用一台 8t 载重汽车装载，具有结构紧凑、重量轻、占地面积小、移动方便等特点。其外形结构如图 3.3.9 所示。

HZS75 型搅拌站是应用国内外先进技术自行研制的新型搅拌站，采用加强型工控微机，实现搅拌站的自动计量、混凝土配比的自动选择和生产现场的自动化管理；能搅拌各种类型的混凝土，搅拌时间短，搅拌质量优异。适用于中等规模以上的建筑施工、水电、公路、桥梁、港口等工程建设及大中型预制厂及商品混凝土生产基地，该机拆装方便，便于运输转移。该机由物料供应、计量、搅拌及电气控制系统等组成。其外形组成如图 3.3.10 所示。

3.3.2 混凝土运输机械

混凝土运输机械是将混凝土运送到施工现场的机械，目前广泛采用的是混凝土输送车和混凝土泵等专用机械和设备。

1. 混凝土搅拌输送车

混凝土搅拌输送车是安装在自行式底盘上或拖车上能够生产和运送匀质混凝土的搅拌设备，其特点是在运量大、运距远的情况下，能保证混凝土的质量均匀，一般适于混凝土制备点（商品混凝土站）与浇筑点距离较远时采用。其运送方式有两种：一是在 10km 范围内作短距离运送时，只作运输工具使用，即将拌和好的混凝土接送至浇筑点，在运输途中为防止混凝土分离，搅拌筒只作低速搅动，避免混凝土拌和物分离或凝固；二是在运距较长时，搅拌、运输两者兼备：即先在混凝土拌和站将干料（砂、石、水泥）按相关配比装入搅拌鼓筒内，并将水注入配水箱，开始只作干料运送，然后在到达距使用点 10～15min 路程时，启动搅拌筒回转，并向搅拌筒注入定量的水，这样在运输途中边运输边搅拌成混凝土拌和物，送至浇筑点卸出。

（1）混凝土搅拌输送车的分类

第3章 钢筋混凝土工程机械

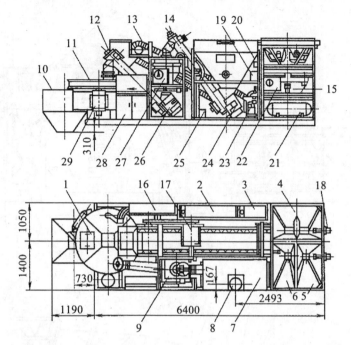

1—搅拌机观察口；2—水箱；3—添加剂箱；4—砂贮存斗；5—石贮存斗（1）；6—石贮存斗（2）；7—水泥贮存斗；8—水泥进料口；9—水泥称量斗；10—混凝土出料口；11—搅拌机；12—螺旋输送机；13—裙边胶带输送机；14—水泥称量螺旋输送机；15—砂、石称量斗；16—电气控制箱；17—裙边胶带输送机电动机；18—料位指示器；19—电磁阀箱；20—接线盒JX3；21—贮气筒；22—计量表头箱（砂、石）；23—空气压缩机；24—水泥计量螺旋输送机电动机；25—接线盒JX2；26—水泥投料螺旋输送机电动机；27—计量表头箱；28—电气操作箱；29—搅拌机电动机

图3.3.9 HZ25型搅拌站外形结构简图

按运载底盘结构形式的不同，可以分为普通载重汽车底盘和专用半拖挂式底盘两类。一般采用载重汽车底盘。

按搅拌装置传动方式的不同，可以分为机械传动和液压传动两类。早期国产的混凝土搅拌运输车采用机械传动，现普遍采用液压传动。

按搅拌筒的动力供给方式的不同，可以分为共用运载底盘发动机和增加搅拌筒专用发动机两类。

搅拌筒使用运载底盘发动机的，按发动机的动力引出方式不同，有飞轮取力和轴前端取力，也可以从运载底盘传动系统中的分动箱或专设的动力输出轴引出。国产混凝土搅拌运输车都采用轴前端取力，即由发动机曲轴的前端加装取力齿轮箱和液压泵连接，输出压力油，驱动液压马达，再经减速器和链传动带动搅拌筒。

（2）混凝土搅拌输送车的构造

混凝土搅拌输送车由汽车底盘和搅拌装置构成，其外形结构如图3.3.11所示。

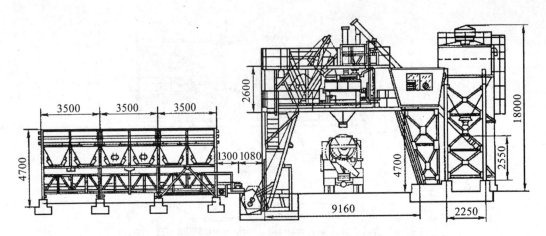

图 3.3.10 HZS75 型搅拌站外形组成示意图

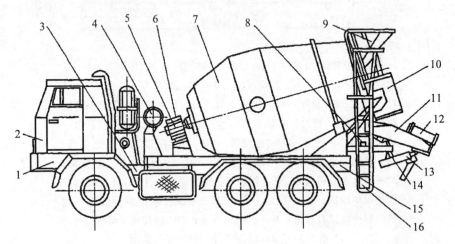

1—液压泵；2—取力装置；3—油箱；4—水箱；5—液压马达；6—减速器；
7—搅拌筒；8—操纵机构；9—进料斗；10—卸料槽；11—出料斗；12—加长斗；
13—升降机构；14—回转机构；15—机架；16—爬梯

图 3.3.11 混凝土搅拌输送车外形结构简图

搅拌装置主要由搅拌筒、加料装置、卸料装置、传动系统、供水系统等组成，如图 3.3.12 所示。

① 搅拌筒

搅拌筒可以分为外部结构、内部结构和筒口结构三部分。

外部结构——搅拌筒的壳体是一个变截面不对称的双锥体，外形如梨。底段锥体较短，端面封闭；上段锥体较长，端部开口。上段锥体的过渡部分有一条环形滚道，环形滚道焊接在垂直于搅拌筒轴线的平面圆周上。整个搅拌筒通过中心轴和环形滚道倾斜卧置固定于机架上的调心轴承和一对支承滚轮所组成的三点支承结构上，这样能使搅拌筒平稳地

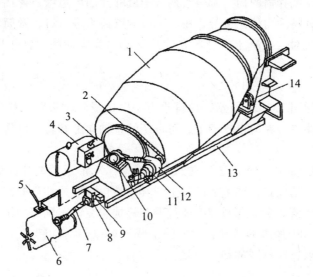

1—搅拌筒；2—链传动；3—油箱；4—水箱；5—液压传动系统操纵手柄；
6—发动机；7—取力万向节传动轴；8—液压油泵；9—集成式液压阀；
10—中心支承装置；11—液压马达；12—齿轮减速器；13—机架；14—支承滚轮

图 3.3.12　混凝土搅拌输送车的搅拌装置图

绕其轴线转动。在搅拌筒的底端面上安装着传动件（链轮和齿圈），和液压马达传动装置相接。

内部结构——搅拌筒内部结构如图 3.3.13 所示，搅拌筒从筒口到筒底沿内壁对称地焊接着两条连续的带状螺旋叶片，当搅拌筒旋转时，两条叶片作围绕搅拌筒轴线的螺旋运动，叶片的作用是对混凝土拌合料进行搅拌或卸出。为了加强搅拌效果，一般在螺旋叶片间加装辅助搅拌叶片。

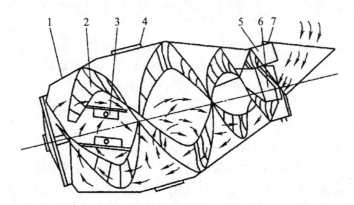

1—搅拌筒；2—叶片；3—搅拌叶片；4—安全盘；5—辅助叶片；
6—进料圆筒；7—隔离环

图 3.3.13　搅拌筒内部结构简图

筒口结构——在搅拌筒的筒口部位沿两条螺旋叶片的内边缘还焊接一段进料圆筒,将筒口以同心圆形式分隔为内外两部分,中心部分的圆筒为进料口,圆筒和筒壁形成的环形空间为出料口。卸料时,混凝土拌合料在叶片反向螺旋运动的顶推作用下,从出料口排出。

②加料和卸料装置

加料装置——如图3.3.14所示,加料斗为一广口漏斗,卸料孔朝向搅拌筒口和进料口贴合。整个加料斗铰接在门形支架上,可以绕铰接轴向上翻转,以便露出搅拌筒口进行清洗和维护。

卸料装置——如图3.3.14所示,在卸斗口两侧、V形设置两片断面为弧形的固定卸料溜槽,固定卸料溜槽固定在两侧的门架上,其上端包围着搅拌筒的卸料口,下端向中间聚拢对着活动卸料溜槽。活动卸料溜槽通过调节机构置在汽车尾部的机架上。调节转盘能使活动卸料溜槽作180°的扇形转动,丝杆伸缩臂又可以使活动卸料溜槽在垂直平面内作一定角度的仰伏,以适应不同的卸料位置。

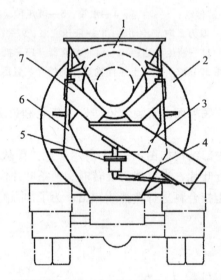

1—加料斗;2—搅拌筒;3—活动卸料溜槽;4—活动溜槽调节臂;
5—活动溜槽调节转盘;6—门形支架;7—固定卸料溜槽
图3.3.14 搅拌筒加料和卸料装置简图

③传动系统

搅拌装置的传动,一般采用液压—机械混合传动方式,即:发动机—取力装置—液压油泵—控制阀—液压马达—齿轮减速器—链传动—搅拌筒。这种传动系统的特点是主要通过液压传动部分调速,利用机械传动部分减速。其机械传动结构一般是由液压马达连接减速器和一级开式链减速传动装置组成。采用挠性传动件和搅拌筒连接,是为了适应运行时汽车底盘产生的变形情况并消除对传动件连接精度造成的影响。目前,这种液压—机械传动系统在调速性能上有很大改进,可以实现无级调速,具有控制平稳、结构紧凑、操纵便利的特点。

④供水系统

供水系统主要用于清洗搅拌装置,也可以用做干料注水搅拌的用水。一般由水泵、水箱和量水器等组成,和一般搅拌机供水系统相似但要设置水泵的驱动装置。

2. 混凝土输送泵和混凝土泵车

混凝土泵是利用水平管道或垂直管道连续输送混凝土到浇筑点的机械,能同时完成水平和垂直输送混凝土,工作可靠。混凝土泵适用于混凝土用量大、作业周期长及泵送距离较远和高度较大的场合,是高层建筑施工的重要设备之一。

臂架式混凝土泵通称为泵车,是把混凝土泵和臂架直接安装在汽车底盘上的混凝土输送设备。并用液压折叠式臂架管道来输送混凝土,臂架具有变幅、曲折和回转三个动作,输送管道沿臂架铺设,在臂架活动范围内可以任意改变混凝土浇筑位置,不需在现场临时铺设管道,节省了辅助时间。泵车具有机动性好、布料灵活、功效高的特点,适用于混凝土需求量大、质量要求高和零星分散工程的混凝土输送。

(1) 混凝土泵及泵车的分类

混凝土泵按其移动方式可以分为拖式泵、固定式泵、臂架式泵和车载式泵等,常用的为拖式泵。按其驱动方法可以分为活塞式泵、挤压式泵和风动式泵,其中活塞式泵又可以分为机械式泵和液压式泵。挤压式混凝土泵适用于泵送轻质混凝土,由于压力小,故泵送距离短。机械式混凝土泵结构笨重,寿命短,能耗大,已不生产。目前生产和使用较多的是液压活塞式混凝土泵。

混凝土泵车按其底盘结构可以分为整体式泵车、半挂式泵车和全挂式泵车,生产和使用较多的是整体式泵车。

(2) 混凝土泵及泵车的主要参数

混凝土泵及泵车的主要参数有排量、输送压力和最大输送距离等。

①排量

混凝土泵的实际排量,是用泵的理论排量和容积效率的乘积来表示。活塞式泵的实际排量(m^3/h)可以用下式求得

$$Q = 60K_1ZFSn \tag{3.3.5}$$

式中:Q——泵的实际排量(m^3/h);

Z——工作缸数,一般为双缸;

F——工作缸断面积,$F = \pi R^2$(m^2),R 为工作缸的半径(m);

S——工作缸的活塞行程长度(m);

n——个缸活塞每分钟往复行程次数;

K_1——混凝土被吸入"充填"工作缸的容积效率,一般为 0.7~0.9。

②输送压力

液压活塞式泵是通过压力油推动活塞,再通过活塞杆推动混凝土工作缸中的活塞压送混凝土的。泵的输送压力主要由混凝土工作缸的活塞推压力来决定,而活塞的推压力又取决于液压系统中主液压泵的额定压力。混凝土泵选用的液压泵额定压力一般为 15~22MPa,最高达 28MPa,而工作缸的活塞推压力一般为液压系统额定压力值的 $\frac{1}{3}$。

泵的输送压力应能足以克服混凝土在管内的输送阻力。而输送阻力则受输送距离、管径、管道的转弯角度、曲率半径及次数、管道断面变化情况、混凝土配合比、坍落度以及

混凝土在管道内流动速度等因素的影响。

③最大输送距离

泵的最大输送距离取决于工作缸活塞的推压力。当泵的推压力确定后，输送距离决定于输送管径、混凝土在管路内流速以及混凝土的坍落度。

泵的排量、输送压力和最大输送距离的相互关系是：当排量增大时，输送压力降低，输送距离也就减小；反之，排量减小，则输送压力升高，输送距离也相应增大。

(3) 混凝土泵及混凝土泵车的构造

①混凝土泵的构造

混凝土泵根据其排量（输送量）的大小，划分为多种型号。早期生产的混凝土泵排量较小（$8\sim15m^3/h$），现已向大排量发展，最大排量达 $100\ m^3/h$。不论排量大小，其工作原理都是通过液压缸的压力推动活塞，再通过活塞杆上的工作活塞来压送混凝土。虽然各种类型混凝土泵的排量不同，但其构造相似。现以产量多、使用较普遍的 HB30 型混凝土泵为例，简述其构造。

HB30 型混凝土泵属于中排量、中等输送距离的双缸液压活塞式混凝土泵，有 A、B 两种改进型，其区别在液压系统：HB30 型采用叶片泵混凝土泵，A、B 改进型采用齿轮泵。

HB30 型混凝土泵的构造如图 3.3.15 所示，主要由料斗及搅拌装置、泵送及分配机构、传动及液压系统、机架及行走机构等组成。

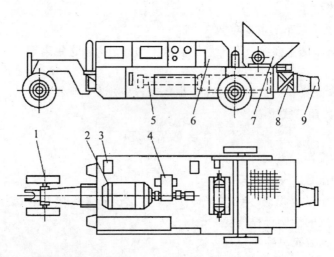

1—机架及行走机构；2—电动机及电气系统；3—液压系统；
4—机械传动系统；5—推送机构；6—机罩；
7—料斗及搅拌装置；8—分配阀；9—输送管道

图 3.3.15　HB30 型混凝土泵组成示意图

②混凝土泵车的构造

国产混凝土泵车已有多厂生产，但都属于从国外引进技术或合作生产，其中一些关键部件（如液压泵等元件）多来自国外，因而其构造及技术性能和国外同型产品相似，并经过多次改进，如改进后的 85B—2 型泵车是安装在 SJR461 型载重汽车经过改装的底盘上，其功率大，机动性好，整个工作机构采用液压传动和控制，可以根据工作需要自动控制混凝土的输送量和压力。上车设有"Z"形三段液压折叠式臂架，前端附有橡胶软管，能作360°全回转，作业范围大，输送管径为125mm时，可以对垂直距离110m、水平距离520m的远处进行泵送和浇筑。85B—2型混凝土泵车的外形如图3.3.16所示。

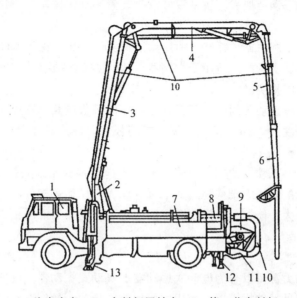

1—汽车底盘；2—布料杆回转台；3—第一节布料杆；
4—第二节布料杆；5—第三节布料杆；6—伸缩杆；
7—混凝土输送泵；8—操纵台；9—受料台；
10—输送管；11—Y形管；12—后支腿；13—前支腿
图3.3.16　85B—2型混凝土泵车外形结构简图

3.3.3　混凝土密实成型与喷射机械

在混凝土工程施工中，无论是浇灌在模板中或敷砌在构筑物表面的混凝土，都要求振捣密实成型，才能达到预期的强度和工作要求。因此，振捣密实成型是混凝土工程施工中的一道重要工序。完成这道工序常用的机械有混凝土振动器和混凝土喷射机。

1. 混凝土振动器

利用机械密实混凝土的工艺方法很多，如挤压法、振动法、离心法、碾压法等。其中以振动密实混凝土的方法最为普遍，应用最广泛。

振动密实混凝土的作用原理在于受振混凝土呈现出所谓"重质液体状态"，从而大大提高混凝土的流动性，促进混凝土在模板中迅速有效填充。当产生振动的机械将一定频率、振幅和激振力的振动能量通过某种方式传递给混凝土时，受振混凝土中所有骨料颗粒都在强迫振动之中。骨料颗粒彼此之间原来赖以平衡，并使混凝土保持一定塑性状态的粘着力和内摩擦力随之大大降低，因而骨料颗粒犹如悬浮在液体中，在其自重作用下向新的位置沉落滑移，排除存在于混凝土中的气体，消除空隙，使骨料和水泥浆在模板中能得到致密的排列和充分的填充。

(1) 混凝土振动器的分类

混凝土振动器的种类繁多，可以按照其作用方式、驱动方式和振动频率等进行分类。

①按作用方式分类

按照对混凝土的作用方式，可以分为插入式内部振动器、附着式外部振动器和固定式振动台三种。附着式振动器加装一块平板可以改装为平板式振动器。各类混凝土振动器的特点及应用范围如下。

插入式振动器——利用振动棒产生的振动波捣实混凝土，由于振动棒直接插入混凝土内振捣，因此效率高、质量好。适用于大面积、大体积的混凝土基础和构件，如柱、梁、墙、板以及预制构件的捣实。

附着式振动器——振动器固定在模板外侧，借助模板或其他物件将振动力传递到混凝土中，其振动作用深度为25cm。适用于振动钢筋较密、厚度较小及不宜使用插入式振动器的混凝土结构或构件。

平板式振动器——振动器的振动力通过平板传递给混凝土，其振动作用的深度较小。适用于面积大而平整的混凝土结构物，如平板、地面、屋面等构件。

振动台——动力大、体积大，需要有牢固的基础。适用于混凝土制品厂振实批量生产的预制构件。

②按驱动方式分类

按照振动器的动力源可以分为电动式振动器、气动式振动器、内燃式振动器和液压式振动器等。电动式振动器结构简单，使用方便，成本低，一般情况都采用电动式振动器。

③按振动频率分类

按照振动器的振动频率，可以分为高频式振动器（133～350Hz或8 000～2 0000次/min）、中频式振动器（83～133Hz或5 000～8 000次/min）、低频式振动器（33～83Hz或2 000～5 000次/min）三种。高频式振动器适用于干硬性混凝土和塑性混凝土的振捣，其结构形式多为行星滚锥插入式振动器；中频式振动器多为偏心振子振动器，一般用做外部振动器；低频振动器用于固定式振动台。

由于混凝土振动器的类型较多，施工中应根据混凝土的集料粒径、级配、水灰比、稠度及混凝土构筑物的形状、断面尺寸、钢筋的疏密程度以及现场动力源等具体情况进行选用。同时要考虑振动器的结构特点，以及使用、维修、能耗等技术经济指标。

(2) 混凝土振动器的技术性能与构造

1) 内部振动器的技术性能与构造

内部振动器通称为插入式振动器，由原动机、传动装置和工作装置三部分构成。其工作装置是一个棒状空心圆柱体，通称为振动棒，棒内装有振动子，在动力源驱动下，振动子的振动使整个棒体产生高频微幅的机械振动。其驱动方式有电动、风动、内燃机驱动等多种型式，风动振动器需要有空气压缩机提供风源，内燃机驱动的振动器结构复杂，只有在缺乏电源的场合使用，建筑工程中使用的都是电动的。按其电动机和振动棒之间的传动方式可以分为一般小型振动器采用的软轴式和大型振动器采用的直联式。按其振动子激振原理的不同，又可以分为行星滚锥式振动器（简称行星式振动器）和偏心轴式振动器两种，其中行星式振动器因滚锥在较低转速下能得到高频振动，从而具有延长其使用寿命等较多优点，因而使用最广。插入式振动器主要技术性能指标如表3.3.5所示。

表 3.3.5　　　　　　　　插入式振动器主要技术性能指标表

型式	型号	振动棒（器）					软轴软管		电动机	
		直径/(mm)	长度/(mm)	频率/(次/min)	振动力/(kN)	振幅/(mm)	软轴直径/(mm)	软管直径/(mm)	功率/(kW)	转速/(r/min)
电动软轴行星式	ZN25	26	370	15 500	2.2	0.75	8	24	0.8	2 850
	ZN35	36	422	13 000~14 000	2.5	0.8	10	30	0.8	2 850
	ZN35	45	460	12 000	3~4	1.2	10	30	1.1	2 850
	ZN50	51	451	12 000	5~6	1.15	13	36	1.1	2 850
	ZN60	60	450	12 000	7~8	1.2	13	36	1.5	2 850
	ZN70	68	460	11 000~12 000	9~10	1.2	13	36	1.5	2 850
电动软轴偏心式	ZPN18	18	250	17 000		0.4			0.2	11 000
	ZPN25	26	260	15 000		0.5	8	30	0.8	15 000
	ZPN35	36	240	14 000		0.8	10	30	0.8	15 000
	ZPN50	48	220	13 000		1.1	10	30	0.8	15 000
	ZPN70	71	400	6 200		2.25	13	36	2.2	2 850
电动直联式	ZDN80	80	436	11 500	6.6	0.8		0.8		11 500
	ZDN100	100	520	8 500	13	1.6		1.5		8 500
	ZDN130	130	520	8 400	20	2		2.5		8 400

各类插入式振动器的结构分述如下：

①电动行星插入式振动器

电动行星插入式振动器采用高频、外滚、软轴连接，由电动机、防逆装置、软轴软管组件和振动棒四部分组成，如图 3.3.17 所示。

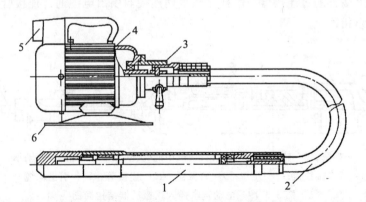

1—振动棒；2—软轴；3—防逆装置；4—电动机；5—电源开关；6—电动机底座

图 3.3.17　电动行星插入式振动器外形结构简图

②电动偏心插入式振动器

电动偏心插入式振动器依靠偏心振动子在振动棒内旋转时产生的离心力来造成振动，除振动棒外，其他结构和行星式振动器相同。偏心式振动棒的结构和振动原理如图 3.3.18 所示。

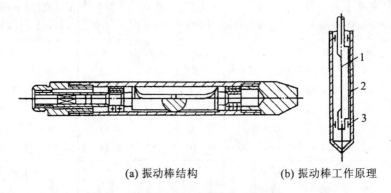

(a) 振动棒结构　　　　　(b) 振动棒工作原理

1—偏心轴；2—套管；3—轴承

图 3.3.18　偏心式振动棒结构和工作原理示意图

③电动直联插入式振动器

电动直联插入式振动器是一种棒径大、生产率高的大型混凝土振动器，由和电动机联成一体的振动棒以及配套的变频机组两部分组成，利用变频机组提高交流电频率，以提高电动机转速，从而提高振动器的振动频率，因而不需增速机构，结构比较简单，振动子可以采用行星式或偏心式，适用于振捣塑性混凝土、低流态混凝土及一般干硬性混凝土。

如图 3.3.19 所示，振动棒壳体由端塞、尾盖和中间壳体三部分采用螺纹连接成一体，棒壳内上部安装着电动机，电动机轴向下延伸部分固定套置偏心轴，偏心轴的两端用滚珠轴承支持在棒壳体上。棒壳尾盖上接有连接管，其上部设置减振器，以减少上部引出端的振动。减振器上端再通过连接管与吊挂器或手柄连接。引出电缆通过连接管引出并以适当长度和变频机组相连接。

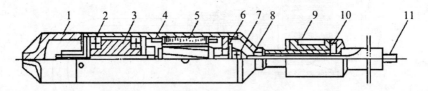

1—端塞；2—轴承；3—偏心轴；4—中间壳体；5—电动机；6—轴承；
7—接线盖；8—尾盖；9—减振器；10—连接管；11—引出电缆

图 3.3.19　电动直联插入式振动器结构简图

2) 外部振动器的技术性能与构造

外部振动器是在混凝土外部或表面进行振动密实的振动设备。根据作业的不同需要，可以分为附着式振动器和平板式振动器两种；按其动力源的不同，又可以分为电动式振动器、电磁式振动器和风动式振动器三种，建筑施工中普遍使用电动式振动器。附着式振动器的主要技术性能指标如表 3.3.6 所示。平板式振动器的主要技术性能指标如表 3.3.7 所示。

表 3.3.6　　　　　　　　　附着式振动器的主要技术性能指标表

型　号	附着台面尺寸/（mm×mm）（长×宽）	空载最大激振力/（kN）	空振振动频率/（Hz）	偏心力矩/（N·cm）	电动机功率/（kW）
ZF18-50（ZF1）	215×175	1.0	47.5	10	0.18
ZF55-50	600×400	5	50		0.55
ZF80-50（ZW-3）	336×195	6.3	47.5	70	0.8
ZF100-50（ZW-13）	700×500		50		1.1
ZF150-50（ZW-10）	600×400	5~10	50	50~100	1.5
ZF180-50	560×360	8~10	48.2	170	1.8
ZF220-50（ZW-20）	400×700	10~18	47.3	100~200	2.2
ZF300-50（YZF-3）	650×410	10~20	46.5	220	3

表 3.3.7　　　　　　　　　平板式振动器的主要技术性能指标表

型　号	附着台面尺寸/（mm×mm）（长×宽）	空载最大激振力/（kN）	空振振动频率/（Hz）	偏心力矩/（N·cm）	电动机功率/（kW）
ZB55-50	780×468	5.5	47.5	55	0.55
ZB75-50（B-5）	500×400	3.1	47.5	50	0.75
ZB110-50（B-11）	700×400	4.3	48	65	1.1
ZB150-50（B-15）	400×600	9.5	50	85	1.5
ZB220-50（B-22）	800×500	9.8	47	100	2.2
ZB300-50（B-22）	800×600	13.2	47.5	146	3

各类外部振动器的结构分述如下：

①附着式振动器的构造

附着式振动器是依靠其底部螺栓或其他锁紧装置固定在模板、滑槽、料斗、振动导管等上面，间接将振动波传递给混凝土或其他被振密的物料，作为振动输送、振动给料或振动筛分之用。附着式振动器还可以安装在混凝土搅拌（站）楼的料仓上用做"破拱器"。在一个成形构件的模板上或成形机上，可以根据振动频率需要，装上一台或数台附着式振动器，同时进行混凝土振密作业。

附着式振动器按其动力及频率的不同，有多种规格，但其构造基本相同，都是由主机和振动装置组合而成，如图 3.3.20 所示。

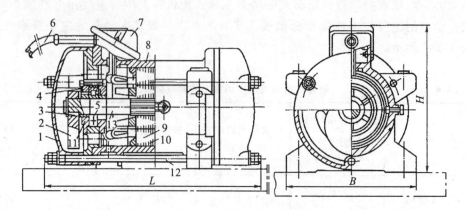

1—端盖；2—偏心振动子；3—平键；4—轴承压盖；5—滚动轴承；6—电缆；7—接线盒；
8—机壳；9—转子；10—定子；11—轴承座盖；12—螺栓；13—轴

图 3.3.20　附着式振动器结构示意图

② 平板式振动器的构造

平板式振动器又称为表面振动器，是直接浮放在混凝土表面上，可以移动地进行振捣作业。平板式振动器的振动深度一般为 150~250mm。适用于坍落度不太大的塑性、平塑性、干硬性、半干硬性的混凝土或浇筑层不厚、表面较宽敞的混凝土捣实，如用于预制构件板、路面、桥面等最为合适。

平板式振动器的构造和附着式振动器相似，如图 3.3.21 所示。不同处是振动器下部装有钢制振板，振板一般为槽形，两边有操作手柄，可以系绳提拖着移动。振板能使振动器浮放在混凝土上达到振实混凝土的作用。

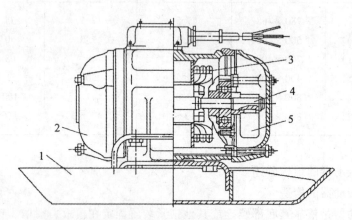

1—底板；2—外壳；3—定子；4—转子轴；5—偏心振动子

图 3.3.21　平板式混凝土振动器外形结构简图

3) 混凝土振动台的技术性能与构造

混凝土振动台又称为台式振动器，是混凝土拌和料的振动成形机械。振动台的机架支承在弹簧上，机架下装有激振器，机架上安置成形制品钢模板，模板内装有混凝土拌和料，在激振器作用下，机架连同装有混凝土拌和料的模板一起振动，使混凝土在振动下密实成形。台式振动器是预制构件厂的主要成形设备，用于大批量生产空心板、壁板以及厚度不大的混凝土构件。混凝土振动台的技术性能指标如表3.3.8所示。

表3.3.8　　　　　　　　混凝土振动台的技术性能指标表

型　号	载重量 /t	附着台面尺寸 /（mm×mm） （长×宽）	空载最大激振力 /（kN）	空振振动频率 /（Hz）	电动机功率 /（kW）
ZT0.3（ZT0610）	0.3	600×1000	9	49	1.5
ZT10（ZT1020）	1.0	1000×2000	14.3~30.1	49	7.5
ZT2（ZT1040）	2.0	1000×4000	22.34~48.4	49	7.5
ZT2.5（ZT1540）	2.5	1500×4000	62.48~56.1	49	18.2
ZT3（ZT1560）	3	1500×6000	83.3~127.4	49	22
ZT5（ZT2460）	3.5	2400×6200	147~225	49	55

振动台根据其载重量不同有多种型号，除台面尺寸不同外，其构造基本相同，现以ZT3型振动台为例（如图3.3.22所示），简述其构造。

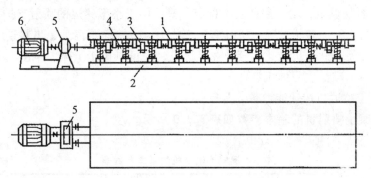

1—上部框架（台面）；2—下部框架；3—振动子；4—支承弹簧；
5—齿轮同步器；6—电动机
图3.3.22　ZT3型振动台结构示意图

振动台的最大优点是其所产生的振动力和混凝土的重力方向是一致的，振波正好通过颗粒的直接接触由下向上传递，能量损失较少。而插入式振动器只能产生水平振波，和混凝土重力的方向不一致，振波只能通过颗粒间的摩擦来传递，所以其效率不如振动台高。

2. 混凝土喷射机

喷射混凝土是指将速凝混凝土喷向岩石或结构物表面，从而使结构物得到加强或保护。完成喷射混凝土施工的主要机械是混凝土喷射机。喷射混凝土与泵输送混凝土不同之处在于混凝土是以较高的速度（50~70m/s）从喷嘴喷出而粘附于结构物表面上。

用混凝土喷射机施工，具有不用模板、施工简单、进度快、劳动强度低、工程质量高以及经济效果好等优点，主要适用平巷、竖井、隧道、涵洞等地下建筑物的混凝土支护或锚喷支护，地下水池、油池、埋设大型管道的抗渗混凝土施工，混凝土构筑物的浇筑和修补，各种工业炉，特别是大型冶金炉的炉衬快速修补等。

（1）混凝土喷射机的分类

按混凝土拌和料的加水方法不同混凝土喷射机可以分为干式喷射机、湿式喷射机和介于两者之间的半湿式喷射机三种：

干式喷射机——按一定比例的水泥及集料，搅拌均匀后，经压缩空气吹送到喷嘴和来自压力水箱的压力水混合后喷出。这种方式施工方法简单，速度快，但粉尘太大，喷出料回弹量损失较大，且要用高标号水泥。国内生产的喷射机大多为干式喷射机。

湿式喷射机——进入喷射机的是已加水的混凝土拌和料，因而喷射中粉尘含量低，回弹量也减少，是理想的喷射方式。但是湿料易于在料罐、管路中凝结，造成堵塞，清洗麻烦，因而未能推广使用。

半湿式喷射机——也称潮式喷射机，即混凝土拌和料为含水率5%~8%的潮料（按体积计），这种料喷射时粉尘减少，由于比湿料粘结性小，不粘罐，是干式喷射和湿式喷射的改良方式。

按喷射机结构型式可以分为缸罐式喷射机、螺旋式喷射机和转子式喷射机三种：

缸罐式喷射机——缸罐式喷射机坚固耐用。但机体过重，上、下钟形阀的启闭需手工繁重操作，劳动强度大，且易造成堵管，故已逐步被淘汰。

螺旋式喷射机——螺旋式喷射机结构简单、体积小、重量轻、机动性能好。但输送距离超过30m时容易返风，生产率低且不稳定，只适用于小型巷道的喷射支护。

转子式喷射机——转子式喷射机具有生产能力大、输送距离远、出料连续稳定、上料高度低、操作方便、适合机械化配套作业等优点，并可以用于干喷、半湿喷和湿喷等多种喷射方式，是目前广泛应用的机型。

（2）混凝土喷射机的性能参数

转子式混凝土喷射机的基本参数如表3.3.9所示。

表3.3.9　　　　　　　　　转子式混凝土喷射机的基本参数表

基本参数		HPZ2T HPZ2U	HPZ4T HPZ4U	HPZ6T HPZ6U	HPZ9T HPZ9U	HPZ13T HPZ13U
最大生产率	/（m³/h）	2	4	6	9	13
集料粒径	最大 /（mm）	20	25	30	30	
	常用 /（mm）	<14	<16		<16	
最大垂直输送高度	/m	40	60		60	
水平输送距离	最佳 /m	20~40				
	最大 /m	240				
配套电动机功率	/（kW）	2.2	4.0~5.5	5.5~7.5	10.0	15.0
压缩空气耗量	/（m³/min）	—	5~8	8~10	12~14	28
输送软管内径	/（mm）	38	50		65~85	

(3) 混凝土喷射机的工作原理与构造

如图 3.3.23 所示,以广泛使用的转子式喷射机(ZP—V111 型)为例,简述其工作原理及构造。

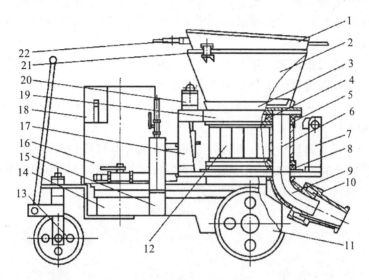

1—振动筛;2—料斗;3—上座体;4—密封板;5—衬板;6—料腔;
7—后支架;8—下密封板;9—弯头;10—助吹器;11—轮组;12—转子;
13—前支架;14—减速器;15—气路系统;16—电动机;17—前支架;
18—开关;19—压环;20—压紧杆;21—弹簧座;22—振动器

图 3.3.23 上转子式喷射机外形结构示意图

①工作原理

电动机动力经过减速器减速后,通过输出轴带动转子旋转,料斗中的混凝土拌和料搅拌后落入直通料腔中,当该料随转子转到出料口处时,压缩空气经上座体的气室,吹送料腔中的物料进入出料弯头,在此,通过助吹器,另一股压风呈射流状态再一次吹送物料进入输料管,再经喷头处和水混合后,喷至工作面上。转子连续旋转,料腔依次和弯头接通,如此不断循环,实现连续喷射作业。

②喷射机构造

转子式喷射机主要由驱动装置、转子总成、压紧机构、给料系统、气路系统、输料系统等组成。

驱动装置——驱动装置由电动机和减速器组成。电动机轴端连接主动齿轮轴,通过减速器减速后,驱动安装在输出轴上的转子旋转。传动齿轮由减速器箱体内的润滑油飞溅润滑,并由测油针测定油位。

转子总成——主要由防粘料转子,上、下衬板和上、下密封板组成。防粘料转子的每个圆孔中内衬为不易粘结混凝土的耐磨橡胶料腔,该结构提高了喷射机处理潮料的能力,减少了清洗和维修工作。转子上、下面各有一块衬板,采用耐磨材料制造,其使用寿命较长;上、下密封板由特殊配方的橡胶制成,其耐磨性能好。

压紧机构——压紧机构由前、后支架及压紧杆、压环等组成。前、后支架在圆周上固定上座体，压紧杆压紧后通过压环把压力传递给上座体，使转动的转子和静止的密封板之间有一个适当的压紧力，以保持结合面间的密封。拆装时，压环带动上座体绕前支架上的圆销转动，可以方便维修和更换易损件。

给料系统——主要由料斗、振动筛、上座体和振动器等组成。上座体是固定料斗的基础，其上设有落料口和进气室。振动器为风动高频式，有进气口，安装时须注意进气口处的箭头标志，防止反接。

气路系统——主要由球阀、压力表、管接头和胶管等组成。空气压缩机通过贮气罐提供压缩空气，三个球阀分别用于控制总进气和通入转子料腔内的主气路以及通入助吹器的辅助气路，另外一个0.5英寸球阀用以控制向振动器供给压缩空气。系统中设有压力表，以便监视输料管中的工作压力。

输料系统——主要由出料弯头和喷射管路等组成。出料弯头设有软体弯头和助吹器，用以减少或克服弯头出口处的粘结和堵塞，喷头处设有水环，通过球阀调节进水量。螺旋喷头采用聚胺酯材料制成，其耐磨性能好。

第4章 起重机械

§4.1 概 述

起重机械主要是用做垂直运输的施工机械，有行进机构的还可以兼做短距离内的水平运输。起重机械一般用来吊运各种构件、材料装卸及设备安装，其作业特点是间歇的、周期性的。起重机械以短时间的重复工作循环来完成对重物的提升（如千斤顶、电动葫芦、卷扬机等小型起重机械）、水平移动（如缆索式、桥式、龙门式起重机械）、周回转（如桅杆式起重机）或者多种性能兼作（如塔式起重机、轮胎式起重机、汽车式起重机、履带式起重机）。

4.1.1 起重机的类型

按是否能够完成水平运输作业，可以将起重机械分为如下两类：

1. 简单动作的起重机械

这类起重机械的构造简单，只有一个升降机构，使重物作升降运动，即只能完成垂直运输任务。属于这类起重机械的有卷扬机、升降机、千斤顶、手动葫芦和电动葫芦等。

2. 复杂动作的起重机械

这类起重机械能在垂直及水平方向运送重物，使重物能在一个立体空间的范围内进行转运的机械。复杂动作的起重机械包括桥式类起重机和旋转类起重机。

（1）桥式类起重机：包括通用桥式起重机、堆垛起重机、龙门式起重机、冶金起重机和缆索式起重机等。这类起重机一般都有起升机构、小车运行机构、大车行进机构等。作业中可以使重物在一定的空间内起升和搬运。

（2）旋转类起重机：这类起重机又称为臂架类起重机，包括汽车式起重机、轮胎式起重机、履带式起重机、门座式起重机及塔式起重机等。这类起重机都有起升机构、变幅机构、回转机构和行进机构。对液压臂架式起重机而言，尚有臂架的伸缩机构。

4.1.2 起重机的主要性能参数

起重机械的主要性能参数有：起重量、起重幅、起升高度、各机构的工作速度，对于塔式起重机还包括起重力矩和轨距。此外，生产率、外形尺寸和整机质量也是起重机的重要参数。这些参数表明了起重机的工作性能和技术经济指标，也是设计起重机和选用起重机的技术依据。

1. 起重量（Q）

起重量是起重机在各种安全工况下作业所能吊起的最大重量，并随着起重幅（作业半径）的加大而减小。在机械铭牌上标定的起重量，系指该机的额定起重量，即指起重机使用基本臂，且处于最小起重幅时，吊运重物的最大重量，但由于幅度太小，无法利用，只是一种名义上的起重能力。塔式起重机的起重量，应包括吊具的重量，但在塔式起重机机械铭牌上所标定的主参数不是起重量，而是起重力矩。

对于起重机的起重量，国家制定了系列标准，标准的范围为 0.05~500t。

2. 起重幅（R）

回转式起重机的起重幅是指机械的回转中心至吊钩中心之间的水平距离，这个距离也称为起重机的工作幅度，单位为 m。起重幅有可变的和不可变的两种，幅度可变的起重机以幅度变动范围的最大值来表示。起重机的起重量和起重幅的关系是成反比的。所以，起重幅也是衡量起重机起重能力的一个重要参数，国家也按产品不同制定了相关标准。对于非标准的起重机，其幅度大小常根据作业要求来确定。

有效幅度（A）是指起重机起吊最大额定起重量时，吊钩中心垂线到机械倾翻点垂线之间的距离，单位为 m，反映起重机幅度实际可用的范围。

对于桥式起重机，其横向工作范围用跨距（L）来表示，跨距是大车运行轨道面中心线之间的距离，单位为 m。

3. 起重力矩（M）

起重量 Q 与相应于该起重量时的工作幅度 R 的乘积为起重力矩 $M = Q \cdot g \cdot R$，单位为 $kN \cdot m$。起重力矩是一个综合参数，能够比较全面和确切地反映起重机的起重能力，国家关于塔式起重机的技术标准中，其起重能力就是用起重力矩来表示的。

4. 起升高度（H）

起重机的起升高度是指地面或轨面（轨行式起重机）至起重机吊钩钩口中心的距离，单位为 m。在标定起重机性能参数时，通常以额定起升高度来表示。额定起升高度是指起重机满载时，吊钩上升至最高位置，自吊钩中心至地面或轨面的距离。对于动臂式起重机，当吊臂长度一定时，额定起升高度随起重幅的减小而增加。

如果取物装置可以降落到地面以下，地面以下的深度称为下放深度，此时总起升高度等于地面上高度及地面下放深度之和，二者应分别标明。

5. 工作速度（v）

起重机的工作速度包括起升速度、变幅速度、回转速度和行进速度，对于伸缩臂式起重机，还包括吊臂的伸缩速度和支腿的收、放速度。

起升速度是指起重吊钩或取物装置上升（或下降）的速度，单位为 m/min。

变幅速度是指起重吊钩或取物装置从最大幅度移到最小幅度时的平均线速度，单位为 m/min。

回转速度是指起重机转台每分钟的转数，单位为：r/min。

行进速度是指整个起重机的移动速度，单位为 m/min（对于自行式起重机因行进距离长，则以 km/h 为单位）。

起重臂伸缩和支腿收放所需的时间，单位通常取为 s。

起重机各工作机构的工作速度应根据起重机的工作性质来确定。一般来说，起重机的工作效率与各机构的工作速度有直接关系。当起重量一定时，工作速度高，生产率也高。但工作速度高，起重机的作业惯性就会增大，行进、制动时引起的动载荷也大，此时，起重机的功率和结构强度都要相应增大。所以，合理选定起重机各工作机构的工作速度十分重要。例如，大型预制构件安装时，要求起重机吊运平稳，其工作速度要相应地降低，甚至要求微动速度（<1m/min）。

6. 生产率（P）

生产率是起重机装卸和吊运物品能力的综合指标。常以综合起重量、工作行程及工作速度等基本参数为一个基本参数——生产率来表示，常用单位为 t/h。

起重机吊运成件物品的生产率为

$$P = nQ_m \quad (\text{t/h}) \tag{4.1.1}$$

起重机吊运散状物料的生产率为

$$P = nV\gamma\psi \quad (\text{t/h}) \tag{4.1.2}$$

式中：n——每小时吊运物品的循环次数；
V——抓斗额定容积（m^3）；
γ——散装物料容重（t/m^3）；
ψ——满载率（或称充满系数）；
Q_m——每次吊运物品的平均重量（t），$Q_m = \psi(Q - Q_0)$，其中，Q 为额定起重量（t），Q_0 为取物装置的重量（t）。

7. 外形尺寸及重量

起重机的外形尺寸及重量在一定程度上反映了起重机的通过性能和经济性。起重机各部分的外形尺寸应符合相关运输条件的要求。为考核起重机的自重指标，通常用机重利用系数 K 来衡量，该系数是指起重机在单位自重下有多大的起重能力，显然，K 值越大，自重指标越先进。

§4.2 简单起重机械

4.2.1 卷扬机

卷扬机是建筑工程机械中最常用的、构造最简单的起重设备之一，卷扬机既可以单独使用，亦可以作为其他起重机械上的主要工作机构。如塔式起重机上的起升机构和变幅机构、施工现场用于装修工程的高车架（吊篮）的动力装置、一些简易起重设备（独脚杆、人字杆等）的动力装置等，都是单独使用卷扬机将材料、机具或重物垂直运送到一定高度或水平运送到指定的地点。

1. 卷扬机的分类

卷扬机的种类很多，一般分为：

（1）按钢丝绳牵引速度分，有快速卷扬机、慢速卷扬机、调速卷扬机三种。

（2）按卷筒数量分，有单筒卷扬机、双筒卷扬机、三筒卷扬机三种。

（3）按机械传动形式分，有直齿轮传动卷扬机、斜齿轮传动卷扬机、行星齿轮传动卷扬机、内胀离合器传动卷扬机、蜗轮蜗杆传动卷扬机等多种。

（4）按传动方式分，有手动卷扬机、电动卷扬机、液压卷扬机、气动卷扬机等多种。

（5）按使用行业分，有用于建筑卷扬机、林业卷扬机、矿山卷扬机、船舶卷扬机等多种。

2. 卷扬机的性能指标

各类卷扬机的技术性能指标如表4.2.1~表4.2.4所示。

表4.2.1　　　　　　　　单筒快速卷扬机的技术性能指标表

项目		型号							
		JK0.5	JK1	JK2	JK3	JK5	JK8	JD0.4	JD1
额定静拉力/kN		5	10	20	30	50	80	4	10
卷筒	直径/(mm)	150	245	250	330	320	520	200	220
	宽度/(mm)	465	465	630	560	800	800	299	310
	容绳量/m	130	150	150	200	250	250	400	400
钢丝绳直径/(mm)		7.7	9.3	13~14	17	20	28	7.7	12.5
绳速/(m/min)		35	40	34	31	40	37	25	44
电动机	型号	Y122M-4	Y132M₁-4	Y160L-4	Y225S-8	JZR2-62-10	JR92-8	JBJ-4.2	JBJ-11.4
	功率/(kW)	4	7.5	15	18.5	45	55	4.2	11.4
	转速/(r/min)	1440	1440	1440	750	580	720	1445	1460
外形尺寸	长/(mm)	1000	910	1190	1250	1710	3190	—	1100
	宽/(mm)	500	1000	1138	1350	1620	2105	—	765
	高/(mm)	400	620	620	800	1000	1505	—	730
整机自重/t		0.37	0.55	0.9	1.25	2.2	5.6	—	0.55

表4.2.2　　　　　　　　双筒快速卷扬机的技术性能指标表

项目		型号				
		2JK1	2JK1.5	2JK2	2JK3	2JK5
额定静拉力/kN		10	15	20	30	50
卷筒	直径/(mm)	200	200	250	400	400
	宽度/(mm)	340	340	420	800	800
	容绳量/(m)	150	150	150	200	200
钢丝绳直径/(mm)		9.3	11	13~14	17	21.5
绳速/(m/min)		35	37	34	33	29
电动机	型号	Y132M₁-4	Y160M-4	Y160L-4	Y200L₂-4	Y225M-6
	功率/(kW)	7.5	11	15	22	30
	转速/(r/min)	1440	1440	1440	950	950
外形尺寸	长/(mm)	1445	1445	1870	1940	1940
	宽/(mm)	750	750	1123	2270	2270
	高/(mm)	650	650	735	1300	1300
整机自重/t		0.64	0.67	1	2.5	2.6

表 4.2.3　　　　　　　　　　　单筒中速卷扬机的技术性能指标表

项目		型号				
		JZ0.5	JZ1	JZ2	JZ3	JZ5
额定静拉力/kN		5	10	20	30	50
卷筒	直径/(mm)	236	260	320	320	320
	宽度/(mm)	417	485	710	710	800
	容绳量/m	150	200	230	230	250
钢丝绳直径/(mm)		9.3	11	14	17	23.5
绳速/(m/min)		28	30	27	27	28
电动机	型号	Y100L2-4	Y132M-4	JZR2-31-6	JZR2-42-8	JZR2-51-8
	功率/(kW)	3	7.5	11	16	22
	转速/(r/min)	1420	1440	950	710	720
外形尺寸	长/(mm)	880	1240	1450	1450	1710
	宽/(mm)	760	930	1360	1360	1620
	高/(mm)	420	580	810	810	970
整机自重/t		0.25	0.6	1.2	1.2	2

表 4.2.4　　　　　　　　　　　单筒慢速卷扬机的技术性能指标表

项目		型号							
		JM0.5	JM1	JM1.5	JM2	JM3	JM5	JM8	JM10
额定静拉力/kN		5	10	15	20	30	50	80	100
卷筒	直径/(mm)	236	260	260	320	320	320	550	750
	宽度/(mm)	417	485	440	710	710	800	800	1312
	容绳量/m	150	250	190	230	150	250	450	1000
钢丝绳直径/(mm)		9.3	11	12.5	14	17	23.5	28	31
绳速/(m/min)		15	22	22	22	20	18	10.5	6.5
电动机	型号	Y100L2-4	Y132S-4	Y132M-4	YZR2-31-6	JYR2-41-8	JZR2-42-8	YZR225M-8	JZR2-51-8
	功率/(kW)	3	5.5	7.5	11	11	16	21	22
	转速/(r/min)	1420	1440	1440	950	705	710	750	720
外形尺寸	长/(mm)	880	1240	1240	1450	1450	1670	2120	1602
	宽/(mm)	760	930	930	1360	1360	1620	2146	1770
	高/(mm)	420	580	580	810	810	890	1185	960
整机自重/t		0.25	0.6	0.65	1.2	1.2	2	3.2	—

3. 卷扬机的构造

快速卷扬机通常采用单筒式。图 4.2.1 为 JJKX1 型单卷筒快速卷扬机，采用行星齿轮传动，牵引力为 10kN。传动系统安装在卷筒内部和端部，采用带式离合器和制动器进行操纵。主要由电动机、传动装置、离合器、制动器、基座等组成。

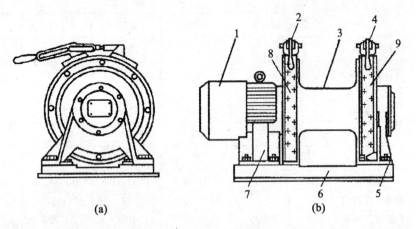

1—电动机；2—制动手柄；3—卷筒；4—起动手柄；5—轴承支架；6—机座；
7—电动机托架；8—带式制动器；9—带式离合器

图 4.2.1　JJKX1 型单卷筒快速卷扬机简图

图 4.2.2 为该型卷扬机的传动系统简图。电动机通过第一级内齿轮，传动第二级内齿轮，再通过连轴齿轮（太阳齿轮）传动两个行星齿轮绕齿轮公转，并与大内齿轮相啮合，因行星齿轮的轴与卷筒 9 紧固连接，故可以带动卷筒旋转。

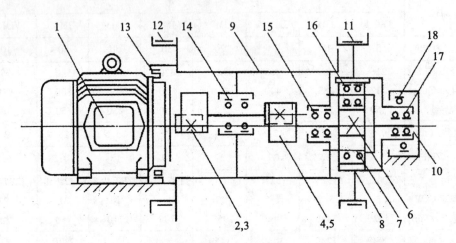

1—电动机；2—圆柱齿轮；3、4—偏内齿圈；5、6—连轴齿轮；
7—行星齿轮；8—大内齿轮；9—卷筒；10—轴承架；11—带式离合器；
12—带式制动器；13~18—滚动轴承

图 4.2.2　传动系统简图

带式离合器 11（起动器）安装在大内齿轮 8 的外缘，由起动手柄操纵，按下起动手柄，使带式离合器接合，大齿轮停止转动，行星齿轮 7 沿大齿轮滚动，带动卷筒旋转。当按下另一端的带式制动器手柄（同时须松开起动手柄）时，卷筒被制动停转，与卷筒相连接的行星齿轮不能再绕太阳齿轮作公转运动，这时电动机的动力通过行星齿轮的自转而驱动大内齿圈仅作空转运动。

由于传动系统全部布置在卷筒内部和端面，电动机又伸入卷筒的另一端，使卷扬机体积小，结构紧凑，运转灵活，操作简便。

单筒慢速卷扬机的传动系统与快速卷扬机在构造上的主要不同之处是使用了蜗轮—蜗杆减速箱，而不是普通的齿轮减速箱，并增设了一对开式齿轮传动。因此其传动系统可以获得很大的传动比，使卷扬机的卷扬速度变慢。

4. 卷扬机主要技术性能参数计算

（1）卷筒转速（$n_筒$）

$$n_筒 = \frac{n_电}{i_总} \tag{4.2.1}$$

式中：$n_电$——电动机的转速，r/min；

$i_总$——卷扬机传动系统总传动

$$i_总 = \frac{传动系统中所有从动轮直径 \times 齿数的连乘积}{传动系统中所有主动轮直径 \times 齿数的连乘积}$$

其中，蜗杆件的齿数系指蜗杆的头数或线数。

（2）卷扬速度（v）

$$v = \frac{\pi D n_筒}{60} \tag{4.2.2}$$

式中：v——卷筒上钢丝绳的运行速度，m/s；

D——卷筒直径，m；

$n_筒$——卷筒转速，r/min。

（3）卷扬力（F）

$$F = \frac{P \times 60 \times 102 \times \eta_0}{v} \times 10 \tag{4.2.3}$$

式中：F——钢丝绳所受拉力，N；

P——电动机功率，kW；

η_0——卷扬机的机械效率，当卷扬机为齿轮传动时，$\eta_0 = 0.80$；为涡轮—涡杆传动时，$\eta_0 = 0.52$。

（4）卷筒的容绳量（L）

$$L = \frac{c\pi n}{100}(D + dn) + \frac{3\pi D}{100} \tag{4.2.4}$$

式中：L——卷筒上所绕钢丝绳的总长度，m；

c——卷筒的有效长度内钢丝绳所绕圈数，$c = \frac{l}{b}$，其中，l 为卷筒的有效长度，cm；b 为钢丝绳缠绕的节距，cm，一般光面卷筒 $b = 1.1d$；

d——钢丝绳直径，cm；

n——钢丝绳在卷筒上缠绕的层数；

$3\pi D$——3圈安全圈钢丝绳的长度。

4.2.2 施工升降机

1. 井架升降机

井架升降机是施工中最常用也是最为简便的垂直运输设施。井架升降机的稳定性好，运输量大，除可以采用型钢或钢管加工而成的定型井字架之外，还可以采用多种脚手架材料搭设，从而使井字架的应用更加广泛和便捷。井字架的搭设高度一般可以达50m以上，目前附着式高层井字架的搭设高度已经超过了100m。

一般井字架多为单孔，也可以组装成两孔或三孔。单孔井字架内设置吊盘或在吊盘下加设混凝土斗；两孔或三孔井字架内可以分设吊盘和料斗。井字架上也可以根据需要设置扒杆，其起重量一般为0.5~1.5t，回转半径可以达10m。

如图4.2.3所示是普通型钢井字架的构造。

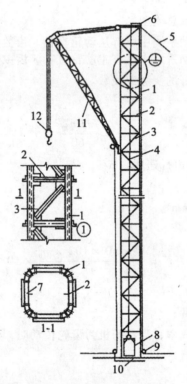

1—立柱；2—平撑；3—斜撑；
4—钢丝绳；5—缆风绳；6—天轮；
7—导轨；8—吊盘；9—地轮；
10—垫木；11—摇臂扒杆；12—滑轮组

图4.2.3 普通型钢井字架构造简图

2. 施工电梯

施工电梯是一种施工工地用的沿垂直导轨架上下运移的载物乘人电梯，其升降速度快、起升高度大，是高层建筑施工的垂直输送设备，用来运送建筑材料、构件、设备和施工人员。

(1) 施工电梯的分类与结构特点

施工电梯按传动形式可以分为齿轮齿条式（SC型）电梯，钢丝绳式（SG型）电梯和混合式（SH型）电梯。

①齿轮齿条式电梯

如图4.2.4所示是齿轮齿条式施工电梯，布置在吊笼上的传动装置中的齿轮与布置在导轨架上的齿条相啮合，吊笼沿导轨架运动，进而完成人员和物料的输送。

其结构特点是：传动装置驱动齿轮，使吊笼沿导轨架的齿条运动；导轨架为标准拼接组成，截面形式分为矩形和三角形，导轨架由附墙架与建筑物相连，增加其刚性，导轨架加节接高由自身辅助系统完成。吊笼分为双笼和单笼，吊笼上配有对重来平衡吊笼重量，提高其运行平衡性。

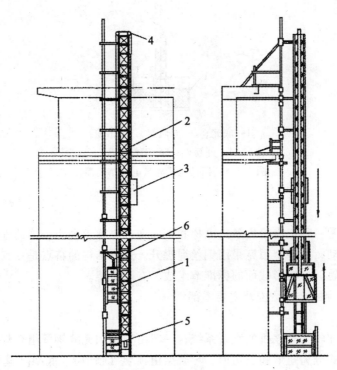

1—吊笼；2—导轨架；3—平衡重箱；4—天轮；5—底笼；
6—吊笼传动装置

图4.2.4 施工电梯示意图

②钢丝绳牵引式电梯

如图4.2.5所示，钢丝绳牵引式电梯用设置在地面的卷扬机提升钢丝绳，通过布置在导轨架上的导向滑轮使吊笼沿导轨架作上下运动。导轨架分单导、双导和复式井架等形式。单导和双导轨架由标准节组成，类似塔式起重机的塔身机构。复式井架为组合式拼接形式，无标准节，整体拼接，一次性达到架设高度。吊笼可以分为单笼、双笼和三笼等。导轨架可以由附墙架与建筑物相连接，也可以采用缆风绳形式固定。

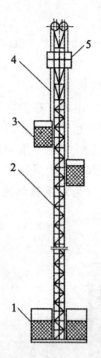

1—底笼；2—导轨架；3—吊笼；
4—外套架；5—工作平台
图 4.2.5 钢丝绳式施工电梯结构简图

③混合式电梯

混合式电梯是一种把齿轮齿条式电梯和钢丝绳式电梯组合为一体的施工电梯。一个吊笼由齿轮齿条驱动，另一个吊笼采用钢丝绳提升。这种结构的特点是：其工作范围大，速度快，由单根导轨架、矩形截面的标准节组成，有附墙架。

(2) 施工电梯的金属结构及主要零部件

1) 导轨架

施工电梯的导轨架是该机的承载系统，一般由型钢和无缝钢管组合焊接形成格构式桁架结构。截面形式分为矩形和三角形。导轨架由顶架（顶节）、底架（基节）和标准节组成。顶架上布置有导向滑轮，底架上也布置有导向滑轮，并与基础连接。标准节具有互换性，节与节之间采用销轴连接或螺栓连接。导轨架的主弦杆用做吊笼的导轨。SC 型施工电梯的齿条布置在导轨架的一个侧面上。

为了保证施工电梯正常工作以及导轨架的强度、刚度和稳定性，当导轨架达到较大高度时，每隔一定距离要设置横向附墙架或锚固绳。附墙架的间隔一般约为 8~9m，导轨架顶部悬臂的自由高度为 10~11m。

2) SC 型施工电梯的传动装置

①传动形式

SC 型施工电梯上的传动装置即是驱动工作机钩，一般由机架、电动机、减速机、制动器、弹性联轴器、齿轮、靠轮等组成。随着液压技术的不断发展，在施工电梯中也出现了原动机—液压传动方式的传动装置。液压传动系统具有可无级调速、起动制动平稳的特点。

②布置方式

传动装置在吊笼上的布置方式分为：内布置式、侧布置式、顶布置式和顶布置内布置混合式四种。

③传动装置的工作原理

如图4.2.6所示，动力由主电动机，经联轴器、涡杆、涡轮、齿轮传到齿条上。由于齿条固定在导轨架上，导轨架固定在施工电梯的底架和基础上，齿轮的转动带动吊笼上下移动。

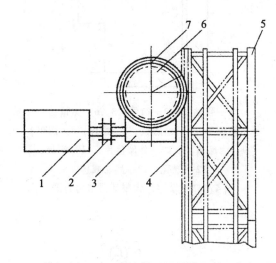

1—主电动机；2—联轴器；3—涡杆；4—齿条；
5—导轨架；6—涡轮；7—齿轮
图4.2.6 施工电梯传动系统简图

④制动器

制动器采用摩擦片式制动器，安装在电动机尾部，也有用电磁式制动器。摩擦片式制动器，如图4.2.7所示。内摩擦片与齿轮联轴器用键连接，外摩擦片经过导柱与蜗轮减速箱连接。失电时，线圈无电流，电磁铁与衔铁脱离，弹簧使内外摩擦片压紧，联轴器停止转动，传动装置处于制动状态。通电时，线圈有电流，电磁铁与衔铁吸紧，弹簧被压缩，外摩擦片在小弹簧作用下与内摩擦片分离，联轴器处于放开状态，传动装置处于非制动状态，吊笼可以运行。

3）吊笼

吊笼是施工电梯中用以载人和载物的部件，为封闭式结构。吊笼顶部及门之外的侧面应设有护围，进料和出料两侧设有翻板门，其他侧面由钢丝网围成。SC型施工电梯在吊笼外挂有司机室，司机室为全封闭结构。吊笼与导轨架的主弦杆一般有四组导向轮连接，如图4.2.8所示，保证吊笼沿导轨架运行。

4）对重

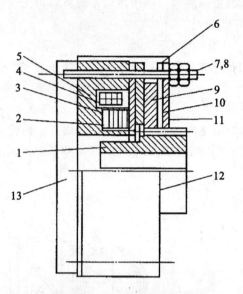

1—联轴器；2—衔候；3、6—弹簧；
4—磁线圈；5—电磁铁；7—螺栓；8—螺母；
9—内摩擦片；10—外摩擦片；11—端板；
12—罩壳；13—涡轮减速

图 4.2.7　摩擦片式制动器结构简图

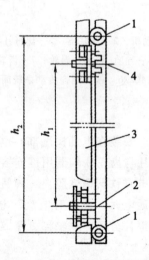

1—两侧导向轮；2—后导向轮支点；
3—导轨架主弦杆；4—前导向轮支点

图 4.2.8　吊笼与导轨的连接示意图

在齿轮齿条驱动的施工电梯中，一般均装有对重，用来平衡吊笼的重量，降低主电动机的功率，节省能源。对重也起到改善导轨架的受力状态，提高施工电梯运行平稳性的作用。

5)附墙架

为保证施工电梯的稳定性和垂直度,每隔一定距离用附墙架将导轨架和建筑物连接起来。附墙架一般由连接环、附着桁架和附着支座组成。附着桁架常见的是两支点式和三支点式附着桁架。

6)导轨架拆装系统

施工电梯一般都具有自身接高加节和拆装系统,常见的是类似自升式塔机的自升加节机构,主要由外套架、工作平台、自升动力装置、电动葫芦等组成。另一种是简易拆装系统(如图4.2.9所示),由滑动套架和套架上设置的手摇吊杆组成,其工作原理是:转动卷扬机收放钢丝绳,即可以吊装标准节;吊杆的立柱在套架中既可以转动,也可以上下滑动,以保证标准节方便就位;待标准节安装后,通过吊笼将吊杆和套架一起顶升到新的安装工作位置,以准备下一个标准节的安装;安装工作完毕,利用销轴将其固定在导轨架上部。

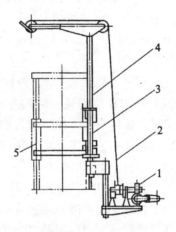

1—卷扬机;2—钢丝绳;3—销轴;4—立柱;5—套架
图4.2.9 简易拆装系统简图

7)基础围栏

基础围栏设置在施工电梯的基础上,用来防护吊笼和对重。在进料口上部设有坚固的顶棚,能承受重物打击。围栏门装有机械或电气联锁装置,围栏内有电缆回收筒,施工电梯的附件和地面操作箱置于围栏内部。

§4.3 塔式起重机

塔式起重机简称塔机或塔吊,是工业与民用建筑结构及设备安装工程的主要施工机械之一。建筑物的高度在40m以下时,一般采用行进式起重机,超过40m时,通常采用自升式起重机或内爬式起重机。

塔式起重机的起升高度一般为40~60m,旋转半径一般为20~30m。塔式起重机的工作多为电力操纵,工作平稳,安全可靠。

塔式起重机整机重量大，转移工地麻烦，拆除、安装费用高，占地面积大，要求严格，对于轨道塔式起重机，还需铺设行进轨道。

4.3.1 塔式起重机的类型、特点和适用范围

1. 按行进机构分类

（1）固定式（自升式）塔式起重机

固定式塔式起重机没有行进装置，塔身固定在混凝土基础上，随着建筑物的升高，塔身可以相应接高，由于塔身附着在建筑物上，能提高起重机的承载能力。固定式塔式起重机适用于高层建筑施工，高度可以达 100m 以上，对施工现场狭窄、工期紧迫的高层建筑施工，更为适用。

（2）自行式（轨道式）塔式起重机

自行式塔式起重机可以在轨道上负载行走，能同时完成垂直和水平运输，并可以接近建筑物，灵活机动，使用方便。但需铺设轨道，装拆较为费时。自行式塔式起重机适用于起升高度在 50m 以内的中小型工业和民用建筑施工。

2. 按升高（爬升）方式分类

（1）内部爬升式塔式起重机

起重机安装在建筑物内部（电梯井、楼梯间等），依靠一套托架和提升机构随建筑物升高而爬升。塔身不需附着装置，不占建筑场地。但起重机自重及载重全部由建筑物承担，增加了施工的复杂性，竣工时起重机从顶部卸下较为困难。内部爬升式塔式起重机常用于框架结构的高层建筑施工，特别适用于施工现场狭窄的环境。

（2）外部附着式塔式起重机

起重机安装在建筑物的一侧，底座固定在基础上，塔身用几道附着装置和建筑物固定，随建筑物升高而接高，其稳定性好，起重能力能充分利用，但建筑物附着点要适当加强。外部附着式塔式起重机是高层建筑施工中应用最广泛的机型，可以达到一般高层建筑需要的高度。

3. 按变幅方式分类

（1）动臂变幅式塔式起重机

起重臂与塔身铰接，利用起重臂的俯仰实现变幅，变幅时载荷随起重臂升降。这种动臂具有自重小，能增加起升高度、装拆方便等特点，但其变幅量较小，吊重水平移动时功率消耗大，安全性较差。动臂变幅式塔式起重机适用于工业厂房的重、大构件吊装，这类起重机当前已较少采用。

（2）小车变幅式塔式起重机

起重臂固定在水平位置，下弦装有起重小车，依靠调整小车的距离来改变起重幅度，这种变幅装置的有效幅度大，变幅所需时间少、工效高、操作方便、安全性好，并能接近机身，还能带载变幅，但起重臂结构较重。由于其作业覆盖面大，这类起重机一般适用于大面积的高层建筑施工。

4. 按回转方式分类

（1）上回转式塔式起重机

塔身固定，塔顶上安装起重臂及平衡臂，可以简化塔身和底架的连接，底部轮廓尺寸

较小，结构简单，但重心提高，需要增加底架上的中心压重，安装、拆卸费时。上回转式塔式起重机适应性强，大、中型塔式起重机都采用上回转结构。

(2) 下回转式塔式起重机

塔身和起重臂可以同时回转，回转机构在塔身下部，所有传动机构都装在底架上，其重心低，稳定性好，自重较轻，能整体拖运，但下部结构占用空间大，起升高度受限制。下回转式塔式起重机适用于整体架设、整体拖运的轻型塔式起重机。由于具有架设方便、转移快速的特点，故下回转式塔式起重机较适用于分散施工。

5. 按起重量分类

(1) 轻型塔式起重机

起重量为 0.5~3t 的为轻型塔式起重机，适用于 6 层以下民用建筑施工。

(2) 中型塔式起重机

起重量为 3~15t 的为中型塔式起重机，适用于高层建筑施工。

(3) 重型塔式起重机

起重量为 20~40t 的为重型塔式起重机，适用于重型工业厂房和高炉等设备的吊装。

6. 按起重机安装方式分类

(1) 整体架设式塔式起重机

塔身与起重臂可以伸缩或折叠后，整体架设和拖运，能快速转移和安装。整体架设式塔式起重机适用于工程量不大的小型建筑工程或流动分散的建筑施工。

(2) 组拼安装式塔式起重机

组拼安装式塔式起重机是指体积和重量都超过了整体架设式塔式起重机，必须解体运输到现场组拼安装的情况。重型起重机都属于这类方式的起重机。

4.3.2 塔式起重机的基本构造

1. 塔式起重机的主要工作机构

(1) 变幅机构

变幅机构和起升机构一样，也是由电动机、减速器、卷筒和制动器等组成，但其功率和外形尺寸较小。其作用是使起重臂俯仰以改变工作幅度。为了防止起重臂变幅时失控，在减速器中装有螺杆限速摩擦停止器，或采用蜗轮蜗杆减速器和双制动器。水平式起重臂的变幅是由小车牵引机构实现，即电动机通过减速器转动卷筒，使卷筒上的钢丝绳收或放，牵引小车在起重臂上往返运行。

(2) 回转机构

回转机构一般由电动机、减速器、回转支撑装置等组成。一般塔式起重机只装一台回转机构，重型塔式起重机装有 2 台甚至 3 台回转机构。电动机采用变极电动机，以获得较好调速性能。回转支承装置由齿圈、座圈、滚动体（滚球或滚柱）、保持隔离体及连接螺栓组成。由于滚球（柱）排列方式不同可以分为单排式和双排式。由于回转小齿轮和大齿圈啮合方式不同，又可以分为内啮合式和外啮合式。塔式起重机大多采用外啮合双排球式回转支承。

(3) 起升机构

起升机构是由电动机、减速器、卷筒、制动器、离合器、钢丝绳和吊钩装置等组成。

电动机通电后通过联轴器带动减速器进而带动卷筒转动。电动机正转时，卷筒放出钢丝绳，反转时卷筒回收钢丝绳，通过滑轮组及吊钩把重物提升或下降。起升机构有多种速度，在起吊重物和安装就位时适当放慢，而在空钩时能快速下降。大部分起重机都具有多种起降速度，如采用功率不同的双电动机，主电动机用于载荷作业，副电动机用子空钩高速下降。另一种双电动机驱动是以高速多极电动机和低速多极电动机经过行星传动机构的差动组合获得多种起升速度，如图 4.3.1 所示。图 4.3.1（a）是滑环电动机驱动的起升机构，图 4.3.1（b）是主电动机负责载重起升，副电动机负责空钩下降的起升机构，4.3.1（c）是双电动机驱动的起升机构。

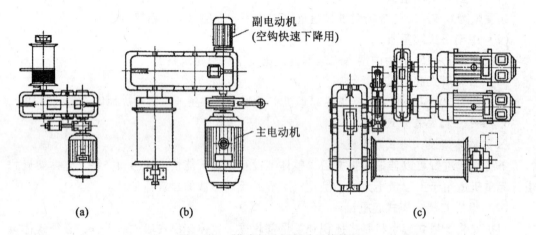

图 4.3.1 塔式起重机起升机构简图

（4）大车行进机构

大车行进机构是起重机在轨道上行进的装置，其构造按行走轮的多少而有所不同。一般轻型塔式起重机为 4 个行进轮，中型的装有 8 个行进轮，而重型的则装有 12 个甚至 16 个行进轮。4 个行走轮的传动机构设在底架一侧或前方，由电动机带动减速器通过中间传动轴和开式齿轮传动，从而带动行进轮使起重机沿轨道运行。8 个行进轮的需要两套行走机构（2 个主动台车），而 12 个行走轮的则需要 4 套行走机构（4 个主动台车）。大车行进机构一般采用蜗轮蜗杆减速器，也有采用圆柱齿轮减速器或摆线针轮行星减速器的。大车行进机构中一般不设制动器，也有的则在电动机另一端装设摩擦式电磁制动器。如图 4.3.2 所示为各种行进机构简图。

2. 塔式起重机的安全保护装置

塔式起重机塔身较高，突出的大事故是"倒塔"、"折臂"以及在拆装时发生"摔塔"等。根据相关调查，塔式起重机的安全事故绝大多数都是由于超载、违章作业及安装不当等引起的。为此，国家规定塔式起重机必须设有安全保护装置，否则，不得出厂和使用。塔式起重机常用的安全保护装置有：

（1）起升高度限位器

起升高度限位器是用来防止起重钩起升过度而碰坏起重臂的装置。为此，可以使起重钩在接触到起重臂头部之前，起升机构自动断电并停止工作。常用的有两种方式：一种是

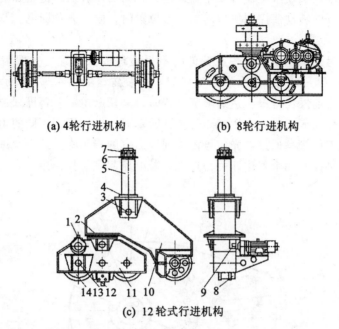

1—动机及减速器；2—叉架；3—心轴；4—铜垫；5—枢轴；6—圆垫；7—锁紧螺母；8—大齿圈；9—小齿轮；10—从动台车梁；11—主动台车梁；12—夹轨器；13—主动轴；14—车轮

图 4.3.2 塔式起重机行走进机构简图

在起重臂头端附近安装限位器，如图 4.3.3(a)所示，第二种是在起升卷筒附近安装限位器，如图 4.3.3(b)所示。

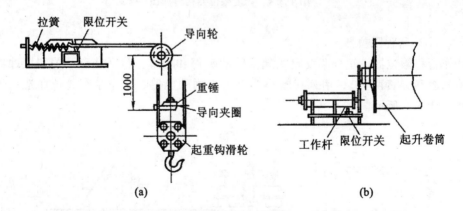

图 4.3.3 起升高度限位器工作原理图

在起重臂头端附近安装限位器的工作方式是：在起重臂端头悬挂重锤，当起重钩达到限定位置时，托起重锤，在拉簧作用下，限位开关的杠杆转过一个角度，使起升机构的控制回路断开，切断电源，停止起重钩上升。

在起升卷筒附近安装限位器的工作方式是：卷筒的回转通过链轮和链条或齿轮带动丝杆转动，通过丝杆的转动使控制块移动到一定位置时，限位开关断电。

(2) 幅度限位器

幅度限位器是用来限制起重臂在俯仰时不得超过极限位置（一般情况下，起重臂与水平夹角最大为60°~70°，最小为10°~12°）的装置，如图4.3.4所示。幅度限位器在起重臂接近限度之前发出警报，达到限定位置时自动切断电源。幅度限位器由半圆形活动转盘、拨杆、限位器等组成。在拨杆随起重臂转动时，电刷根据不同的角度分别接通指示灯触点，将起重臂的倾角通过灯光信号传送到操纵室的指示盘上。当起重臂变幅到两个极限位置时，则分别撞开两个限位开关，随之切断电路起到保护作用。

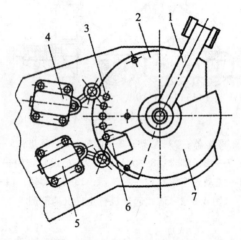

1—拨杆；2—刷托；3—电刷；4、5—限位开关；6—撞块；7—半圆形活动转盘

图4.3.4 幅度限位器构造简图

(3) 小车行程限位器

小车行程限位器设于小车变幅式起重臂的头部和根部，包括终点开关和缓冲器（常用的有橡胶和弹簧两种），用来切断小车牵引机构的电路，防止小车越位而造成安全事故，如图4.3.5所示。

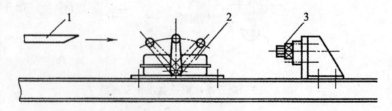

1—起重小车止挡块；2—限位开关；3—缓冲器

图4.3.5 小车行程限位器简图

(4) 大车行程限位器

大车行程限位器设于轨道两端,由止动缓冲装置、止动钢轨以及装在起重机行进台车上的终点开关组成,用于防止起重机脱轨事故的发生。

如图4.3.6所示的是目前塔式起重机较多采用的一种大车行程限位装置。当起重机按图示箭头方向行进到设定位置时,终点开关的杠杆即被止动断电装置(如斜坡止动钢轨)所转动,电路中的触点断开,则行进机构停止运行。

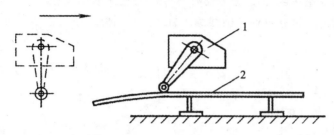

1—终点开关;2—止动断电装置
图4.3.6 大车行程限位装置示意图

(5)夹轨钳

夹轨钳装在行走底架(或台车)的金属结构上,用来夹紧钢轨,防止起重机在大风情况下被风力吹动。夹轨钳如图4.3.7所示,由夹钳和螺栓等组成。在起重机停放时,拧紧螺栓,可以使夹钳夹紧钢轨。

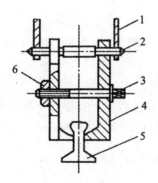

1—侧架立柱;2—轴;3—螺栓;4—夹钳;5—钢轨;6—螺母
图4.3.7 夹轨钳简图

(6)起重量限制器

起重量限制器是用来限制起重钢丝绳单根拉力的一种安全保护装置。根据构造,可以安装在起重臂根部、头部、塔顶以及浮动的起重卷扬机机架附近等位置。

(7)起重力矩限止器

起重力矩限止器是指当起重机在某一工作幅度下起吊载荷接近、达到该幅度下的额定载荷时发出警报进而切断电源的一种安全保护装置,用来限止起重机在起吊重物时所产生的最大力矩不超越该塔机所允许的最大起重力矩。根据构造和塔式起重机形式(动臂式或小车式)不同,可以安装在塔帽、起重臂根部和端部等位置。

机械式起重力矩限止器的工作原理是：通过钢丝绳的拉力、滑轮、控制杆及弹簧进行组合，检测载荷，通过与臂架的俯仰相连的"凸轮"的转动检测幅度，由此再使限位开关工作，如图4.3.8(a)所示。电动式起重力矩限止器的工作原理是：在起重臂根部附近，安装"测力传感器"以代替弹簧；安装电位式或摆动式幅度检测器以代替凸轮，进而通过设在操纵室里的力矩限止器合成这两种信号，在过载时切断电源，如图4.3.8(b)所示。其优点是可以在操纵室里的刻度盘（或数码管）上直接显示出载荷和工作幅度，并可以事先把不同臂长时的几种起重性能曲线编入机构内，因此，使用较多。

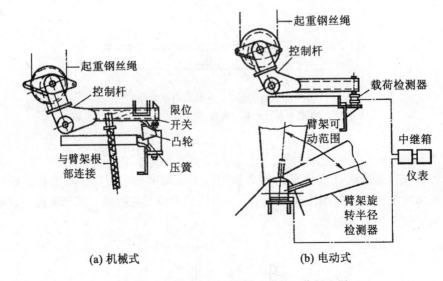

图4.3.8　动臂式起重力矩限止器的工作原理图

（8）夜间警戒灯和航空障碍灯

由于塔式起重机的设置位置，一般比正在建造中的大楼高，因此必须在起重机的最高部位（臂架、塔帽或人字架顶端）安装红色警戒灯，以免飞机相撞。

4.3.3　塔式起重机的安装和顶升（爬升）

1. 起扳法安装塔式起重机

起扳法是利用变幅机构或同时利用变幅机构和起升机构进行立塔和拉臂，无需地锚和辅助起重机。该方法的优点是操作方便，安装迅速，省工省时，一般半天之内即可以投入吊装施工。但存在的问题是要求有较高大的安装场地，而且当塔身和吊臂长度大时，会产生很大的钢丝绳拉力和塔身安装内力。

（1）整体起扳法

整体起扳法一般是利用自身变幅机构（此时变幅滑轮组作安装架设用）整体起扳塔身和吊臂，如图4.3.9所示。塔身在立起与放倒时，要求有较慢的速度，但起扳塔身的力量则要求很大，图4.3.9所示的变幅绳绕法正好能满足这一要求，图示机型正常变幅时变幅滑轮组倍率为4，安装塔身时，倍率为7。架设过程如下：

①首先将塔式起重机拖上轨道，夹轨器夹紧钢轨，并用楔块塞住车轮防止其移动。再

将回转平台与底盘临时固定，以防在架设过程中回转。臂架与塔身用扣件扣住，穿绕好变幅钢丝绳，此时塔式起重机处于图4.3.9(a)所示的状态。

②开动变幅机构，塔身开始绕 O_1 点转动拉起，直至塔身至垂直位置，如图4.3.9(b)所示。

③拆除臂架与塔身的连接扣件，穿绕好起升钢丝绳，在臂架头部绑扎一麻绳，尽量将臂架外拉，使其与塔身成一夹角，以克服死点，然后开动变幅卷扬机，臂架将绕 O_2 点转动拉起，直至所需位置，变幅卷扬机刹车。最后升起吊钩，放松夹轨器，拆卸平台与底盘的固定件，塔机架设结束，如图4.3.9(c)所示。

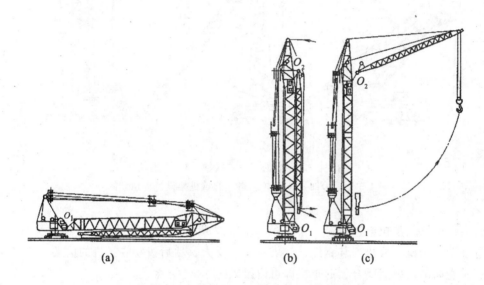

图4.3.9　整体起扳法安装塔式起重机示意图

（2）折叠法

为了减少安装时所需的场地面积，减少拖运长度，有利于整体拖运，下回转塔式起重机塔身和吊臂常做成伸缩和折叠的构造形式。QTL—16型轮胎塔式起重机如图4.3.10（a）所示，是使用钢丝绳滑轮组进行安装架设的，其塔身可以伸缩，吊臂可以侧折，塔身和吊臂缩进、折叠后向后倾倒（后倾式折叠）。该起重机的整个架设过程包括竖塔、伸塔和拉起吊臂等动作，均通过本身的卷扬机加以实现，大致有以下五个步骤：

①由下部操纵台控制进行立塔身。开动卷扬机，收紧安装钢丝绳使塔身与起重臂一起逐渐立起，臂头着地，起重臂向外滑行，如图4.3.10（b）所示，直至塔身垂直，再用销轴将塔身与转台连接，如图4.3.10（c）所示。

②外塔身固定后，推出内外塔身的连接轴，继续开动卷扬机，内塔身就逐渐向上伸出，直至限位开关断电后自动停止。然后，插上内外塔身的连接轴，同时顶紧外塔身顶部的四个螺旋千斤顶，如图4.3.10（d）所示。

③拉起重臂取下外塔身的下滑轮架4，并把下滑轮架4与变幅拉绳连接起来，再开动卷扬机，即可以把起重臂拉至水平位置或成40°仰角位置。

④若需在低塔进行工作，则可以在安装前预先取下伸缩调节拉绳，接入其余各根钢丝

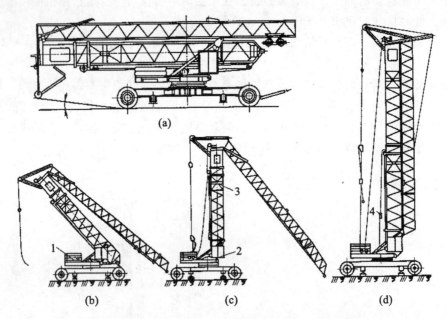

1—卷扬机；2—销轴；3—连接轴；4—下滑轮架
图4.3.10　QTL—16型轮胎塔式起重机架设过程示意图

绳。然后再按第三步拉起重臂至工作位置（水平或成40°仰角），即为低塔工作状态。

⑤开动卷扬机，放松安装钢绳，使塔身拉绳受力，然后拨动卷扬机的拨叉，让接合齿轮与起重卷筒的内齿圈啮合，起重机即可以投入工作。

2. 自升式塔式起重机的顶升方式

根据顶升接高方式的不同，顶升方式可以分为下顶升加节接高、中顶升加节接高和上顶升加节接高三种不同形式，如图4.3.11所示。

(1) 下顶升加节接高

人员在下部操作，安全方便。其缺点是：顶升重量大，顶升时锚固装置必须松开。

(2) 中顶升加节接高

由塔身一侧引入标准节，可以适用于不同形式的臂架，内爬、外附均可，而且顶升时无需松开锚固装置，应用面比较广。

(3) 上顶升加节接高

由上向下插入标准节，多用于俯仰变幅的动臂式自升式塔式起重机。

按顶升液压缸的布置，顶升方式又可以分为中央顶升和侧顶升两种。

(1) 中央顶升

所谓中央顶升，是指将顶升液压缸布置在塔身的中央，并设上、下横梁各一个。液压缸上端固定在上横梁铰点处。顶升时，活塞杆外伸通过下横梁支撑在下部塔身的托座或相应的腹杆节点上。液压缸的大腔在上，小腔在下，压力油不断注入液压缸大腔，小腔中液压油则回流入油箱，从而使液压缸将塔式起重机的上部顶起。其顶升过程如图4.3.12 (a)~(e)所示。

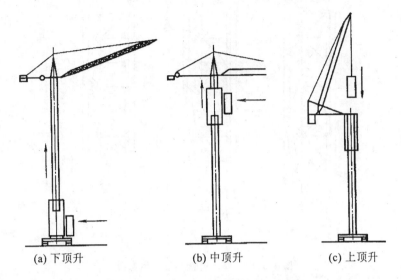

图 4.3.11 三种不同的接高方式示意图

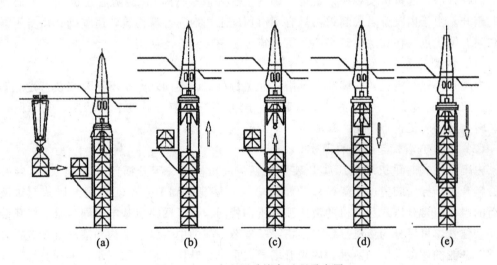

图 4.3.12 中央顶升接高过程示意图

(2) 侧顶式

所谓侧顶式,是将顶升液压缸设在套架的后侧。顶升时,压力油不断泵入液压缸大腔,小腔里的液压油则回流入油箱。活塞杆外伸,通过顶升横担梁支撑在焊接于塔身主弦杆上的专用踏步块上,踏步块间距视活塞杆有效行程而定,一般取 1～1.5m。由于液压缸上端铰接在顶升套架横梁上,故能随着液压缸活塞杆的逐步外伸而将塔机上部顶起来。侧顶式的主要优点是:塔身标准节长度可以适当加大,液压缸行程可以相应缩短,加工制造比较方便,成本也低廉一些。其顶升接高过程如图 4.3.13 所示。

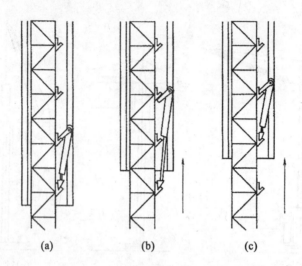

图 4.3.13 侧顶升接高过程示意图

3. 内爬升塔式起重机的安装和爬升

内爬升塔式起重机安装在建筑物内部（电梯井或楼梯间），能随着建筑物升高而逐层向上爬升。由于内爬升塔式起重机具有不占用施工场地，不需构筑轨道基础，塔身不需接高和附着等优点，在高层建筑和超高层建筑施工中得到广泛使用。

（1）内爬升塔式起重机的安装

内爬升塔式起重机的安装与自升塔式起重机相似，不同之处是不需要安装行走底架和顶升套架。其安装顺序是：底座及基础节→爬升系统→塔身标准节→承座、支承回转装置、转台及回转机构→塔帽、驾驶室→平衡臂→起重臂→平衡重。

（2）内爬升塔式起重机的爬升

内爬升塔式起重机的液压爬升装置包括：液压机组、爬升横梁（扁担梁）、爬升框架、爬升梯、导向装置、止降楔块及爬升塔架（塔身基础节）等。内爬升塔式起重液压机组的组成与自升塔式起重机的液压顶升机构相同，液压回路也基本相同。根据液压装置的安装位置，可以分为液压缸设置在塔身基础节中间的中央爬升结构和液压缸设置在塔身基础节一侧的侧爬升结构两种。内爬升塔式起重机爬升作业程序如图 4.3.14 所示。

4.3.4 塔式起重机的选用

1. 建筑物主体结构工程施工选用塔式起重机应考虑的几个主要问题

（1）使用轨行式塔式起重机，应考虑到轨道中心至建筑物外墙之间的距离，一般控制在 4.5~6.5m；使用外附式自升塔式起重机时，应考虑被附着的框架节点的承载能力；若使用内爬式塔式起重机，则应考虑建筑结构支承塔式起重机后的强度和稳定性。

（2）塔式起重机的吊高，应是施工过程的最大吊装高度；作业回转半径，应是施工过程中要求的最远的安装（卸物）距离。

（3）在同一施工现场使用多台塔式起重机同时作业时，应考虑有没有障碍物，塔式起重机的起重大臂是否会出现碰撞，对平衡臂同样应有可靠的安全措施。

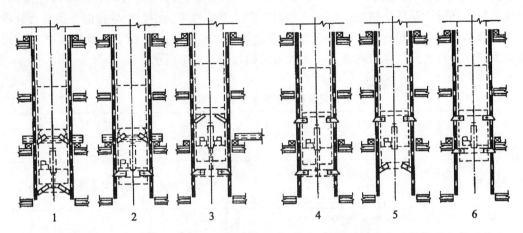

1—缩回活塞杆；2—提起爬升横梁；3—伸出活塞杆；4—上横梁爬爪支于爬梯另一踏步块上；
5—缩回活塞杆；6—继续提起爬升横梁支于踏步块上，完成爬升循环

图 4.3.14　内爬升塔式起重机爬升过程示意图

2. 塔式起重机的选择步骤

（1）选机：根据建筑物施工要求的最大吊高来选定塔式起重机的类型。倾斜臂架式塔式起重机的最大吊高为 60m，外附式自升塔式起重机的最大吊高为 160m，内爬式自升塔式起重机的最大吊高大于 160m。

塔式起重机最大吊高按下式进行计算

$$H_{塔} \geq H_1 + H_2 + H_3 + H_4 \tag{4.3.1}$$

式中：$H_{塔}$——要求塔式起重机的最大起吊高度，m；

　　　H_1——建筑物总高度，m；

　　　H_2——建筑物施工层施工人员安全生产所需要的安装高度，m，一般为 1.5～2m；

　　　H_3——被安装的构件或最高吊物的高度，m，一般为 3～3.5m；

　　　H_3——索具高度，m，一般为 2.5～3m。

（2）定型：根据建筑构件安装或重物卸物的不同距离和不同重量来选定适宜的塔式起重机的型号，以满足吊装作业全过程的要求，并做到经济合理。

§4.4　自行式起重机

自行式起重机是指具有行进装置的起重机，主要有汽车式起重机、轮胎式起重机、履带式起重机等。自行式起重机具有灵活性大，能整体拖运、快速安装，能服务于整个施工现场等特点。

4.4.1　轮式起重机

1. 轮式起重机的分类

轮式起重机按结构型式可以分为以下几类：

(1) 按底盘的特点分为汽车式起重机和轮胎式起重机。汽车式起重机行驶速度高，机动灵活，接近汽车行使速度；轮胎式起重机则具有转弯半径小、全轮转向、吊重行驶等特点。汽车式起重机和轮胎式起重机（包括越野轮胎式起重机）的工作机构及其工作设备均安装在自行式充气轮胎底盘上，两者的区别如表4.4.1所示。

表4.4.1　　　　　　　汽车式起重机与轮胎式起重机的区别表

项　目	汽车式起重机	轮胎式起重机
底盘来源	通用汽车底盘或加强式专用汽车底盘。	本机专用底盘。
行驶速度	汽车原有速度，可以与汽车编队行驶，速度≥50km/h。	速度≤30km/h，越野型速度≥30km/h。
发动机位置	中、小型起重机采用汽车原有发动机；大型起重机在回转平台上再设一发动机，供起重机作业用。	一个发动机，设在回转平台或底盘上。
驾驶室位置	除汽车原有驾驶室外，在回转平台上再设一操纵室，操纵起重作业。	通常一个驾驶室，一般设在回转平台上。
外形	轴距长，重心低，适于公路行驶。	轴距短，重心高。
起重性能	使用支腿吊重，主要在侧方和后方270°范围内工作。	360°范围内全回转作业，能吊重行驶。
行驶性能	转弯半径大，越野性差，轴压符合公路行驶要求。	转弯半径小，越野性好（越野型）
支腿位置	前支腿位于前桥后。	支腿一般位于前、后桥外侧
使用特点	可以经常移动于较长距离的工作场地间，起重和行驶并重。	工作场地比较固定，在公路上移动较少，以起重为主，兼顾行驶。

(2) 按起重量分小型（起重量在12t以下）起重机、中型（起重量在16～40t）起重机、大型（起重量大于40t）起重机和超大型（起重量在100t以上）起重机。

(3) 按起重吊臂形式可以分为桁架臂式（定长臂或接长臂）起重机和箱形臂式（伸缩臂式）起重机。桁架臂式起重机的自重轻，可以接长到数十米，主要用于大型起重机。箱形臂式起重机在行驶状态时吊臂缩在基本臂内，不妨碍高速行驶，工作时外伸到所需的长度，所以，箱形臂式起重机转移快、准备时间短、利用率高，并能进入（伸入）仓库、厂房、窗口工作，但其吊臂自重大，在大幅度工作时起重性能较差。

目前，100t以上的桁架吊臂的轮胎式起重机吊臂长度在60～70m，部分超过100m。起重量超过100t的箱形伸缩臂的轮胎式起重机（目前最大为250t），由于受到结构、材料、行驶尺寸和臂端挠曲等限制，箱形吊臂长度一般在40m以内，个别的在50m左右。

(4) 按传动装置形式可以分为机械传动式起重机、电力—机械传动式起重机和液压—机械传动式起重机。目前，机械传动式起重机已逐步被淘汰，而电力—机械传动式起重机仅在大型的桁架臂轮胎式起重机中采用。液压—机械传动式起重机由于具有结构紧凑、传动平稳、操纵省力、元件尺寸小、重量轻、易于三化等特点，因此液压—机械传动式起重机得到广泛应用。

2. 轮式起重机的构造特点

轮式起重机的构造可以分为上车、下车两大部分。上车一般称为作业部分，安装有起升机构、变幅机构、回转机构（包括回转支承机构）、臂架及臂架伸缩机构、转台及平衡座等。其中，臂架伸缩机构仅限于箱形臂架式的起重机才有。轮式起重机的下车（又称底盘部分）就是一个轮胎式的底盘，底盘部分具有保证整机正常行驶所需要的传动系统、转向机构、制动机构、悬挂装置和车架等。

轮式起重机除具有工程起重机械都具备的起升机构、变幅机构、回转机构、行进机构、臂架、转台和底架外，还安装两个特有的部件，即支腿的收、放部件和稳定器。

轮式起重机设置支腿的目的一是增大起重支承的面积，提高起重机作业过程的稳定性；二是使轮胎在起重作业中离地不受压，变浮动支承为刚性支承，同时可以防止轮胎由于过载而被损坏。

对于处于运输状态的底盘，悬挂弹簧被车重压缩，支腿撑起车架时，板弹簧要恢复成无荷状态。稳定器的作用在于防止板弹簧复原，使车轮在车架被顶起后，不与地面接触，以保证起重机在进行起重作业时有较好的稳定性。

近年来，在世界各国研制和发展大型起重机的过程中，汽车式起重机比轮胎式起重机发展更为迅速，其原因是汽车式起重机具有以下几大优势：

①底盘总体积小，行驶速度快，机动性好，可以充分提高大型机械的利用率；

②动力、传动链短，结构和安装相对简单。一般汽车式起重机的起重部分和行进部分都是分别驱动的，因此，不需要将动力经中心回转接头从上车引到下车，从而缩短了传动链。

③汽车式起重机的零部件和专用底盘供应方便。变速箱、液压转向器、前后桥、各种液压元件以及动力装置等都可以由相应的专业生产厂家组织生产或按专业协作网络进行供应。

3. 汽车式起重机

汽车式起重机的外形如图 4.4.1 所示。

国产汽车式起重机有 TA 型、QY 型和 CCQ 型等，起重量从 50～1000kN 不等，部分国产汽车式起重机常用型号和性能参数如表 4.4.2 所示。

表 4.4.2   部分国产汽车式起重机的常用型号和性能参数

型　号	最大起重量/(kN)	最大起升高度/m	最大行驶速度/(km/h)	外形尺寸/(m×m×m)
TA5080JQZQY5	50	16	90	8.09×2.41×3.01
TA5102JQZQY8	80	23.35	60	8.80×2.40×3.06
TA5181JQZQY16	160	30.4	65	11.57×2.50×3.10
TA5282JQZQY25B	250	39	68	11.95×2.50×3.43
CCQ5150JQZ	120	19.5	65	10.62×2.50×3.40

续表

型号	最大起重量 /（kN）	最大起升高度 /m	最大行驶速度 /（km/h）	外形尺寸 /（m×m×m）
CCQ5200JQZ	160	28.9	65	11.40×2.50×3.30
CCQ5300JQZ	250	31.96	70	12.50×2.50×3.53
QY50-5	505	40	80	13.56×2.75×3.55
QY80-1	800	44	66	15.43×3.00×3.78

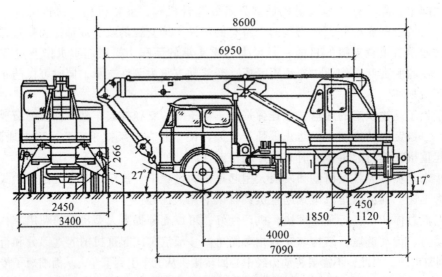

图 4.4.1 汽车式起重机外形图（单位：mm）

4. 轮胎式起重机

根据轮胎式起重机传动方式的不同，可以分为机械式起重机、液压式起重机和电动式起重机三种。早期的机械传动式轮胎起重机已被淘汰；电动式起重机是由柴油机拖动直流发电机组发出直流电，再由直流电动机驱动各工作机构作功；20 世纪 90 年代以来世界各国推出的轮胎式起重机，几乎都是液压式起重机。

电动式轮胎式起重机主要有 QLD16 型、QLD20 型、QLD25 型、QLD40 型等，液压式轮胎起重机主要有 QLY16 型、QLY25 型等。如 QLD20 型起重机，起重量最大可以达 200kN，起重臂长度在 12～24m，最大起升高度可以达 22.4m；又如 QLY16 型起重机，起重量最大可以达 160kN，起重臂长度在 8～19m，带副臂可以达 24.5m，最大起升高度可以达 24.4m。

轮胎式起重机的外形如图 4.4.2 所示，其上部构造和履带式起重机基本相同，吊装作业时则与汽车式起重机相同，也是用四个支腿支撑地面以保持稳定。轮胎式起重机在平坦地面上进行小起重量作业时可以负荷行进，但不适合在松软泥泞的建筑场地上工作。

4.4.2 履带式起重机

履带式起重机是一种具有履带行走装置的转臂起重机，是自行式、全回转的一种起重

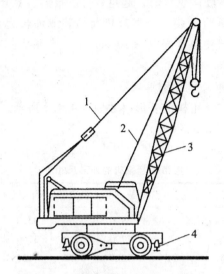

1—起重杆；2—起重索；3—变幅索；4—支腿
图 4.4.2 轮胎式起重机外形图

机，一般可以与履带挖掘机换装工作装置，也有专用的。履带式起重机由行进装置、回转机构、机身和起重臂等部分组成，如图 4.4.3 所示。

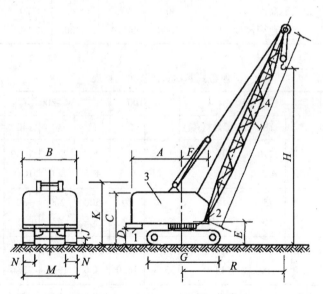

1—行进装置；2—回转机构；3—机身；4—起重臂；A，B，C—外形尺寸；
L—起重臂长度；H—起重高度；R—起重半径
图 4.4.3 履带式起重机外形图

履带式起重机的特点是操纵灵活，使用方便，作业时不需支腿，本身能回转 360°，可以负荷行驶。由于履带与地面接触面较大，故对地面产生的压强较小，行走时一般不超过 0.2MPa，起重时不超过 0.4MPa。因此，履带式起重机对现场路面要求不高，在一般较平坦坚实的地面上能负荷行驶。工作时，起重臂可以根据需要分节接长。履带式起重机的缺点是稳定性差，不宜超负荷吊装，若需超负荷吊装或加长起重杆时必须进行稳定性验算。此外，履带式起重机行驶速度慢（<10 km/h），自重大，易损坏路面。因而，转移时多用平板拖车装运。

1. 履带式起重机的外形尺寸与技术规格

目前国内常用的履带式起重机的外形尺寸如表4.4.3所示，其技术规格如表4.4.4所示。

表4.4.3　履带式起重机的外形尺寸表　（单位：mm）

外形尺寸	名称	W_1-50	W_1-100	W_1-200	a-1252	西北78D（80D）
A	机棚尾部至回转中心距离	2900	3300	4500	3540	3450
B	机棚宽度	2700	3120	3200	3120	3500
C	机棚顶距地面高度	3220	3675	4125	4180	—
D	机棚尾部底面距地面高度	1000	1095	1190	1095	1220
E	吊杆枢轴中心距地面高度	1555	1700	2100	1700	1850
F	吊杆枢轴中心距回转中心距	1000	1300	1600	1300	1340
G	履带长度	3420	4005	4950	4005	4500（4450）
M	履带架宽度	2850	3200	4050	3200	3250（3500）
N	履带板宽度	550	675	800	675	680（760）
J	行走底架距地面高度	300	275	390	270	310
K	机身上部支架距地面高度	3800	4170	6300	3930	4720（5270）

表4.4.4　履带式起重机的技术规格表

参数		单位	W_1-50			W_1-100		W_1-200		a-1252		
L		m	10	18	18（带鸟嘴）	13	23	15	30	40	12.5	20	25
	R_{max}	m	10.0	17.0	10.0	12.5	17.0	15.5	22.5	30.0	10.1	15.5	19.0
	R_{min}	m	3.7	4.5	6.0	4.23	6.5	4.5	8.0	10.0	4.0	5.65	6.5
Q	R_{max}	kN	100	75	20	150	80	500	200	80	200	90	70
	R_{min}	kN	26	10	10	35	17	82	43	15	55	25	17
H	R_{max}	m	9.2	17.2	17.2	11.0	19.0	12.0	26.0	36.0	10.7	17.9	22.8
	R_{min}	m	3.7	7.6	14.0	5.8	16.0	3.0	19.0	25.0	8.1	12.7	17.0

注：L——起重臂长度；R_{max}——最大工作幅度；R_{min}——最小工作幅度；Q——起重量；H——起重高度。

表中数据所对应的起重臂倾角为 $\alpha_{min}=30°$，$\alpha_{max}=70°$。

2. 履带式起重机的行走装置

履带式起重机的行走装置分为机械式和液压式两种不同结构。

液压式起重机的行走装置如图4.4.4所示，由连接回转支承装置的行走架通过支重轮、履带将载荷传到地面。履带呈封闭环绕过驱动轮和导向轮、为了减少履带上分支挠度，由 1~2 个托带轮支持。行走装置的传动是由液压马达经减速器传动驱动轮使整个行走装置运行。当履带由于磨损而伸长时，可以由张紧装置调整其松紧度。

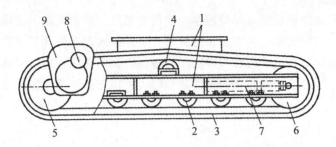

1—行进架；2—支重轮；3—履带；4—托带轮；5—驱动轮；
6—导向轮；7—张紧装置；8—液压马达；9—减速器
图 4.4.4　液压式起重机行进装置示意图

机械式起重机行走装置的结构和液压式起重机相似，其履带及履带架为开式结构。行走传动是由上部传动机构通过行走竖轴，经锥齿轮副通过左右链轮及链条，使驱动轮转动。

(1) 行进架

行走架由底架、横梁和履带架组成。底架连接平台，承受上部载荷，并通过横梁传给履带架。行走架有结合式和整体式两种，整体式刚性较好而得到普遍采用。

(2) 支重轮

支重轮固定在行走架上，其两边的凸缘起夹持履带作用，使履带行走时不会横向脱落。起重机全部重量通过支重轮传给地面，由于承担的载荷很大，工作条件又恶劣，经常处于尘土、泥水中，所以在支重轮两端装有浮动油封。

(3) 履带

履带由履带板、履带销和销套组成。机械式起重机都采用铸钢平面履带板，液压式都采用短筋轧制履带板，其节距也小于机械式的，因而能减少履带轨链对各轮上的冲击和磨损，提高其行走速度。

(4) 托带轮

托带轮用来托住履带并使履带在其上滚动，防止履带横向脱落和运动时的振动。一般起重机的托带轮与支重轮通用，数量少于支重轮，每边只有 1~2 个。

(5) 驱动轮

驱动轮转动时，推动履带向前行走。行走时，导向轮应在前，驱动轮应在后，这样既可以缩短驱动段的长度，减少功率损失，又可以提高履带使用寿命。机械传动需要一套复杂的锥齿轮、离合器及传动轴等使驱动轮转动；液压传动只需要两个液压马达通过减速器分别使左、右驱动轮转动。由于两个液压马达可以分别操纵，因此起重机的左右履带可以同步前进、后退，或一条履带驱动、一条履带止动，还可以两条履带按相反方向驱动，实现起重机的原地旋转。

（6）导向轮

导向轮用于引导履带正确绕转，防止跑偏和越轨。导向轮的轮面为光面，中间有挡肩环作为导向用，两侧的环面则能支撑轨链起支重轮作用。

（7）张紧装置

履带张紧装置的作用是经常保持履带一定的张紧度，防止履带因销轴等磨损而使节距增大。机械式起重机张紧装置一般采用螺栓调整；液压式起重机都采用带辅助液压缸的弹簧张紧装置，调整时只要用油枪将润滑脂压入液压缸，使活塞外伸，一端推动导向轮，另一端压缩弹簧使之预紧。如果履带太紧需放松时，可以拧开注油嘴，从液压缸中放出适量润滑脂。

第5章 桩工机械

§5.1 概　　述

桩基础由桩身和承台组成，桩身全部或部分埋入土中，顶部由承台连成一体，在承台上修筑上部建筑。

桩基础是常用的基础形式，是深基础的一种。桩基础具有承载力高，沉降量小而均匀，沉降速度缓慢，能承担竖向力、水平力、上拔力、振动力等特点，因此在工业建筑、高层民用建筑和构筑物以及地震设防建筑中应用较广泛。

5.1.1　桩基础的种类

根据桩的作用不同，桩可以分为承载桩与防护桩两大类。承载桩用以增强土壤的支承能力，如建筑物基础、桥梁或桥墩等荷载集中处，都要打桩；防护桩是使打入的桩形成桩墙，如给排水工程中开挖大型沟槽时，为防止塌方，两侧可以用木桩或钢板桩防护；建筑物基坑开挖前，周围现浇钢筋混凝土桩，以保证顺利地进行施工。

按桩的构造和材料的不同，桩可以分为木桩、钢桩和钢筋混凝土桩等多种型式，其中，钢筋混凝土桩因节省钢材、造价低又耐腐蚀，在基础工程中应用较多。

按桩的传力性质的不同，可以将桩分为端承桩和摩擦桩两种。端承桩是穿过软土层并将建筑物的荷载直接传递给坚硬土层的桩；摩擦桩是把建筑物的荷载传到桩四周土中及桩靴下土中的桩，但其荷载的大部分靠桩四周表面与土的摩擦力来支撑。

按桩的制作方式不同，可以将桩分为预制桩和灌筑桩两类。预制桩根据沉入土中的方法，又可以分为锤击法、水冲法、振动法和静力压桩法等。灌注桩按成孔方法的不同，有钻孔灌筑法、冲孔灌筑法、挖孔灌筑法、钻扩孔灌筑法、沉管（打拔管）灌筑法和爆扩灌筑法等。

根据桩的共同工作情况，还可以将桩分单桩和群桩。

桩工机械就是应上述各种桩的施工要求而出现的工程施工机械，一般分为预制桩施工机械和灌筑桩施工机械两大类。近年来，桩工机械不断改进，品种逐渐增多，新工艺的出现又为桩基础的发展提供了有利条件。

5.1.2　桩工机械的类型

1. 预制桩施工机械

施工预制桩主要有三种方法：打入法、振动法和压入法。

（1）打入法

打入法使用桩锤冲击桩头，在冲击瞬间桩头受到一个很大的力，而使桩贯入土中。打入法使用的设备主要有以下四种：

①落锤。落锤是一种古老的桩工机械，构造简单，使用方便。但贯入能力低，生产效率低，对桩的损伤较大。

②柴油锤。柴油锤的工作原理类似柴油发动机，是常用的打桩设备，但公害（噪声和空气污染）较重，不易在城市施工。

③气动锤。气动锤有蒸汽机驱动和压缩空气机驱动两种型式。蒸汽机驱动已经被淘汰，以压缩空气为动力的气动锤目前向大型方向发展，以满足大型基础施工的要求。气动锤对空气污染较小，但噪声较大。

④液压锤。液压锤是一种新型打桩机械，具有冲击频率高，冲击能量大，公害少等优点，但其构造复杂、造价高。

（2）振动法

振动法是使桩身产生高频振动，使桩尖处和桩身周围的阻力大大减小，桩在自重或稍加压力的作用下贯入土中。振动打桩的设备简单，工作效率高，不一定要设置导向桩架，只要起重机吊起即可工作，而且振动锤作业时不伤桩头、不排出有害气体，适用于打桩和拔桩，但振动锤靠电力驱动，必须有电源，而且工作时拖有电缆。

（3）压入法

压入法是给桩头施加强大的静压力，把桩压入土中。这种施工方法噪声极小，桩头不受损坏。但压入法使用的压桩机本身非常笨重，组装与迁移都较困难。

2. 灌筑桩施工机械

灌筑桩的施工关键在于成孔。成孔的施工方法有挤土成孔法和取土成孔法两种。

（1）挤土成孔法

挤土成孔法所使用的设备与施工预制桩的设备相同，该方法是把一根钢管打入土中，至设计深度后将钢管拔出，即可成孔。这种施工方法中常采用振动锤。

挤土成孔法一般适用于直径小于 500mm 的灌筑桩，对于大直径桩应采用取土成孔法。

（2）取土成孔法

取土成孔法可以采用多种成孔机械，其中主要有：

①冲抓式成孔机。冲抓式成孔机是利用一个悬挂在钻架上的冲抓斗，对土石进行冲击后直接抓取、提卸于孔外，适用于土夹石、砂夹石和硬土层的桩基成孔。

②回转斗钻孔机。回转斗钻孔机的挖土、取土装置是一个钻斗。钻斗下有切土刀，斗内可以装土。

③反循环钻机。反循环钻机的钻头只进行切土作业，其构造很简单。取土的方法是把土制成泥浆，用空气提升法或喷水提升法将泥浆取出。

④螺旋钻孔机。螺旋钻孔机的工作原理类似麻花钻，边钻边排屑，是目前我国施工小直径桩孔的主要设备。螺旋钻孔机又分为长螺旋和短螺旋两种。

⑤钻扩机。钻扩机是一种成型带扩大头桩孔的机械。

§5.2 预制桩施工机械

5.2.1 桩架

桩架是装有支撑打桩设备的导架及导架附件的机器底盘，其作用是支持桩身和桩锤，将桩吊到打桩位置，并在打入过程中引导桩的方向，保证桩锤沿着所要求方向冲击的打桩设备。桩架有履带式、步履式、轨道式和滚管式等。履带式桩架使用最方便，应用最广，发展最快。轨道式桩架造价较低，但使用时需要铺设轨道，已被步履式桩架所取代。步履式桩架和滚管式桩架适用于中小桩基的施工。

1. 履带式桩架

履带式桩架以履带为行进装置，机动性好，使用方便，有悬挂式桩架、三支点式桩架和多功能桩架三种。目前国内、外生产的液压履带式主机既可以作为起重机使用，也可以作为打桩架使用。

（1）悬挂式桩架

悬挂式桩架以通用履带起重机为底盘，卸去吊钩，将吊臂顶端与桩架连接，桩架立柱底部有支撑杆与回转平台连接，如图5.2.1所示。桩架立柱可以采用圆筒形，也可以采用方形或矩形横截面的桁架。为了增加桩架作业时整体的稳定性，在原有起重机底盘上需附加配重。底部支撑架是可以伸缩的杆件，调整底部支撑杆的伸缩长度，立柱就可以从垂直位置改变成倾斜位置，这样可以满足打斜桩的需要。由于这类桩架的侧向稳定性主要由起重机下部的支撑杆7保证，侧向稳定性较差，故只能用于小桩的施工。

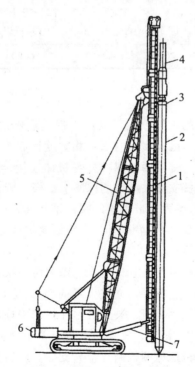

1—桩架立柱；2—桩；3—桩帽；4—桩锤；
5—起重锤；6—机体；7—支撑杆
图 5.2.1 悬挂式履带桩架构造图

常用悬挂式桩架的技术性能指标如表5.2.1所示。

表 5.2.1 常用悬挂式桩架的技术性能指标表

项 目		型 号				
		DJU18	DJU25	DJU40	DJU60	DJU100
适应最大柴油锤型号		D18	D25	D40	D60	D100
导杆长度/（mm）		21	24	27	33	33
锤轨中心距/（mm）		330	330	330	600	600
					330/600	330/600
导杆倾斜范围	前倾/（°）	5	5	5	5	5
	后倾/（°）	18.5	18.5	18.5	—	—
导杆水平调整范围/（mm）		200	200	200	200	200
桩架负荷能力/（kN）		≥100	≥160	≥240	≥300	≥500
桩架行走速度/（km/h）		≤0.5	≤0.5	≤0.5	≤0.5	≤0.5
上平台回转速度/（r/min）		<1	<1	<1	<1	<1
履带运输时全宽/（mm）		≤3300	≤3300	≤3300	≤3300	≤3300
履带工作时外扩后宽/（mm）		—	—	3960	3960	3960
接地比压/（MPa）		<0.098	<0.098	<0.120	<0.120	<0.120
发动机功率/（kW）		60~75	97~120	134~179	134~179	134~179
桩架作业时总质量/（kg）		40000	50000	60000	80000	100000

（2）三支点式履带桩架

三支点式履带桩架为专用的桩架，也可以由履带起重机改装（平台部分改动较大），主机的平衡重至回转中心的距离以及履带的长度和宽度比起重机主机的相应参数要大些，整机的稳定性好。桩架的立柱上部由两个斜撑杆与机体连接，立柱下部与机体托架连接，因而称为三支点式桩架。斜撑杆支撑在横梁的球座上，横梁下有液压支腿。

图 5.2.2 为 JUS100 型三支点式履带桩架，采用液压传动，动力用柴油机。桩架由履带主机 12、托架 7、桩架立柱 8、顶部滑轮组 1、后横梁 13、斜撑杆 9 以及前后支腿等组成。

履带主机由平台总成、回转机构、卷扬机构、动力传动系统、行走机构和液压系统等组成。本机采用先导、超微控制，双导向立柱（导向架），立柱高 33m，可以装 8t 以下各种规格的锤头，顶部滑轮组能摆动，可以装螺旋钻孔机和修理用的升降装置。

托架 7 用四个销子与主机 12 相连，托架的上部有两个转向滑轮用于主、副吊钩起重钢丝绳的转向。导向架 8 和主机通过两根斜撑杆 9 支撑。后斜撑杆为管形杆与斜撑液压缸连接而成。斜撑液压缸的支座与后横梁 13 伸出部位相连，构成了三点式支撑结构。

在后横梁 13 两侧有两个后支腿 14，上面各有一个支腿液压缸，主要用于打斜桩时克服桩架后倾压力。在前托架左右两侧装有两个前支腿液压缸，可以支撑导向架，使之不会前倾。

（3）多功能履带桩架

图 5.2.3 为意大利土力公司的 R618 型多功能履带桩架总体构造图。这种多功能履带

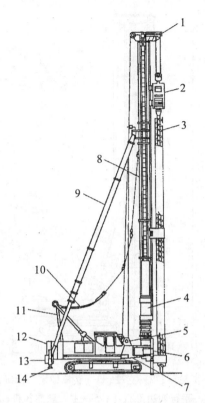

1—顶部滑轮；2—钻机动力头；3—长螺旋钻杆；
4—柴油锤；5—前导向滑轮；6—前支腿；7—托架；
8—桩架；9—斜撑；10—导向架起升钢丝绳；
11—三脚架；12—主机；13—后横梁；14—后支腿
图 5.2.2 JUS100 型三支点式履带桩架构造简图

桩架可以安装回转斗、短螺旋钻孔器、长螺旋钻孔器、柴油锤、液压锤、振动锤和冲抓斗等多种工作装置，还可以配上全液压套管摆动装置，进行全套管施工作业。另外，该机还可以进行地下连续墙施工和逆循环钻孔，做到一机多用。这种多功能履带桩架自重 65t，最大钻深 60m，最大桩径 2m，钻进力矩 172kN·m，配上不同的工作装置可以适用于砂土、泥土、砂砾、卵石、砾石和岩层等的成孔作业。

2. 步履式桩架

步履式桩架是国内应用较为普遍的桩架，在步履式桩架上可以配用长、短螺旋钻孔器、柴油锤、液压锤和振动桩锤等设备进行钻孔和打桩作业。

图 5.2.4(a) 为 DZB1500 型液压步履式钻孔机的构造图，由短螺旋钻孔器和步履式桩架组成。转移施工场地时，可以将钻架放下，安上行走轮胎，形成如图 5.2.4(b) 所示的移动状态。

一些步履式桩架的主要技术性能指标如表 5.2.2 所示。

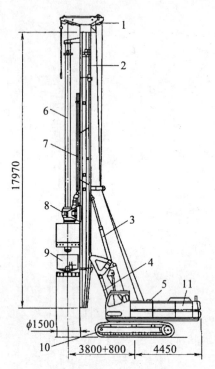

1—滑轮架；2—立柱；3—立柱伸缩液压缸；
4—平行四边形机构；5—主、副卷扬机；
6—伸缩钻杆；7—进给液压缸；8—液压动力头；
9—回转斗；10—履带装置；11—回转平台
图 5.2.3 R618 型多功能履带桩架构造简图

表 5.2.2 一些步履式桩架的主要技术性能指标表

项 目		型 号					
		DJB12	DJB18	DJB25	DJB40	DJB60*	DJB100
适应最大柴油锤型号		D12	D18	D25	D40	D60	D100
导杆长度/（mm）		18	21	24	27	33	40
锤轨中心距/（mm）		330	330	330	330	600	600
						330/600	330/600
导杆倾斜范围	前倾（°）	5	5	5	5	5	5
	后倾（°）	18.5	18.5	18.5	18.5	—	—
上平台回转角度（°）		≥120	≥120	≥120	360	360	360
桩架负荷能力/（kN）		≥60	≥100	≥160	≥240	≥300	≥500
桩架行走速度/（km/h）		≥0.5	≤0.5	≤0.5	≤0.5	≤0.5	≤0.5
上平台回转速度/（r/min）		<1	<1	<1	<1	<1	<1

续表

项 目	型 号					
	DJB12	DJB18	DJB25	DJB40	DJB60	DJB100
履板轨距/（mm）	3000	3800	4400	4400	6000	6000
履板长度/（mm）	6000	6000	8000	8000	10000	10000
接地比压/（MPa）	<0.098	<0.098	<0.120	<0.120	<0.120	<0.120
桩架总质量/（kg）	≤14000	≤24000	≤36000	≤48000	≤70000	≤120000

注：＊为建议值。

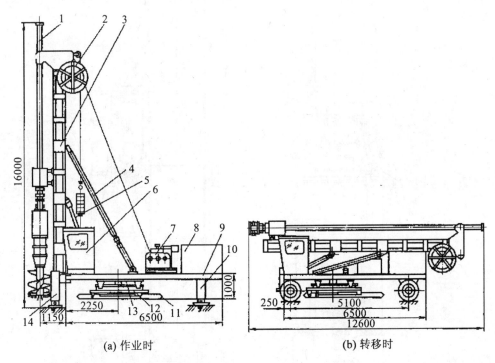

1—钻机部分；2—电缆卷筒；3—臂架；4—斜撑；5—起架液压缸；6—操纵室；7—卷扬机；
8—液压系统；9—平台；10—后支腿；11—步履靴；12—下转盘；13—上转盘；14—前支腿

图 5.2.4　DZB1500 型液压步履式钻孔机构造简图

5.2.2　柴油打桩机

柴油打桩机由桩架和柴油打桩锤组成。

柴油打桩锤的工作原理与柴油发动机相同，即利用柴油在气缸内燃烧时所产生的爆炸力将锤头顶起，然后再自由下落进行冲击沉桩。柴油锤分为筒式柴油锤和导杆式柴油锤两类。导杆锤的构造简单，与单缸柴油机相似，其冲击部分是气缸沿导杆上下移动，导杆的下端是活塞、锤座与喷油嘴。导杆锤汽缸的行程可以通过给油量的变化来进行调节。由于导杆锤的打击能小，安装精度要求高，且沉桩效率也不如筒式柴油打桩锤高，故近年来主要发展筒式柴油桩锤，并制定和形成了我国筒式柴油打桩锤的系列标准。下面就其构造、工作原理及技术性能加以介绍。

1. 筒式柴油打桩锤的构造

筒式柴油打桩锤的构造如图 5.2.5 所示，由锤体、燃料供给系统、润滑系统、冷却系统和起动系统等构成。

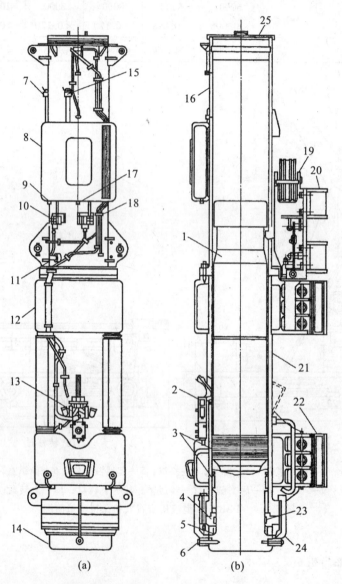

1—上活塞；2—燃油泵；3—活塞环；4—外端环；5—缓冲垫；6—橡胶环导向；
7—燃油进口；8—燃油箱；9—燃油排放旋塞；10—燃油阀；11—上活塞保险螺栓；
12—冷却水箱；13—燃润油和润滑油泵；14—下活塞；15—燃油进口；16—上汽缸；
17—导向缸；18—润滑油阀；19—起落架；20—导向卡；21—下汽缸；
22—下气缸导向卡爪；23—铜套；24—下活塞保险卡；25—顶盖

图 5.2.5 D72 型筒式柴油打桩锤构造简图

(1) 锤体

锤体主要由上汽缸 16、导向缸 17、下汽缸 21、上活塞 1、下活塞 14 和缓冲垫 5 等组成。导向缸在打斜桩时为上活塞引导方向，还可以防止上活塞跳出锤体。上汽缸介于导向缸和下汽缸之间，是上活塞的导向装置。下汽缸是工作汽缸，与上活塞、下活塞一起组成燃烧室，是柴油锤爆发冲击的工作场所。由于要承受高温、高压及冲击荷载，下汽缸的壁厚要大于上汽缸，材料也较优良。上汽缸、下汽缸用高强度螺栓连接。在上汽缸外部附有燃油箱及润滑油箱，通过附在缸壁上的油管将燃油与润滑油送至下汽缸上的燃油泵与润滑油泵。上活塞和下活塞都是工作活塞，上活塞又称自由活塞，不工作时位于下汽缸的下部，工作时可以在上汽缸、下汽缸内跳动，上活塞、下活塞都靠活塞环密封。并承受很大的冲击力和高温高压作用。在下汽缸底部外端环与下活塞冲头之间装有一个缓冲垫 5（橡胶圈），缓冲垫主要作用是缓冲打桩时下活塞对下汽缸的冲击。在下汽缸四周，分布着斜向布置的进、排气气管，供进气和排气用。

(2) 燃油供给系统

燃油供给系统由燃油箱、滤清器、输油管和燃油泵组成。上活塞在气缸内落下时，打击燃油泵的曲臂，使燃油泵将油喷入下活塞表面。随着活塞上下运动，油泵一次又一次地喷油，使柴油连续爆燃，于是柴油锤的工作不停地延续下去。燃油因上活塞对下活塞冲击而雾化。

(3) 润滑系统

润滑系统由润滑油箱、输油管及润滑油泵组成。润滑油箱也设置在上汽缸外侧。两个润滑油泵分别安置在柴油喷油泵的两侧，当曲臂下压时，带动推杆使润滑油泵将润滑油泵出。泵出的润滑油通过两个出口再由数根油管将油分别送到上汽缸与下汽缸的各个运动部位。

(4) 冷却系统

冷却系统有风冷和水冷两种。水冷是在筒式柴油锤下气缸外部设置冷却水套，用水来降低爆炸产生的温升，冷却效果比风冷好。风冷构造比水冷简单，使用较方便。

2. 筒式柴油打桩锤的工作原理

(1) 喷油过程

如图 5.2.6(a)所示。上活塞被起落架吊起，新鲜空气进入汽缸，燃油泵进行吸油。上活塞提升到一定高度后自动脱钩掉落，上活塞下降。当下降的活塞碰到油泵的压油曲臂时，把一定量的燃油喷入下活塞的凹面。

(2) 压缩过程

如图 5.2.6(b)所示。上活塞继续下降，吸气口、排气口被上活塞挡住而关闭，汽缸内的空气被压缩，空气的压力和温度均升高，为燃烧爆发创造条件。

(3) 冲击、雾化过程

如图 5.2.6(c)所示。当上活塞与下活塞即将相撞时，燃烧室内的气压迅速增大。当上活塞、下活塞碰撞时，下活塞冲击面的燃油受到冲击而雾化。上活塞、下活塞撞击产生强大的冲击力，大约有 50%的冲击机械能传递给下活塞，通过桩帽，使桩下沉，被称为"第一次打击"。

(4) 燃烧过程

如图 5.2.6(d)所示。雾化后的混合气体，由于受高温和高压的作用，立刻燃烧爆发，产生巨大的能量。通过下活塞对桩再次冲击,即"第二打击",同时使上活塞跳起。

(5) 排气过程

如图5.2.6(e)所示。上跳的活塞通过排气口后,燃烧过的废气从排气口排出。上活塞上升越过燃油泵的压油曲臂后,曲臂在弹簧作用下,回复到原位;同时吸入一定量的燃油,为下次喷油做准备。

(6) 吸气过程

如图5.2.6(f)所示。上活塞继续上行,汽缸内容积增大,压力下降,新鲜空气被吸入缸内。

(7) 降落过程

如图5.2.6(g)所示。上活塞上升到一定高度,失去动能,又靠自重自由下落,下落至进气口、排气口前,将缸内空气扫出一部分至缸外,然后继续下落,开始下一个工作循环。

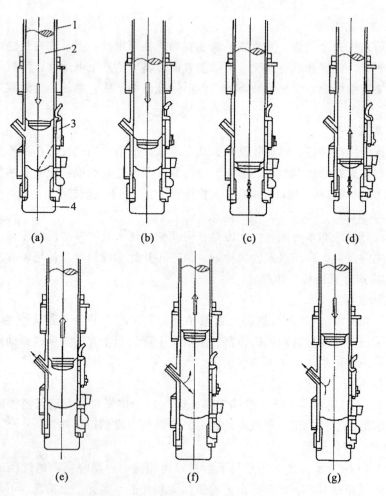

1—汽缸;2—上活塞;3—燃油泵;4—下活塞
图5.2.6 筒式柴油打桩锤的工作循环图

3. 筒式柴油打桩锤的技术性能

国产筒式柴油打桩锤主要机型的技术性能指标及选用要求如表5.2.3所示。

表5.2.3　　筒式柴油打桩锤技术性能指标及选用表

型　号		D18	D25	D32	D40	D70
冲击部分质量/（kg）		1800	2500	3200	4000	7000
锤总质量/（kg）		4210	6490	7200	9600	18000
锤冲击力/（kN）		约2000	1800～2000	3000～4000	4000～5000	6000～10000
常用冲程/m		1.8～2.3				
适用桩的规格	预制方桩、管桩的边长或直径/（cm）	30～40	35～45	40～50	45～55	55～60
	钢管桩直径/（cm）			40	60	90
粘性土	一般进入深度/m	1～2	1.5～2.5	2～3	2.5～3.5	3～5
	桩尖可达到的静力触探P_s平均值/（N/cm²）	300	400	500	>500	>500
砂土	一般进入深度/m	0.5～1	0.5～1	1～2	1.5～2.5	2～3
	桩尖可达到的标准贯入击数N值	15～25	20～30	30～40	40～45	50
岩石（软质）	桩尖可进入深度/m 强风化		0.5	0.5～1	1～2	2～3
	中等风化			表层	0.51	1～2
锤的常用控制贯入度/（cm/10击）			2～3		3～5	4～8
设计单桩极限承载力/（kN）		400～1200	800～1600	1000～1600	3000～5000	5000～10000

注：1. 适用于预制桩长度20～40m，钢管桩长度40～60m，且桩尖进入硬土层一定深度。不适用于桩尖处于软土层的情况；

　　2. 标准贯入击数N值为未修正的数值；

　　3. 表5.2.3只作选锤参考，不能作为设计确定贯入度和承载力的依据。

5.2.3　振动打拔桩机

柴油打桩锤是利用冲击动能使桩下沉，当用其打长桩或截面较粗大的桩时，就要求打桩锤加大冲击动能，但事实证明，冲击力过大常会将桩打断或将桩头打裂。采取振动打桩法，即可以较好地解决这个问题。如大型桥梁工程施工时所需打的管桩，直径很大，几乎都使用效率较高的振动打拔桩锤实现沉桩。

振动沉拔桩机由振动桩锤和通用桩架或通用起重机械组成。

1. 振动锤的分类和特点

（1）振动锤的分类

振动桩锤按工作原理可以分为振动式锤和振动冲击式锤,振动冲击式锤振动器所产生的振动不直接传递给桩,而是通过冲击块作用在桩上,使桩受到连续的冲击。振动冲击式锤可以用于粘性土壤和坚硬土层上的打桩和拔桩工程。

振动桩锤根据电动机和振动器相互连接的情况,分为刚性式锤和柔性式锤两种。刚性式振动锤的电动机与振动器刚性连接,工作时电动机也受到振动,必须采用耐振电动机,此外,工作时电动机参加振动加大了振动体系的质量,使振幅减小;柔性式振动锤的电动机与振动器用减振弹簧隔开(适当地选择弹簧的刚度,可以使电动机受到的振动减少到最低程度),电动机不参加振动,但电动机的自重仍然通过弹簧作用在桩身上,给桩身一定的附加载荷,有助于桩的下沉。柔性式振动锤构造复杂,未能得到广泛应用。

振动桩锤根据强迫振动频率的高低可以分为低频、中频、高频三种。但其频率范围的划分并没有严格的界限,一般以 300~700r/min 为低频,700~1 500r/min 为中频,2 300~2 500r/min 为高频。还有采用振动频率达 6 000r/min 的称为超高频。

另外,振动桩锤根据原动机可以分为电动式振动锤、气动式振动锤与液压式振动锤,按构造又可以分为振动式振动锤和中心孔振动式振动锤。

我国是以振动锤的偏心力矩 M 来标定振动锤的规格。偏心力矩是偏心块的重量 q 与偏心块中心至回转中心的距离 r 的乘积 $M = qr$。此外,还有以激振力 P 或电动机功率 W 来标定振动锤规格的。

(2)振动锤的特点

①振动锤是靠减小桩与土壤间的摩擦力达到沉桩的目的的,所以在桩和土壤间摩擦力减小的情况下,可以用稍大于桩和锤重的力即可以将桩拔起。因此,振动锤不仅适合于沉桩,而且适合于拔桩。沉桩、拔桩效率都很高。

②振动锤使用方便,不用设置导向桩架,只要用起重机吊起即可以工作。但目前振动锤绝大部分采用电力驱动,因此,必须有电源,而且需要较大容量,工作时要拖着电缆。液压振动锤尚处于研究阶段。

③振动锤工作时不损伤桩头。

④振动锤工作噪声小,不排出任何有害气体。

⑤振动锤不仅能施工预制桩,而且适合施工灌筑桩。

2. 振动锤的构造

振动锤的主要组成部分是原动机、振动器、夹桩器和减振器,如图 5.2.7 所示。

(1)原动机

在绝大多数的振动锤中均采用笼型异步电动机作为原动机,只在个别小型振动锤中使用汽油机。近年来为了对振动器的频率进行无级调节,开始使用液压马达。采用液压马达驱动,由地面控制,可以实现无级调频。此外,液压马达还有启动力矩大,外形尺寸小,重量轻等优点。但液压马达也有一些缺点,因此,还有待进一步研究改进。

根据振动锤的工作特点,对作为振动锤的原动机的电动机,在结构和性能上也提出一些特殊要求:

①要求电动机在强烈的振动状态(振动加速度可达 10g)下能可靠地运转。

②要求电动机有很高的启动力矩和过载能力。

③要求电动机能适应户外工作。

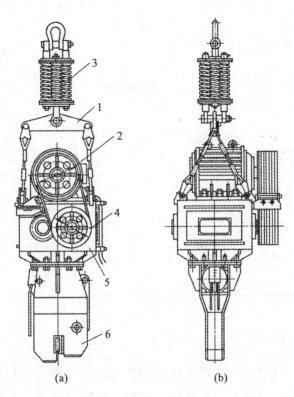

1—扁担梁；2—电动机；3—减振器；4—传动机构；
5—振动器；6—夹桩器

图 5.2.7 振动锤的构造简图

（2）振动器

振动器是振动锤的振源，有液压式振动器和机械式振动器。机械式振动器常用的是两轴振动器，也有四轴或六轴振动器。液压式振动器按其工作原理可以分偏心块式和滑阀式两种。液压振动器可以进行无级变频、变幅以适应不同的作业条件；可以实现一体化作业、智能化控制，大大提高作业的效率。

（3）夹桩器

振动锤工作时必须与桩刚性相连，这样才能把振动锤所产生的不断变化大小和方向（向上向下）的激振力传递给桩身。因此，振动锤下部都设有夹桩器。夹桩器将桩夹紧，使桩与振动锤成为一体，一起振动。大型振动锤全都采用液压夹桩器。液压夹桩器夹持力大，操作迅速，相对重量轻，其主要组成部分是液压缸、倍率杠杆和夹钳。当改变桩的形状时，夹钳应能做相应的变换。振动锤用做灌筑桩施工时，桩管用法兰以螺栓和振动锤连接，不用夹桩器。在小型振动锤上采用手动杠杆式夹桩器、手动液压式夹桩器或气动式夹桩器。

（4）减振器

减振器安装在振动器的上部，用以避免（或减轻）振动器对吊钩的振动。减振器是弹性悬挂装置，一般由数组螺旋弹簧组成，如图 5.2.7 所示。减振器在沉桩时受力较小，而拔桩时受较大的拉力，为了避免在拔桩时弹簧过载失效，弹簧设计的主参数是拔桩时所受最大的拉力。

3. 振动锤的技术参数

一些常见机型的振动锤技术参数如表5.2.4所示。

表 5.2.4 振动锤技术参数表

性能指标	产品型号						
	DZ22	DZ90	DZJ60	DZJ90	DZJ240	VM2—4000E	VM2—1000E
电动机功率/（kW）	22	90	60	90	240	60	394
静偏心力矩/（N·m）	13.2	120	0~353	0~403	0~3528	300、600	600、800、1000
激振力/（kN）	100	350	0~477	0~546	0~1822	335、402	669、894、1119
振动频率/（Hz）	14	8.5	—	—	—		
空载振幅/（mm）	6.8	22	0~7.0	0~6.6	0~12.2	7、8、9、4	8、10、6、13、3
允许拔桩力/（kN）	80	240	215	254	686	250	500

5.2.4 静力压桩机

静力压桩机是依靠静压力将桩压入地层的施工机械。当静压力大于沉桩阻力时，桩就沉入土中。压桩机施工时无振动，无噪声，无废气污染，对地基及周围建筑物影响较小。能避免冲击式打桩机因连续打击桩而引起桩头和桩身的破坏，并且在城市中应用对周围的环境影响较小。静力压桩机适用于软土地层及沿海和沿江淤泥地层中施工。

1. 静力压桩机的分类和构造

静力压桩机分为机械式压桩机和液压式压桩机。目前，机械式压桩机已很少采用。图5.2.8为YZY—500型全液压静力压桩机，主要由支腿平台结构、长船行进机构、短船行进机构、夹持机构、导向压桩机构、起重机、液压系统、电器系统和操作室等部分组成。

（1）支腿平台机构

支腿平台由底盘、支腿、顶升液压缸和配重梁等组成。底盘的作用是支承导向压桩架、夹持机构、液压系统装置和起重机。液压系统和操作室安装在底盘上，组成了压桩机的液压电控操纵系统。配重梁上安置了配重块，支腿由球铰装配在底盘上。支腿前部安装的顶升液压缸与长船行进台车铰接。底盘上的球头轴与短船行进及回转机构相连。底盘上的支腿在拖运时可以收回并拢在平台边，工作时支腿打开并通过连杆与平台形成稳定的支撑结构。

（2）长船行进机构

图5.2.9为长船行进机构。工作时，顶升液压缸4顶升使长船落地，短船离地，接着长船液压缸2伸缩推动行进台车1，使桩机沿着长船轨道前后移动。顶升液压缸回缩使长船离地，短船落地。短船液压缸动作时，长船船体3悬挂在桩机上移动，重复上述动作，桩机即可纵向行进。

（3）短船行进机构与回转机构

第5章 桩工机械

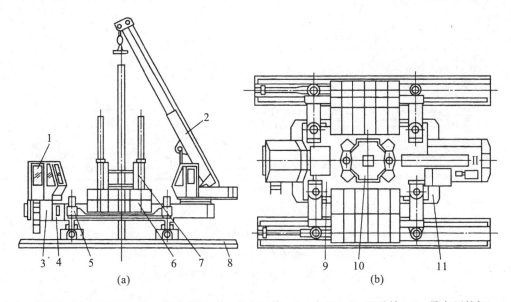

1—操作室；2—起重机；3—液压系统；4—电气系统；5—支腿；6—配重铁；7—导向压桩架；
8—长船行进机构；9—平台机构；10—夹持机构；11—短船行进及回转机构

图 5.2.8　YZY—500 型全液压静力压桩机结构简图

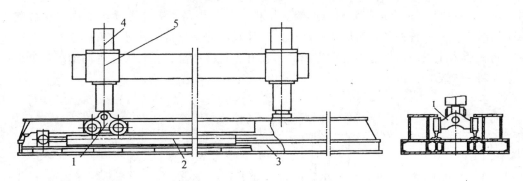

1—长船行进台车；2—长船液压缸；3—长船船体；4—顶升液压缸；5—支腿

图 5.2.9　长船行进机构简图

　　图 5.2.10 为短船行进机构与回转机构。工作时，顶升液压缸动作，使长船落地，短船离地，然后短船液压缸 9 工作使船体 11 沿行进梁 5 前后移动。顶升液压缸回程，长船离地、短船落地，短船液压缸伸缩推动行进轮 10 沿船体的轨道行进，带动桩机左右移动。上述动作反复交替进行，实现桩机的横向行进。桩机的回转动作是：长船接触地面，短船离地，两个短船液压缸各伸长 $\frac{1}{2}$ 行程，然后短船接触地面，长船离地，此时让两个短船液压缸一个伸出一个收缩，于是桩机通过回转轴使回转梁 2 上的滑块在行进梁上作回转滑动。液压缸行程走满，桩机可以转动 10°左右，随后顶升液压缸让长船落地，短船离地，两个短船液压缸又恢复到 $\frac{1}{2}$ 行程处，并将行进梁恢复到回转梁平行位置。重复上述动作，

可以使整机回转到任意角度。

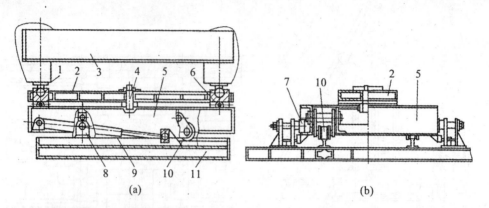

1—球头轴；2—回转梁；3—底盘；4—回转轴；5—行进梁；6—滑块；7—挂轮；
8—挂轮支座；9—短船液压缸；10—行进轮；11—船体

图 5.2.10 短船行进机构及回转机构结构简图

（4）液压系统

液压系统采用双泵双回路，两个电动机驱动两个轴向柱塞液压泵给系统提供动力。

（5）夹持机构与导向压桩架

图 5.2.11 为夹持机构与导向压桩架。压桩时先将桩吊入夹持器横梁 5 内，夹持液压缸 7 通过夹板 4 将桩夹紧。然后压桩液压缸 2 伸长，使夹持机构在导向压桩架 1 内向下运动，将桩压入土中。压桩液压缸行程满后，松开夹持液压缸，压桩液压缸回缩。重复上述程序，将桩全部压入地下。

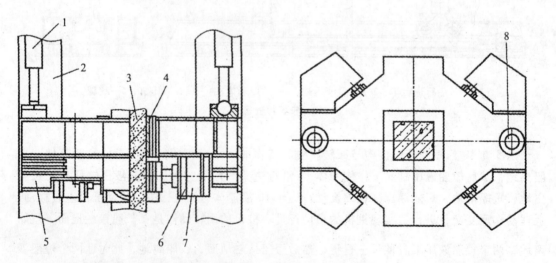

1—导向压桩架；2—压桩液压缸；3—桩；4—夹板；5—夹持器横梁；6—夹持液压缸支架；
7—夹持液压缸；8—压桩液压缸球铰

图 5.2.11 夹持机构与导向压桩架结构简图

2. 静力压桩机的性能指标

YZY 系列静压桩机主要技术参数如表 5.2.5 所示。

表 5.2.5　　　　　　　　　YZY 系列静压桩机主要技术参数表

参　数		型　号			
		200	280	400	500
最大压入力/kN		2000	2800	4000	5000
单桩承载能力(参考值)/(kN)		1300～1500	1800～2100	2600～3000	3200～3700
边桩距离/m		3.9	3.5	3.5	4.5
接地压力/(MPa)：长船/短船		0.08/0.09	0.094/0.12	0.097/0.125	0.09/0.137
压桩桩段截面尺寸（长×宽）/m	最小	0.35×0.35	0.35×0.35	0.35×0.35	0.4×0.4
	最大	0.5×0.5	0.5×0.5	0.5×0.5	0.55×0.55
行走速度（长船）/(m/s)	伸程	0.09	0.88	0.069	0.083
压桩速度/(m/s) 慢（2缸）/快（4缸）		0.033	0.038	0.025/0.079	0.023/0.07
一次最大转角/(rad)		0.46	0.45	0.4	0.21
液压系统额定工作压力/MPa		20	26.5	23.4	22
配电功率/(kW)		96	112	112	132
工作吊机	起重力矩/(kN·m)	460	460	480	720
	用桩长度/m	13	13	13	13
整机质量	自质量/t	80	90	130	150
	配质量/t	130	210	290	350
拖运尺寸（宽×高）/m		3.38×4.2	3.38×4.3	3.39×4.4	3.38×4.4

5.2.5　液压打桩机

利用柴油锤打桩的缺点是噪声大、振动力大，作业时排出的废气又造成严重的环境污染。国外在 20 世纪 60 年代开始研究预制桩打桩机械的隔声与减振问题，到 20 世纪 70 年代初研制成功了液压打桩锤。

液压打桩锤依靠双作用式油缸来驱动冲击部分。根据其工作原理的不同，液压打桩锤目前有两种结构型式：一种是活塞杆直接连接于冲击部分，这种型式一般属于小型液压锤（冲击部分质量在 1t 以下）；另一种的冲击部分由冲击体与装在冲击体内的冲击活塞所组成，在二者之间还装有氮气作为缓冲。因此，在工作的冲击过程中，冲击体在下落到其中的冲击活塞碰及桩头时，仍要继续下落，一直到冲击力经过氮气的缓冲后再全部传递给冲击活塞，桩才沉入土中。这样，冲击力作用在桩上的时间可以大大增长。由于是液压驱动，冲击体向下运动时的动力加速度大。冲击部分在提升的过程中，油缸内的油压先升起冲击体,等到其中的氮气复原后,冲击活塞才随之一起提升起来,离开桩头。此后依此周而复始地工作。

液压锤的主要优点是:

(1) 冲击力作用在桩头上的时间长,每次的冲击功可以大为增加;冲程较柴油锤短,冲击频率可以提高(可以大于100次/min),也不易打坏桩头。

(2) 通过调节油压,可以使冲击力得到调节,以适应不同土壤的桩工作。

(3) 锤头在完全密封的金属罩内工作,噪声与振动可以大大清除,同时无废气污染。

(4) 能量较大。以荷兰生产的HBM型液压锤为例,冲击力达9000~30000kN,冲击功达1100kN·m,功率达2206.5kW,可以打特重型桩、水下桩,也能打斜桩。

§5.3 灌注桩施工机械

5.3.1 冲抓成孔机械

图5.3.1为冲抓成孔机械的外形构造,该机械是在一台履带式基础车上安装动力装置、卷扬机、钻架、冲抓锥、泥浆泵和卸渣槽等设备组合而成的。在履带式基础车的机架前部安装着可以竖起和放倒的钻架2,在钻架上悬挂着一个冲抓锥3和可以左右回转的卸渣槽4。作业时,卷扬机通过钢丝绳将抓斗提升到一定的高度,使抓斗的瓣片处于张开状态,然后依靠抓斗自重快速下落,瓣片依靠冲击能切入土中,接着,卷扬机旋转,收紧钢丝绳,将瓣片闭合,斗内则抓取了土或石渣,最后将冲抓锥提升至地面并转向孔的侧面,卸去斗内的土、石渣等物,完成一个作业循环。

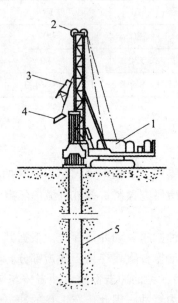

1—履带式基础车;2—钻架;3—冲抓锥;4—卸渣槽;5—套管
图5.3.1 冲抓成孔机示意图

实际工程中常用的冲抓锥有双瓣式和四瓣式两种，其瓣片的构造型式也不一样，如图 5.3.2 所示。一般双瓣锥适合冲抓砂土，四瓣锥（强齿式四瓣锥）适合冲抓含砂砾石的土壤。由于冲抓锥的构造型式不同，其操纵方法也不一样，如单绳索操纵式或双绳索操纵式等。

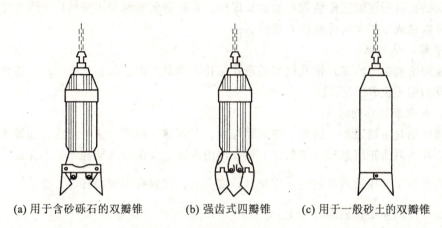

(a) 用于含砂砾石的双瓣锥　　(b) 强齿式四瓣锥　　(c) 用于一般砂土的双瓣锥

图 5.3.2　冲抓锥构造示意图

使用冲抓机械成孔的施工方法一般有泥浆静水压护壁法和全套管护壁法两种，若采用泥浆静水压护壁法施工需另设一台泥浆泵；采用全套管护壁法施工则需设有专用的套管压拔装置。

冲抓成孔机械的规格与技术性能指标如表 5.3.1 所示。

表 5.3.1　　　　　　　　冲抓成孔机械的规格与技术性能指标表

性能指标	型号	
	A—3 型	A—5 型
成孔直径/（mm）	480~600	450~600
最大成孔深度/m	10	10
抓锥长度/（mm）	2256	2365
抓片张开直径/（mm）	450	430
抓片数/个	4	4
提升速度/（m/min）	15	18
卷扬机起重量/t	2.0	2.5
平均工效/（孔/台班）	5~6（深 5~8）	5~6（深 5~8）

5.3.2　螺旋钻孔机械

螺旋钻孔机的工作原理与麻花钻相似。作业时，钻渣（泥土、砂石）可以沿螺旋槽自动排出孔外，钻出来的桩孔规则，且不需要泥浆护壁和高压水清底，钻孔达到要求的深度后，提出钻杆、钻头，浇筑混凝土，待其凝结、硬化后，便形成所需要的基础桩。螺旋钻孔机具有成孔效率高、振动小、噪声低和污染小等优点，是我国桩机发展较快的一种类型。

螺旋钻孔机所用的工作装置一般是长螺杆，有些情况下也采用断续排土的短螺杆，还有一种可以钻成带扩大头桩孔的双螺钻。

1. 长螺旋钻孔机

长螺旋钻孔机分汽车式钻孔机和履带式钻孔机两类，由钻架和钻具组成，适合于地下水位较低的粘土及砂土层施工。

（1）长螺旋钻具的结构

长螺旋钻具由动刀头、钻杆、中间稳杆器、下部导向圈和钻头等组成，如图5.3.3所示。钻孔器通过滑轮组悬挂在桩架上。钻孔器的升降、就位由桩架控制。为保证钻杆钻进时的稳定和初钻时插钻的准确性，在钻杆长度$\frac{1}{2}$处，安装有中间稳杆器，在钻杆下部装有导向圈。导向圈固定在桩架立柱上。

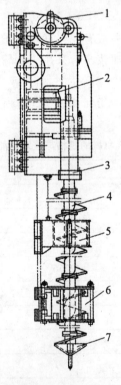

1—滑轮组；2—动力头；3—连接法兰；4—钻杆；
5—中间稳杆器；6—下部导向阀；7—钻头
图5.3.3 长螺旋钻具构造图

1）动力头

动力头是螺旋钻机的驱动装置，有机械驱动和液压驱动两种方式，由电动机（或液压马达）和减速箱组成。国外多用液压马达驱动，液压马达自重轻，调速方便。螺旋钻机应用较多的为单动单轴式，由液压马达通过行星减速箱（或电动机通过减速箱）传递动力。单动单轴式钻机动力头具有传动效率高，传动平稳的特点。

2）钻杆

钻杆在作业中传递力矩，使钻头切削土层，同时将切下来的泥土通过钻杆输送到地面。钻杆是一根焊有连续螺旋叶片的钢管，长螺杆的钻杆分段制作，钻杆与钻杆的连接可以采用阶梯法兰连接，也可以用六角套筒并通过锥销连接。螺旋叶片的外径比钻头直径小20~30mm，这样可以减少螺旋叶片与孔壁的摩擦阻力。螺旋叶片的螺距约为螺旋叶片直径的0.6~0.7倍。长螺旋钻孔机钻孔时，孔底的土壤沿着钻杆的螺旋叶片上升，把土卸于钻杆周围的地面上，或通过出料斗卸于翻斗车等运输工具运走。切土和排土都是连续的，成孔速度较快，但长螺旋的孔径一般小于1m，深度不超过20m。

3）钻头

钻头用于切削土层，钻头的直径与设计的桩孔直径一致。为提高钻孔的效率，适应不同地层的钻孔需要，长螺旋钻应配备各种不同的钻头，如图5.3.4所示。

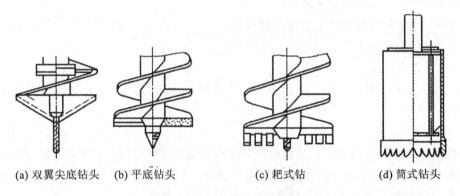

(a) 双翼尖底钻头　　(b) 平底钻头　　(c) 耙式钻　　(d) 筒式钻头

图5.3.4　长螺旋钻头型式简图

①双翼尖底钻头。双翼尖底钻头是最常用钻头型式，其翼边上焊有硬质合金刀片，可以用来钻硬粘土或冻土。

②平底钻头。平底钻头的特点是在双螺旋切削刃带上有耙齿式切削片，耙齿上焊有硬质合金刀片。平底钻头适用于松散土层的钻孔。

③耙式钻。耙式钻在钻头上焊了六个耙齿，耙齿露出刃口5cm左右，适用于有砖块瓦块的杂填土层的钻孔。

④筒式钻头。筒式钻头在筒裙下部刃口处镶有八角针状硬质合金刀头，合金刀头外露2mm左右，每次钻取厚度小于筒身高度，钻进时应加水冷却，适用于钻混凝土块、条石等障碍物。

4）中间稳杆器

中间稳杆器用钢丝绳悬挂在钻机的动力头上，并随钻杆动力头沿桩架立柱上下移动，而导向圈则基本上固定在导杆最低处。

(2) 钻杆的速度

钻杆的回转速度是影响输土速度的重要参数之一。由于钻杆的转动，钻头切下来的土块被送到螺旋叶片上，由螺旋叶片向上输送。在螺旋叶片中运动的土受力比较复杂，土能在螺旋叶片中上升有两个原因，即土块间的推挤作用和离心作用，即土在螺旋叶片中上升的作用力有两种：推挤上升力和离心上升力。所谓推挤上升力是先切下来的土被后切下来的土推挤而产生的力；离心上升力是指土块受到自身的离心力所产生的摩擦力沿叶片方向上的分力。低转速时，推挤上升力占主导作用，土与叶片间的摩擦力大，损耗功率大。当孔深较大时，容易形成"土塞"，此时，不得不把钻杆提起，清除螺旋叶片的土，然后放下再钻。钻杆的转速越大，离心上升力越大，而推挤上升力越小，当达到某一定的转速时，推挤上升力为零，此时，即使只有一个土块也能顺利排到地面，这个转速称为临界转速。临界转速公式为

$$w_r = \sqrt{\frac{(\sin\alpha + f_2\cos\alpha)g}{f_1 R(\cos\alpha - f_2\sin\alpha)}} \tag{5.3.1}$$

式中：r——钻杆角速度；

α——螺旋叶片外缘螺旋角；

f_1——土块与孔壁的摩擦系数；

f_2——土块与叶片之间的摩擦系数；

R——螺旋叶片半径；

g——重力加速度。

当超过临界转速时，土块之间无挤压，不发生"土塞"现象，可以大大提高输土速度和作业效率。

2. 短螺旋钻孔机

短螺旋钻机的钻杆与长螺旋钻机钻杆的结构相似，主要不同点在于前者的螺旋叶片较短，即钻杆下部焊接仅 2m 左右的螺旋叶片。由此，两者作业方式有很大的差别。短螺旋钻的工作过程是将钻头放下进行切削钻进，切下来的土堆积在螺旋叶片之间，当土堆满后把钻杆连同所堆的土提起卸掉。可见，短螺旋钻的提土方式不同于长螺旋钻，长螺旋钻依靠螺旋叶片直接输土，提土是连续的；短螺旋钻依靠提钻卸土，提土是间断的。

短螺旋钻有两种转速：钻进转速和卸土转速。由于短螺旋钻不需依靠离心力输土，所以，短螺旋钻的钻进转速不需超过临界转速。当土堆满螺旋叶片后拔起钻杆，并把钻杆移到卸土地点，通过旋转钻杆把螺旋叶片中的土甩开，此时的速度称为卸土速度。为提高卸土效率和卸净性，卸土速度选得较高。此外，由于短螺旋钻杆自身的重量较小，在钻进时需要加压；而在提钻时，因为携带着大量的土而形成土塞，所以，需要有较大的提升力。短螺旋钻机提钻和下钻频繁，每次下钻都需准确定位，所以，为提高钻孔效率和质量，应有高效、精确的定位装置。

图 5.3.5 是一种装在汽车底盘上的液压短螺旋钻机。钻杆以护套 1 罩住，使其不被泥土污染。钻杆下部焊有螺旋叶片 5（约 1.5m），叶片下端有切削刃。液压马达 4 通过变速箱驱动钻杆，钻杆的钻进转速和卸土速度分别为：45r/min 和 198r/min。短螺旋钻架的传动机构放在下端，这是为了降低重心，提高整机的作业稳定性。

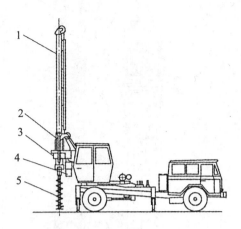

1—护套；2—加压油缸；3—变速箱；4—液压马达；5—钻头
图 5.3.5 短螺旋钻示意图

3. 双管双螺旋钻扩机

桩的下部带有扩大头的桩称为扩头桩。扩头桩的桩孔可以用钻扩机来完成。钻扩机有多种型式，图 5.3.6 为一种双管双螺旋钻扩机钻具的总体示意图。该钻具是由两根并列的无缝钢管 10 组成。钢管内各有一根螺旋叶片 5。两根钢管由若干隔板焊在一起，外面有护罩 4。在两根钢管的侧面开有若干出土窗口。在两根钢管下端各铰接一段相同直径的钢管 6（称为刀管），刀管内装有螺旋叶片轴，上、下叶片轴用万向节连接。所以，刀管内的螺旋叶片可以随刀管向外张开的同时，也可以在上部钢管的螺旋叶片轴带动下转动。刀管的张开和并拢是由扩孔液压缸 3 通过推杆 8 来驱动。在刀管下端装有钻孔刀刃 7，在刀管侧面装有扩孔刀刃 9。

在开始工作时，下面的两条刀管是并拢的。电动机通过减速器使两根并列的管子绕其共同的轴线旋转（公转），同时使两根螺旋叶片轴高速旋转（自转）。这时钻孔刀切土，钻出一个圆孔。钻孔刀把切下来的土送进管子里，土被管内高速旋转的螺旋叶片抛向管壁。这里的输送原理与长螺旋钻机的工作原理相同，其不同之处是：在长螺旋钻机里土是被抛向孔壁，而在钻扩机里土是被抛向钢管壁。土被离心力压在管壁上，由于摩擦力的作用，土和叶片之间有了相对运动，这样土块就沿着叶片上升。土块上升到地面以上，就被叶片从管子的出土窗口中甩出来。在地面以下时，由于出土窗口被桩孔壁所封闭，土块不会抛出管外。钻扩机钻直孔的情况如图 5.3.7(a) 所示。

当直孔钻到预定深度时，就开动液压机构使两条刀管逐渐张开，这时扩孔刀开始切土，如图 5.3.7(b) 所示，这样就切出一个圆锥头。被扩孔刀切下来的土从侧刃旁的缝中进入管内，然后送到地面上来。扩大到设计直径后，把刀管收拢从孔中提出，即完成一个带扩大头孔的成孔工作。浇筑混凝土后，即成了一个如图 5.3.7(c) 所示的扩头桩。

双管双螺旋钻扩机巧妙地利用了两条并列的螺旋钻头，既完成了钻孔又完成了扩孔，钻进和扩孔是用同一个钻具。并且钻扩机在工作时一面切土、一面输土，工作是连续的，生产效率较高。

钻扩孔在钻冻土时，应当采用硬质合金刀头作钻孔刀，而扩孔刀仍用锰钢制成，因为

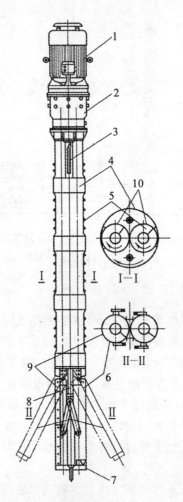

1—电动机；2—行星减速器；3—扩孔液压缸；
4—钻杆外罩；5—螺旋叶片轴；6—刀管；
7—钻孔刀刃；8—推杆；9—扩孔刀刃；10—无缝钢管

图 5.3.6 双管双螺旋钻扩机钻具的总体示意图

扩孔总是在软土内进行的。

由于刀管要偏转，所以装在管内的螺旋叶片轴也必须跟着偏转，因此在上、下管铰接处的叶片是断开的，下叶片搭在上叶片上。这种处理方法既不妨碍土块的输送，也使叶片的运动不产生相互干涉。

基础的底角 α 为 45°为宜，但上述钻扩机只能切出底角 α 为 60°的扩头孔，如图 5.3.7(c)所示。之所以这样，是受到万向节转角的限制，当采用双万向节时，则可以切出底角 α 为 45°的扩头孔，如图 5.3.7(d)所示。采用双万向节不仅使刀管偏转角增大，还使刀管内高速旋转叶片轴的转速更加均匀，减少振动。

4. 螺旋钻孔机的主要技术性能

螺旋钻孔机的主要技术性能指标如表 5.3.2 所示。

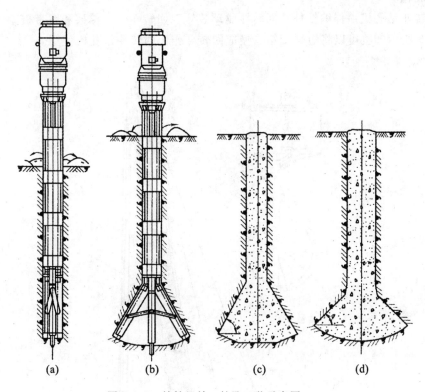

图 5.3.7 钻扩机钻、扩孔工艺示意图

表 5.3.2 螺旋钻孔机的主要技术性能指标表

项 目	LZ 型 长螺旋 钻孔机	KL600 型 螺旋 钻孔机	BZ—1 型 短螺旋 钻孔机	ZKL400 型 (ZKL600) 钻孔机	BQZ 型 步履式 钻孔机	DZ 型 步履式 钻孔机
钻孔最大直径/(mm)	300、600	400、500	300~800	400 (600)	400	1000~1500
钻孔最大深度/m	13	15、15	11	12~16	8	30
钻杆长度/m	—	18.3、18.8	—	22	9	—
钻头转速/(r/min)	63~116	50	45	80	85	38.5
钻进速度/(m/min)	1.0	—	3.1	—	1	0.2
电机功率/(kW)	40	50、55	40	30~55	22	22
外形尺寸/m (长×宽×高)	—	—	—	—	8×4×12.5	6×4.1×16

5.3.3 回转斗钻孔机械

回转斗钻孔机使用特制的回转钻头,在钻头旋转时使切下的土进入回转斗,装满回转斗后,停止旋转并提出孔外,打开回转斗弃土,再次进入孔内旋转切土,重复前述步骤进

行直至成孔。

回转斗钻孔机由伸缩钻杆、回转斗驱动装置、回转斗、支撑架和履带桩架等组成，如图 5.3.8 所示。也可以将短螺旋钻头换成回转斗作为回转斗钻孔机使用。

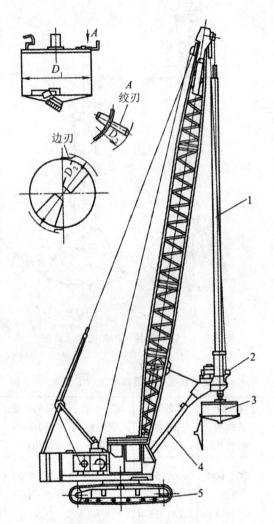

1—伸缩钻杆；2—回转头驱动装置；3—回转斗；
4—支撑架；5—履带桩架

图 5.3.8 回转斗成孔机示意图

回转斗是一个直径与桩径相同的圆斗，斗底装有切土刀，斗内可以容纳一定量的土。回转斗与伸缩钻杆连接，由液压马达驱动。工作时，落下钻杆，使回转斗旋转并与土壤接触，回转斗依靠自重（包括钻杆的重量）切削土壤，即可以进行钻孔作业。斗底刀刃切土时将土装入斗内。

装满斗后，提起回转斗，上车回转，打开斗底把土卸入运输工具内，再将钻斗转回原位，放下回转斗，进行下一次钻孔作业。为了防止坍孔，也可以用全套管成孔机作业。这时可以将套管摆动装置与桩架底盘固定。

利用套管摆动装置将套管边摆动边压入，回转斗则在套管内作业。灌注桩完成后把套管拔出，套管可以重复使用。回转斗成孔的直径现已可以达到 3m，钻孔深度因受伸缩钻杆的限制，一般只能达到 50m 左右。

回转斗成孔法的缺点是钻进速度低，功效不高，因为要频繁地进行提起、落下、切土和卸土等动作，且每次钻出的土量又不大。尤其在孔深较大时，钻进效率更低。但回转斗钻孔机可以适用于碎石土、砂土、粘性土等土层的施工，地下水位较高的地区也能使用。

第6章 装修（饰）机械

§6.1 概 述

建筑装饰装修，是指为使建筑物、构筑物的内空间、外空间达到一定的环境质量要求，使用建筑装饰装修材料，对建筑物、构筑物的外表和内部进行修饰处理的工程建筑活动。建筑物、构筑物一般都是由地基基础、主体结构和装饰装修三部分组成，其室内、室外装饰装修都依附于建筑物、构筑物主体，都是建筑工程不可分割的重要组成部分。

装修（饰）工程主要包括：灰浆、石灰膏的制备，灰浆的输送，抹灰，水磨石地面、墙裙、踏步的磨光，地面结碴的清除，壁板的钻孔以及内外墙面的装饰等。装修（饰）工程的特点是工程技术复杂、劳动强度大，传统上多依靠手工操作，工效低，大型机械的使用不方便，因此发展小型的、手持式的轻便机具是装修（饰）工程机械化的理想途径。

凡在装修（饰）工程中所使用的各种机械（具），统称为装修（饰）机械。目前使用的装修（饰）机械主要有以下几类：

（1）灰浆制备及输送机械，包括灰浆材料加工机械、灰浆搅拌机、灰浆泵、灰浆喷射器等；

（2）涂料机械，包括涂料喷刷机、涂料弹涂机等；

（3）地面修整机械，包括地面抹光机、水磨石机、地板刨平机、地板磨光机等；

（4）装修平台及吊篮，包括装修升降平台、装修吊篮等；

（5）手持机具，包括各种手动饰面机、打孔机、切割机等。

§6.2 灰浆机械

灰浆机械是用于灰浆材料加工、灰浆搅拌、灰浆输送、墙体抹灰、表面装饰等工作的机械。经过抹灰、装饰处理的建筑物，会更加坚固耐用，造型美观，居住舒适、明亮，同时对结构也起到保护和延长其使用寿命的作用。

6.2.1 灰浆搅拌机

1. 灰浆搅拌机的分类、工作原理和构造特点

灰浆搅拌机主要是用于各种配合比的石灰浆、水泥砂浆及混合砂浆的拌和机械。按卸料方式可以分为活门卸料式搅拌机和倾翻卸料式搅拌机；按移动方式可以分为固定式搅拌机和移动式搅拌机。按搅拌方式可以分为立轴式搅拌机和卧轴式搅拌机。

灰浆搅拌机的工作原理与强制式混凝土搅拌机相同。工作时，搅拌筒固定不动，而靠固定在搅拌轴上的叶片的旋转来搅拌物料。

灰浆搅拌机由机械传动系统，搅拌装置（搅拌轴、搅拌筒和搅拌叶片），卸料机构和底架组成。按照出料容量的不同，上料及卸料的方式亦不同，出料容量为200L的灰浆搅拌机是人工上料，拌筒倾翻卸料；出料容量为325L的灰浆搅拌机，常需机械装料装置，卸料为活门卸料式，即拌筒不动，在拌筒下方装有一个活动出料门，用手扳动进行卸料。

（1）活门卸料式灰浆搅拌机

活门卸料式灰浆搅拌机的主要规格为325L（装料容量），并安装铁轮或轮胎形成移动式。如图6.2.1所示为这种灰浆搅拌机中比较有代表性的一种，具有自动进料斗和量水器，机架既为支撑又为进料斗的滚轮轨道，料筒内沿其中心纵轴线方向装有一根转轴，转轴上装有搅拌叶片，叶片的安装角度除了能保证均匀地拌和灰浆以外，还须使灰浆不因拌叶的搅动而飞溅。量水器为虹吸式，可以自动量配拌和用水。转轴由筒体两端的轴承支承，并与减速器输出轴相连，由电动机通过V形带驱动。卸料活门由手柄来启闭，拉起手柄可以使活门开启，推压手柄可以使活门关闭。

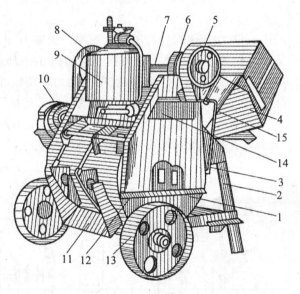

1—装料筒；2—机架；3—料斗升降手柄；4—进料斗；
5—制动轮；6—卷筒；7—上轴；8—离合器；9—量水器；
10—电动机；11—卸料门；12—卸料手柄；13—行进轮；
14—三通阀；15—给水手柄

图6.2.1 活门卸料灰浆搅拌机外形结构简图

活门卸料灰浆搅拌机的卸料比较干净，操纵省力，但活门密封要求比较严格。

（2）倾翻卸料式灰浆搅拌机

倾翻卸料式灰浆搅拌机的常用规格为200L（装料容量），有固定式搅拌机和移动式搅拌机两种，均不配备量水器和进料斗，加料和给水由人工进行，如图6.2.2所示。卸料时摇动手柄，手柄轴端的小齿轮即推动装在筒侧的扇形齿条使料筒倾倒，筒内灰浆由筒边的倾斜凹口排出。

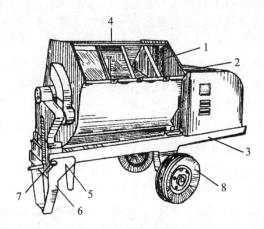

1—装料筒；2—电动机与传动装置；3—机架；4—搅拌叶；
5—固定插销；6—支撑架；7—销轴；8—支撑轮
图 6.2.2 倾翻卸料式灰浆搅拌机外形结构图

如图 6.2.3 所示为 HJ—200 型灰浆搅拌机的传动系统。主轴 10 上用螺栓固定着叶片 6 并以 30r/min 的转速旋转，转速不能过高，否则灰浆会被甩出筒外。由相关试验得出：叶片对主轴的夹角为 40°时，不仅搅拌效果好，而且节省动力。两组叶片对称安装，搅拌时使拌和料既产生圆周向运动又能产生轴向运动，使之既搅拌又互相掺和，从而获得良好的拌和效果。卸料时，转动摇把 9，通过小齿轮带动固定在筒体上的扇形齿圈，使拌筒以主轴为中心进行倾翻，此时叶片仍继续转动，协助将灰浆卸出。

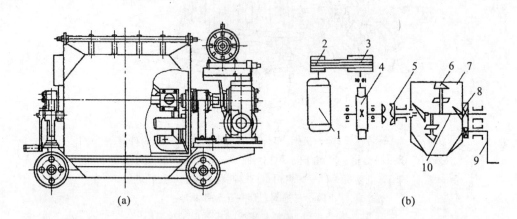

1—电动机；2、3—小、大皮带轮；4—蜗轮减速器；5—一字滑块联轴节；6—叶片；
7—搅拌筒；8—扇形内齿轮；9—摇把；10—主轴
图 6.2.3 HJ—200 型灰浆搅拌机传动系统简图

这种搅拌机经常产生的问题是轴端密封不严，造成漏浆，流入轴承座而卡塞轴承、烧毁电动机。因此，使用时应多加注意。

（3）立轴式灰浆搅拌机

立轴式灰浆搅拌机是一种较为特殊的砂浆机，与强制式搅拌机相似，如图6.2.4所示，电动机经行星摆线针轮减速器直接驱动安装在筒体上方的梁架上的搅拌轴，这种搅拌机具有结构紧凑、操作方便、搅拌均匀、密封性好、噪声小等特点，适用于实验室和小型抹灰工程。由于搅拌轴在筒内是垂直悬挂安装，因此消除了筒底漏浆现象。

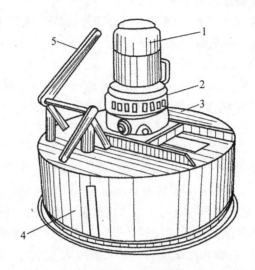

1—电动机；2—行星摆线针轮减速器；3—搅拌筒；
4—出料活门；5—活门启闭手柄

图6.2.4 立轴式灰浆搅拌机

2. 灰浆搅拌机主要技术性能参数

灰浆搅拌机的主要技术性能参数如表6.2.1所示。

表6.2.1　　　　　　　　　灰浆搅拌机主要技术性能参数表

性能参数	单卧轴强制移动式					
	UJ$_1$—325型	UJZ—200型	HJ$_1$—200型	HJ—200型	HJ$_2$—2200型	UJK—200型
容量/L	325	200	200	200	200	200
搅拌轴转速/(r/min)	30	25~30	25~30	26	29	27
每次搅拌时间/(min)	1.5~2	1.5~2	1.5~2	1~2	2	3
卸料方式	活门式	倾翻式	倾翻式	倾翻式	倾翻式	倾翻式
生产率时/(m^3/h)	6	3	3	3	4	3
电动机功率/(kW)	3	3	3	3	3	3
外形尺寸/(mm)（长×宽×高）	2200×1492×1350	2280×1100×1300	3200×1120×1430	1860×870×1300	1940×1090×1280	
整机重/(kg)	750	600	600	820	约590	630

6.2.2 灰浆泵

灰浆泵主要用于输送、喷涂和灌注灰浆等工作，兼具垂直及水平运输的功能，若与喷射装置配合使用，能进行墙面及屋顶面的喷涂抹灰作业。灰浆泵目前有两种形式：一种是活塞式灰浆泵，另一种是挤压式灰浆泵。

活塞式灰浆泵按活塞与灰浆作用情况不同分为直接作用式灰浆泵、片状隔膜式灰浆泵、圆柱形隔膜式灰浆泵、灰气联合式灰浆泵等。

1. 直接作用式（柱塞式）灰浆泵

直接作用式灰浆泵是利用活塞与灰浆作用活塞的往复运动，将进入泵缸中的砂浆直接压送进去，并经管道输送到使用地点的一种泵。直接作用式灰浆泵的活塞与灰浆直接接触，活塞容易磨损，缸内的密封盘也容易损坏，易造成漏浆故障，降低功效。但因其结构简单，制造与维修容易，故仍在使用。

直接作用式灰浆泵的作业原理如图 6.2.5 所示。作业时，电动机 1 通过三角带传动机构 2、圆柱齿轮减速机构 3 使曲轴 4 旋转带动活塞 6 作往复直线运动。当柱塞作压入冲程时，将排出阀 11 挤开，泵室 7 内的灰浆被压入空气室 14；与此同时，由于泵室内压力增大而将吸入阀 9 关闭；当柱塞作吸入冲程时，泵室呈真空状态，此时空气室的压力大于泵室的压力，排出阀 11 关闭，吸入阀 9 开启，灰浆被吸入泵室内。这样，柱塞每作一次往复运动，都将一部分灰浆泵压入空气室 14 内，进入空气室里的灰浆越来越多，空气室里的灰浆体积增大，空气的体积被压缩，空气的压力便逐渐增大，在压力表 15 上的指针显示出压力大小的数值。由于压力增大，灰浆受到空气压力的作用，从输浆管道 13 泵压出去。阀罩 10 是限制排出阀球 11 与吸入阀球 9 的行程位置的零件，当灰浆从阀口流过时，限位阀使阀球留在阀口的附近位置，以免阀球随灰浆流走，当灰浆的压力增大时又能立即封住阀口。

柱塞式灰浆泵的技术性能指标如表 6.2.2 所示。

表 6.2.2　　　　　　柱塞式灰浆泵的技术性能指标表

型　式	立　式	卧　式		双　缸	
型　号	HB6—3	HP—013	HK3.5—74	UB3	8P80
泵送排量/(m³/h)	3	3	3.5	3	1.8~4.8
垂直泵送高度/m	40	40	25	40	>80
水平泵送距离/m	150	150	150	150	400
工作压力/(MPa)	1.5	1.5	1.0	0.6	5.0
电动机功率/(kW)	4	7	5.5	4	16
进料胶管内径/(mm)	64		62	64	62
排料胶管内径/(mm)	51	50	51	50	
质量/(kg)	220	260	293	250	1337
外形尺寸/(mm)（长×宽×高）	1033×474×890	1825×610×1075	550×720×1500	1033×474×940	2194×1600×1560

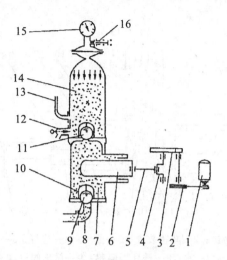

1—电动机；2—带轮；3—减速齿轮组；4—曲轴；5—连杆；
6—柱塞；7—泵室；8—进浆弯管；9—吸入阀（铁芯橡皮球）；
10—阀罩；11—排出阀（铁芯橡皮球）；12—回浆阀；
13—输浆管道；14—空气室；15—压力表；16—安全装置

图 6.2.5 直接作用式灰浆泵工作原理图

2. 圆柱形隔膜式灰浆泵

如图 6.2.6 所示为圆柱形隔膜灰浆泵的构造原理图。这种灰浆泵与片式隔膜泵的区别是：圆柱形隔膜 8 浸在泵室 6 内，并被水所包围，当活塞 5 作压入冲程时，圆柱形隔膜 8 向内收缩挤压灰浆，灰浆通过排出阀 9 进入空气室 15 内；当活塞作吸入行程时，泵室 6 产生真空，排出阀 9 关闭，圆柱隔膜恢复原位，灰浆从下面的吸入阀 10 进入圆柱形隔膜内，补充已泵出的灰浆体积。

3. 片状隔膜式灰浆泵

片状隔膜灰浆泵的构造原理如图 6.2.7 所示。电动机 1 经减速齿轮组 2 带动曲柄连杆机构 3，4 使活塞 5 作往复直线运动。当活塞作压入冲程时，水受到压缩，水的压力均匀地作用在橡皮隔膜 7 上，使隔膜凸向灰浆室 11。灰浆受到压缩经排出阀 16 进入空气室 14，并经输浆管 17 输送出去。当活塞作吸入冲程时，泵室 6 产生真空，隔膜回到原来位置，此时，排出阀关闭，吸入阀开放，灰浆便从料斗 12 经弯头 10 进入灰浆室 11。

片状隔膜泵是以水为介质进行灰浆泵送的。如果泵室内有部分空气存在，由于空气可以压缩，当活塞进入压缩行程时，泵室内的空气体积受压而缩小，会减少隔膜的变形程度，使灰浆的泵出量减少，影响生产效率。因此，在泵室内的空气越多，泵出的灰浆就越少，所以，在工作之前，应将泵室灌满水，排净泵室内的空气。

片状隔膜泵的安全阀安装在泵室 6 的上部，该安全阀是用水的压力来控制灰浆的压力的。当遇到喷涂灰浆工作短暂停止或因为输浆管道发生堵塞时，空气室的压力逐渐增高，泵室的泵浆压力只有超过空气室的压力，才能将灰浆泵送进去。当空气室的压力达到泵规定的压力时，活塞再作压入冲程时，水压超过了安全阀弹簧 20 的压力，球阀 21 开放，泵

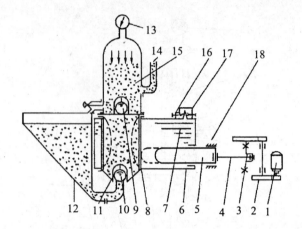

1—电动机；2—减速装置；3—曲轴；4—连杆；5—活塞；
6—泵室；7—水；8—圆柱形隔膜；9—排出阀（橡皮球）；
10—吸入阀（橡皮球）；11—阀罩；12—料斗；13—压力表；
14—回浆阀；15—空气室；16—安全阀；17—盛水斗；18—支承环座

图 6.2.6　圆柱形隔膜灰浆泵构造示意图

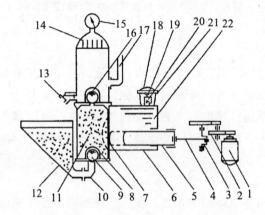

1—电动机；2—减速齿轮组；3—曲柄；4—连杆；5—活塞；
6—泵室；7—橡皮隔膜；8—限阀罩；9—吸入阀（铁皮橡皮球）；
10—进浆管及弯头；11—灰浆室；12—灰浆料斗；13—回浆阀；
14—空气室；15—压力表；16—排出阀（铁芯橡皮球）；17—输浆管；
18—盛水漏斗；19—溢水口；20—安全阀弹簧；21—球阀；22—水

图 6.2.7　片状隔膜灰浆泵构造原理图

室内的水从溢水口 19 流出，水压降低，灰浆不再进入空气室内，空气室的压力也不再增高，从而保证机件不受损伤。如果短时间内暂停喷涂，可以将回浆阀 13 打开，灰浆泵照常运转，使灰浆从料槽经灰浆室进入空气室，再从回浆阀 13 流入灰浆料斗 12 内，使灰浆进行循环流动，而不至于沉淀，以免再次使用时造成灰浆泵或输浆胶管内堵塞。

圆柱形隔膜灰浆泵及片状隔膜灰浆泵的技术性能如表 6.2.3 所示。

表 6.2.3　　　　圆柱形隔膜灰浆泵及片状隔膜灰浆泵的技术性能表

技术性能	型号	
	片状隔膜式 UB8—3 型	圆柱形隔膜式 C211A/C232 型
泵送排量/（m³/h）	3	3/6
垂直泵送高度/m	40	
水平泵送距离/m	100	
工作压力/（MPa）	1.3	1.5
电动机功率/（kW）	2.8	3.5/5.8
进料胶管内径/（mm）		50/65
排料胶管内径/（mm）		50/60
质量/（kg）	220	
外形尺寸/（mm） （长×宽×高）	1375×445×890	

4. 灰气联合泵

灰气联合泵由一套传动装置和两套工作装置（出灰部分和压气部分）组成，安装在由无缝钢管焊接成的贮气罐机架上。其特点是既能输送灰浆又能产生压缩空气，比一般使用的抹灰机组省掉一台空气压缩机，且出灰率高，灰气配合均匀。

灰气联合泵的基本结构如图 6.2.8 所示，主要由传动装置、双功能泵缸机构、阀门启闭机构等构成。

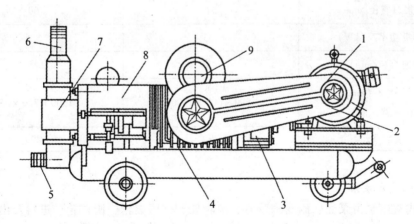

1—电动机；2—传动装置；3—空气缸；4—曲轴室；5—排浆口；
6—进浆口；7—灰浆缸；8—泵体；9—阀门启闭机构
图 6.2.8　灰气联合泵外形结构图

灰气联合泵的工作原理是：当曲轴旋转时，泵体内的活塞作往复运动，小端用于压送灰浆，大端可以压缩空气。曲轴另一端的大齿轮外侧有凸轮，小滚轮在特制的凸轮滚道内运动，通过阀门连杆启闭进浆阀。当活塞小端离开灰浆缸时（此时活塞大端压气），连杆开启进浆阀，灰浆即可以进入缸内。当活塞小端移进入灰浆缸内时，连杆关闭进浆阀，而排浆阀则被顶开，灰浆即排入输送管道中。排浆阀为锥形单向阀，灰浆缸在进浆过程中，该阀在输送管的灰浆作用下自动关闭。活塞大端装有皮碗，具有密封作用。空气缸的缸盖上装有进气阀、排气阀，两阀均为单向阀，当大端离开空气缸时（此时小端压送灰浆），进气阀将开启，空气可以吸入缸内。当大端移进空气缸时，进气阀即关闭，使缸内空气被压缩，在气压达到一定程度时，排气阀可以被挤开使压缩后的空气进入贮气罐。

灰气联合泵的技术性能如表6.2.4所示。

表6.2.4　　　　　　　　　　灰气联合泵的技术性能表

性　能	型　号	
	UB76—1（HB76—1）型	HK3.5—74型
输送量/（m³/h）	3.5	3.5
排气量/（m³/h）	0.36	0.24
排浆最高压力/（MPa）	2.5	2
排气压力/（MPa）	最高：0.4，使用：0.15~0.2	0.3~0.4
活塞行程/mm	70	70
活塞往复次数/（1/s）	2.13	1.33
出浆口直径/mm	42	50
进浆口直径/mm	51	60
电动机功率/（kW）	5.5	5.5
转速/（r/min）	1450	1450
外形尺寸/（mm）（长×宽×高）	500×600×1300	1500×720×550
重量/kg	290	293

5. 挤压式灰浆泵

挤压式灰浆泵由泵壳、耐磨橡胶管、滚轮架、挤压滚轮、调整轮、进料及出料输送胶管、料斗以及电气控制系统等构成，其挤压原理如图6.2.9所示。作业时，电动机1经齿轮带传动机构2、4、5带动蜗轮蜗杆传动机构7、9，再经链轮链条传动机构10带动滚轮托座14旋转。滚轮托座由两片等边三角形的钢板制成，在其三个角的端部装有三个挤压滚轮15，这三个挤压滚轮反复对橡胶泵唧管11像挤牙膏式的旋转挤压，将灰浆挤出。灰浆每次被挤出后，泵唧管内便形成了真空，这时灰浆从料斗12内被吸入泵唧管内，然后被第二个滚轮15再次挤压。这样灰浆就从输浆管13不断地排出，输送到喷枪处。

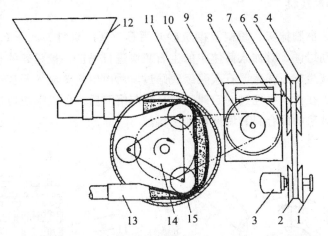

1—电动机；2,4—无级变速齿轮；3—调速手柄；5—无级变速齿轮皮带；6—调速弹簧；7—蜗杆；8—蜗轮箱；9—蜗轮；10—传动链条；11—橡胶泵唧管；12—料斗；13—输浆管道；14—滚轮托座；15—挤压滚轮

图 6.2.9 挤压式灰浆泵原理图

挤压式灰浆泵的输送距离，垂直可以达 45m，水平可以达 120m。自重不过 300kg，其功率消耗及自重都远比柱塞式灰浆泵低。

挤压式灰浆泵不受砂浆粘度、砂子粒径的影响，不容易堵塞，各种灰浆均可以喷涂且涂层较薄，特别适用于喷涂面层及外饰面，而且泵体较小，自重轻，便于移动，可以随楼层喷涂。

挤压式灰浆泵的技术性能如表 6.2.5 所示。

表 6.2.5 挤压式灰浆泵的技术性能表

技术性能	型 号				
	UBJ0.8	UBJ1.2	UBJ1.8	UBJ2	SJ—1.8
泵送排量/(m³/h)	0.2,0.4,0.8	0.3,0.6,1.5	0.3,0.9,1.8	2	0.8~1.8
垂直泵送高度/m	25	25	30	20	30
水平泵送距离/m	80	80	80	80	100
工作压力/(MPa)	1	1.2	1.5	1.5	0.4~1.5
电动机功率/(kW)	0.4~1.5	0.6~2.2	1.3~2.2	2.2	2.2
挤压管内径/(mm)	32	32	38		38/50
输送管内径/(mm)	25	25/32	25/32	38	
质量/(kg)	175	185	300	270	340
外形尺寸/(mm)(长×宽×高)	1220×662×860	1220×662×1035	1270×896×990	1200×780×800	800×550×800

6.2.3 粉碎淋灰机

粉碎淋灰机是淋制抹灰、粉刷及砌筑砂浆用石灰膏的机具，如图 6.2.10 所示。工作时，主轴旋转带动甩锤，对加入筒体中的生石灰块进行锤击，被粉碎的石灰与淋水管注入的水发生化学反应生成石灰浆，石灰浆经底筛过滤后由出料斗流入石灰池中，石灰熟化的基本反应亦完成。在池中再经过一定时间的反应与沉淀后，可以形成质地细腻、松软洁白的石灰膏，作为砂浆的配合料和墙体粉饰用料。

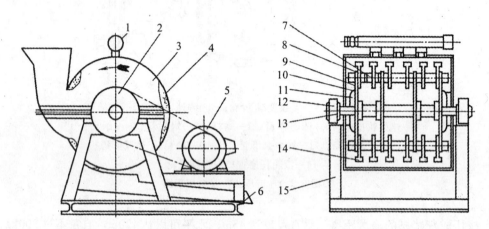

1—水管装置；2—带轮；3—筒体；4—角钢；5—电动机；6—溜槽；7—隔套；8—甩轴；9—甩轴定板；10—挡浆环；11—甩浆环；12—轴承座；13—主轴；14—甩锤；15—机架

图 6.2.10 粉碎淋灰机结构示意图

粉碎淋灰机的技术性能如表 6.2.6 所示。

表 6.2.6 粉碎淋灰机的技术性能表

性　　能	FL16、CFL16 型
筒体尺寸/（mm）	□650（520）×450
进料口尺寸/（mm）	380×280，260×360
工作装置转速/（r/min）	720，430
生产率/（t/班）	16
白灰利用率/（%）	>95
功率/（kW）	4/1.5
转速/（r/min）	1440，960
外形尺寸/（mm）（长×宽×高）	2000×880×1160
质量/（kg）	238，300，310

6.2.4 纤维—白灰混合磨碎机

纤维—白灰混合磨碎机是将各种纤维（麻刀、岩棉、矿棉、玻璃丝、草纸等）与石灰膏均匀拌和，并加速生石灰熟化的一种灰浆机械，这种混合磨碎机由搅拌机（起粗拌作用）和小钢磨（起细磨作用）两部分组成，如图6.2.11所示。

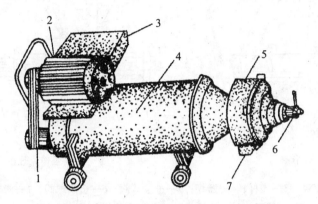

1—皮带；2—电动机；3—进料口；4—搅拌筒；
5—小钢磨；6—调节螺栓；7—出料口
图6.2.11 纤维—白灰混合磨碎机外形示意图

纤维—白灰混合磨碎机每天作业完毕都必须彻底清洗搅拌筒。而且要定期检查钢磨磨片的磨损情况，若磨损量过大、超过规定的磨损数值时应及时更换磨片。

纤维—白灰混合磨碎机的技术性能指标如表6.2.7所示。

表6.2.7 纤维—白灰混合磨碎机的技术性能指标表

型号	生产率/(t/班)	主轴转速/(r/min)	电动机功率/(kW)	外形尺寸（长×宽×高）/(mm)	质量/(kg)
ZMB10	10	500	3	1880×700×500	250
UMB100	10	750	3	1420×750×1050	250
MH10	10	400	3	1840×500×920	250
PHB100	8	440	2.2	1850×500×950	240

6.2.5 喷浆机

喷浆机可以用于对建筑物内、外墙面及天棚喷涂石灰浆、大白粉浆、水泥浆、色浆、塑料浆等。喷浆机分为手动往复式喷浆机和电动式喷浆机两种。

1. 手动喷浆机

手动喷浆机体积小，可以一人搬移位置，使用时一人反复推压摇杆，一人手持喷杆来喷浆，因不需动力装置，具有较大的机动性。其外形与工作原理如图6.2.12所示。

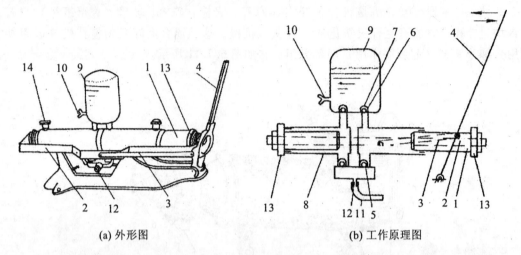

(a) 外形图　　　　　　　　　(b) 工作原理图

1—柱塞；2—框架；3—连杆；4—摇杆；5—进浆球阀；6—出浆球阀；7—阀罩；8—泵缸；
9—稳定罐；10—出浆口；11—进浆口；12—吸液胶管；13—缓冲胶垫；14—压力帽

图6.2.12　手动往复式喷浆泵简图

当推拉摇杆时，连杆推动框架使左、右两个柱塞交替在各自的泵缸中往复运动，连续将料筒中的浆液逐次吸入左、右泵缸和逐次压入稳定罐中。稳压罐使浆液获得8~12个大气压（1MPa左右）的压力，在压力作用下，浆液从出浆口经输浆管和喷雾头呈散状喷出。

手动喷浆机正常工作时垂直喷射高度为2~4m，水平喷射距离为3.7~7.7m，最大工作压力为1.8MPa。

2. 电动喷浆机

电动喷浆机如图6.2.13所示，喷浆原理与手动喷浆机原理相同，不同的是柱塞往复运动由电动机经蜗轮减速器和曲柄连杆机构（或偏心轮连杆）来驱动。这种喷浆机有自动停机电气控制装置，在压力表内安装电接点，当泵内压力超过最大工作压力（通常为1.5~1.8MPa）时，表内的停机接点啮合，控制线路使电动机停止。压力恢复常压后，表内的启动接点接合，电动机又恢复运转。

喷浆机的技术性能指标如表6.2.8所示。

表6.2.8　喷浆机的技术性能指标表

性能	双联手动喷浆机 (P_B—C型)	自动喷浆机		
		高压式 (GP400型)	PB1型 (ZP—1)	回转式 (HPB型)
生产率/(m^3/h)	0.2~0.45	—	0.58	—
工作压力/(MPa)	1.2~1.5		1.2~1.5	6~8

续表

性　能	双联手动喷浆机（P_B—C 型）	自动喷浆机		
		高压式（GP400 型）	PB1 型（ZP—1）	回转式（HPB 型）
最大压力/（MPa）	—	18	1.8	—
最大工作高度/m	30	—	30	20
最大工作半径/m	200	—	200	—
活塞直径/（mm）	32	—	32	—
活塞往复次数/（次/min）	30～50		75	
动力形式 功率/kW 转速/（r/min）	人力	电动 0.4	电动 1.0 2890	电动 0.55
外形尺寸/（mm）（长×宽×高）	1100×400×1080	—	816×498×890	530×350×350
重量/（kg）	18.6	30	67	28～29

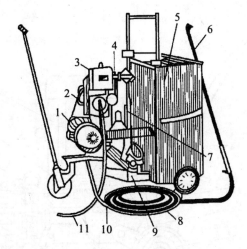

1—电动机；2—V 形带传动装置；3—电控箱和开关盒；
4—偏心轮—连杆机构；5—料筒；6—喷杆；7—摇杆；
8—输浆胶管；9—泵体；10—稳压罐；11—电力导线
图 6.2.13　自动喷浆机外形示意图

§6.3　地面修整机械

水泥、水磨石及天然石料铺设的地面、墙面，通常采用地面抹光机或磨石机进行抹光和磨光；木质地板则用地板刨平机和磨光机来修整。

6.3.1 水磨石机

水磨石机是修整地面的主要机械。根据不同的作业对象和要求，有如表6.3.1的所示分类，近年出现的金刚石水磨石机，其磨盘是在耐磨材料内部加入一定量的人造金刚石制成，坚硬耐磨，使用寿命长，磨削质量好，是水磨石机更新换代的新机型。

表 6.3.1　　　　　　　　　　水磨石机类型表

类　型	适用条件
单盘旋转式和双盘对转式	大面积水磨石地面的磨平、磨光作业
小型侧卧式	墙裙、踢脚、楼梯踏步、浴池等小面积地面的磨平、磨光作业
立面式	各种混凝土、水磨石的墙壁、墙围的磨光作业
手提式	对角隅及小面积的磨石表面进行磨光作业，还可对金属表面进行打光、去锈、抛光

单盘水磨石机的外形结构如图6.3.1所示，主要由传动轴、夹腔帆布垫、连接盘及砂轮座等组成。磨盘为三爪形，有三个三角形磨石均匀地装在相应槽内，用螺钉固定。橡胶垫使传动具有缓冲性。

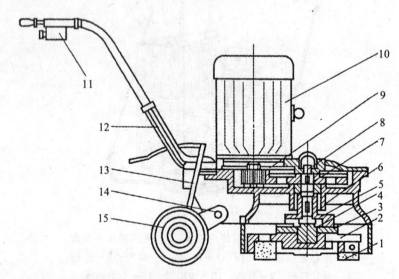

1—磨石；2—砂轮座；3—夹腔帆布垫；4—弹簧；5—连接盘；6—橡胶密封；
7—大齿轮；8—传泵轮；9—电动机齿轮；10—电动机；11—开关；12—扶手；
13—升降齿条；14—调节架；15—走轮

图 6.3.1　单盘旋转式水磨石机的外形结构简图

双盘水磨石机的外形结构如图6.3.2所示，其适用于大面积磨光，具有两个转向相反的磨盘，由电动机经传动机构驱动，结构与单盘水磨石机结构类似。与单盘比较，双盘水磨石机耗电量增加不到40%，而工效可以提高80%。

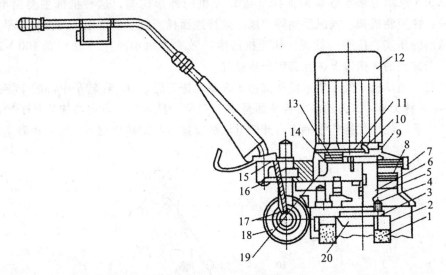

1—V形砂轮；2—磨石座；3—连接橡胶垫；4—连结盘；5—接合密封圈；6—油封；
7—主轴；8—大齿轮；9—主轴；10—闷头盖；11—电动机齿轮；12—电动机；
13—中间齿轮轴；14—中间齿轮；15—升降胶条；16—齿轮；17—调节架；18—行走轮；
19—台座；20—磨体

图 6.3.2 双盘对转式水磨石机的外形结构图

水磨石机主要型式的技术性能如表 6.3.2 所示。

表 6.3.2　　　　　　　　　水磨石机主要型式的技术性能表

型 号	磨盘转速/(r/min)	磨削直径/mm	生产效率/(m²/h)	电动机功率/(kW)	外形尺寸/mm(长×宽×高)	重量/(kg)
DMS350	294	350	4.5	2.2	1040×410×950	160
2MD300	392	360	10~15	3	1200×563×715	180
2MD350	285	345	14~15	2.2	700×900×1000	115
SM240	2000	240	10~35	3	1080×330×900	80
JMD350	1800	350	28~65	3		150
SM340		360	6~7.5	3	1100×400×980	160
HMJ10-1	1450		10~15	3	1150×340×840	100

6.3.2 地面抹（收）光机

地面抹（收）光机适于水泥砂浆和混凝土路面、楼板、屋面板等表面的抹平压光。

按动力源划分,有电动抹(收)光机、内燃抹(收)光机两种;按抹光装置划分,有单头抹(收)光机、双头抹(收)光机两种。

图 6.3.3 所示为水泥砂浆地面抹(收)光机的外形构造,这种机械主要由电动机、传动部分、抹刀和机架、操纵手柄等组成。这种地面抹光机主要适用于大面积刮平后的水泥砂浆地面的压实、压平与抹光。抹光机的生产效率为每小时抹(收)光 100~300m²,相当于人工抹光的 3 倍以上,且其收光质量好。

作业时,电动机 3 经三角带传动机构 7 来驱动抹刀转子 8,在转子中部的十字架底面装有 2~4 片抹刀 6,抹刀的倾角与地面呈 10°~15°,且其倾斜方向与抹刀转子的旋转方向一致。作业时先握住操作手柄 1 再开启电动机,抹刀片即随之旋转而对水泥砂浆地面进行抹光。

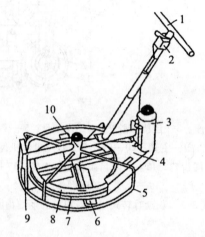

1—手柄;2—电气开关;3—电动机;4—防护罩;
5—护圈;6—抹刀;7—三角带;8—抹刀转子;
9—配重;10—轴承架

图 6.3.3 水泥砂浆地面抹(收)光机的外形简图

地面抹(收)光机的技术参数如表 6.3.3 所示。

表 6.3.3　　　　地面抹(收)光机的技术参数表

型式	型号	抹刀数	转速/(r/min)	抹头直径/(mm)	功率/(kW)	外形尺寸/mm(长×宽×高)	重量/(kg)
单头	DM60	4	90	600	0.4	650×620×900	40
	DM69	4	90	600	0.4	750×464×900	40
	DM85	4	45/90	850	1.1~1.5	1920×880×1050	75
双头	SDM650	6	120	370	0.37	670×645×900	40
	SDM1	2×3	120	370	0.37	670×645×900	40
	SDM68	2×3	100/120	370	0.55	990×936×800	40

§6.4 手持机具

手持机具主要是运用小容量电动机,通过传动机构驱动工作装置的一种手提式或携带式小型机具。手持机具用途广泛、使用方便、能提高装饰质量和速度,是装饰机械的重要组成部分,近年来发展较快。

手持机具按照动力划分,有电动机具、气动机具两类,施工中较多采用电动机具;按照工作部分的运动性质划分,有旋转式机具、往复式机具、冲击式机具等多种。

6.4.1 饰面机具

常用饰面机具有弹涂机、气动剁斧机以及各种喷枪等。

1.弹涂机

弹涂机能将多种色浆弹在墙面上,适用于建筑物内、外墙及顶棚的彩色装饰。电弹涂机由电动机、弹涂器弹头、电开关、手柄、控制箱等主要部件组成。控制箱通过电源插头与弹涂机接通。弹涂机的结构如图6.4.1所示。

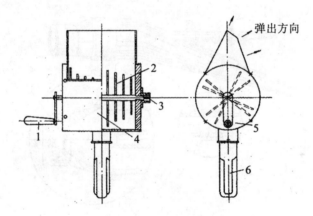

1—摇把;2—弹棒;3—接电动软轴;4—筒子;
5—摇把;6—把手
图6.4.1 弹涂机结构简图

弹涂机的技术性能如表6.4.1所示。

表6.4.1 弹涂机的技术性能表

型号	电动机功率/W	电源电压/V	操作电压/V	电机转速/(r/min)	弹涂棒转速/(r/min)	生产效率/(m²/h)	外形尺寸/(mm)(长×宽×高)
DT120A	8	220	12	1500	300~400	8	360×120×340
DT120B	10	220	15	3000	60~500	10	360×120×340
DJ110B	10	220	16	3000	60~500	10	360×20×340

2. 剁斧机

剁斧机能代替人工剁斧，使混凝土饰面形成适度纹理的杂色碎石外饰面。剁斧机由手柄、控制气门、活塞、活塞缸、工作头等主要部件组成。工作头有单刃、十字刃、花锤头等三种类型，可以根据不同饰面图案选用。

3. 喷枪

喷枪可以分为灰浆用喷枪和涂料用喷枪：

（1）灰浆用喷枪

灰浆用喷枪一般用低碳钢板或铝合金板经焊接而成，其头部安装有喷嘴。这种喷枪将灰浆输送管和高压空气输送管组合在一起，使灰浆在高压空气的作用下，从喷嘴中均匀地喷涂到墙面的基层上。

根据喷枪的构造和功能不同，灰浆喷枪又分为普通喷枪和万能喷枪两种。

①普通喷枪。如图6.4.2所示为普通喷枪的构造，主要由灰浆管1、高压空气管2、阀门3和喷嘴4等组成。普通喷枪只适合白灰砂浆的喷涂，其喷嘴的规格有10mm，12mm和14mm三种，可以根据喷浆时的技术要求选定使用。

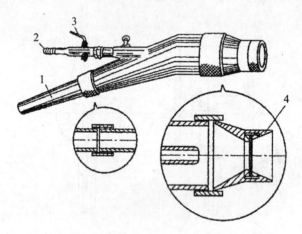

1—灰浆管；2—高压空气管；3—阀门；4—喷嘴
图6.4.2 普通喷枪示意图

②万能喷枪。如图6.4.3所示为万能喷枪的构造，这种喷枪比普通喷枪多了两段锥形管。万能喷枪能够借助于高压空气将石灰砂浆、水泥砂浆或混合砂浆等均匀地喷到墙面上。

（2）涂料（油漆）用喷枪

如图6.4.4所示为该型喷枪的外形，由涂料罐、喷射器、涂料上升管和手柄等组成。盖的上方有弓形扣和三翼形螺母各一只。三翼形螺母左转，可以将弓形扣顶向上方，此时，弓形扣的缺口部分将贮料罐两侧的拉杆上提而拉紧，使喷枪盖紧盖在贮料罐上。作业时，扣紧扳手后，高压空气即从进气管经进气阀门进入喷射器头部的空气室，此时控制喷涂输出量的顶针也随着扳手后退，空气室的压缩空气流入喷嘴，使喷嘴部分形成负压，贮料罐内的涂料被大气压力压入涂料上升管而涌向喷嘴，喷嘴出口处遇到高压空气，就被吹散成雾状而附粘在墙面上。

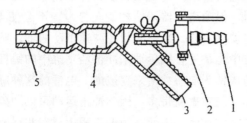

1—高压空气进口；2—高压空气阀门；
3—涂料进口；4—涂料、高压空气混合室；
5—涂料出口

图 6.4.3　万能喷枪示意图

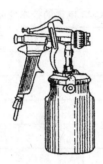

图 6.4.4　涂料（油漆）用喷枪外形简图

喷射器的头部有可调整喷涂面积的刻度盘，可以根据作业要求随时进行调整。

6.4.2　打孔机具

常用的打孔机具有电锤及各种电钻等。

1. 电锤

电锤（如图 6.4.5 所示）是一种在钻削的同时兼有锤击功能的小型电动机具，国外又称为冲击电钻。电锤由单相串激式电动机、传动装置、曲轴、连杆、活塞机构、离合器、刀夹机构和操作手柄等组成，适合在砖、石、混凝土等脆性材料上打孔、开槽、粗糙表面、安装膨胀螺栓、固定管线等作业。

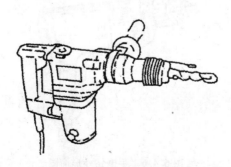

图 6.4.5　电锤外形图

电锤的旋转运动是由电动机经一对圆柱斜齿轮传动和一对螺旋锥齿轮减速来带动钻杆旋转。当钻削出现超载时,保险离合器使钻杆旋转打滑,不会使电动机过载和零件损坏。电锤的冲击运动,是由电动机旋转,经一对齿轮减速带动曲轴,然后通过连杆、活塞销带动压气活塞在冲击活塞缸中作往复直线运动来冲击活塞缸中的锤杆,锤杆以较高的冲击频率打击工具端部,进而造成钻头向前冲击来完成的。电锤的这种旋转加冲击的复合钻孔运动,要比单一的钻孔运动钻削效率高得多,因为冲击运动可以冲碎钻孔部位的硬物,并且还能钻削一般电钻不能钻削的孔眼,因而在装饰工程中对砖和混凝土等硬基底钻孔广泛应用这种机具。

国产 JIZC-22 型电锤是具有代表性的产品,其技术性能如表 6.4.2 所示。这种电锤的随机配件有钻孔深度限位杆、侧手柄、防尘罩、注射器和整机包装手提箱等。

表 6.4.2 JIZC-22 电锤的技术性能表

电压(地区不同)/V		110,115,120,127,200,220,230,240
输入功率/W		520
空载转速/(r/min)		800
满载冲击频率/(次/min)		3150
钻孔直径 /(mm)	混凝土	22
	钢	13
	木材	30
整机质量/(kg)		4.3

2. 电钻

电钻是一种体积小、重量轻、使用灵敏、操作简单和携带方便的小型电动机具,适合对金属材料、塑料或木材等装饰构件钻孔,其外形构造如图 6.4.6 所示,主要由外壳、电动机、传动机构、钻头和电源连接装置等组成。手电钻所用的电动机有交直流两用串激式、三相中频、三相工频和直流永弹磁式。其中交直流两用串激式的电钻构造较简单,容易制造,且体积小、重量轻,在装饰工程施工中应用最为广泛。

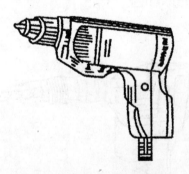

图 6.4.6 手电钻外形简图

从技术性能上看，手电钻有单速、双速、四速和无级调速的几种。其中，双速电钻为齿轮变速。装饰施工中用手电钻钻孔的孔径多在13mm以下，钻头可以直接卡固在钻头夹内；若需钻削13mm以上孔径的孔时，则还要加装莫氏锥套筒。手电钻的规格是以最大钻孔直径来表示的，国产交直流两用电钻的规格、技术性能如表6.4.3所示。

表6.4.3　　　　　　　　　　交直流两用电钻的规格表

电钻规格＊/mm	额定转速/(r/min)	额定转矩/(N·m)
4	≥2200	0.4
6	≥1200	0.9
10	≥700	2.5
13	≥500	4.5
16	≥400	7.5
19	≥330	8.0
23	≥250	8.6

6.4.3　切割机具

1. 电锯

电锯又称为手提式木工电锯，由串激电动机、凿形齿复合锯片、导尺、护罩、机壳和操纵手柄等组成，其外形如图6.4.7所示。

图6.4.7　电锯外形简图

手提式木工电锯主要用于木材横、纵截面的锯切以及胶合板、塑料板的锯割，具有锯切效率高、锯切质量好、节省材料和安全可靠等优点，是建筑物室内细木装饰工程中使用最多的小型手持电动机具之一。

国产手提式电锯的型号和主要技术性能如表6.4.4所示。

表 6.4.4　　　　　　　　　　　手提式木工电锯的技术性能表

型号	锯片直径 / (mm)	最大切削深度/mm		额定功率/W		空载转速 (r/min)	总长度 / (mm)	机具质量 / (kg)
		45°	90°	输入	输出			
5600NB	160	36	55	800	500	4000	250	3
5800N	180	43	64	900	540	4500	272	3.9
5800NB	180	43	64	900	540	4500	272	3.9
5900N	235	58	84	1750	1000	4100	370	7.5

2. 砂轮切割机

砂轮切割机又称为无齿锯，是一种小型、高效的电动切割机具。砂轮切割机利用砂轮磨削的原理，将薄片砂轮作为切削刀具，对各种金属型材进行切割下料。切割速度快，切断面光滑、平整，垂直度高，且生产效率高。若将薄片砂轮换装上合金锯片，还可以用来切割木材或塑料等。在建筑装饰施工中，砂轮切割机多用于金属内外墙板、铝合金门窗安装和金属龙骨吊顶等装饰作业的切割下料。

根据构造和功能的不同，可将砂轮切割机分为单速型和双速型两种，这两种砂轮切割机都是由电动机、动力切割头、可旋转的夹钳底座、转位中心调速机构及砂轮切割片等组成的。双速型砂轮切割机还增设了变速机构。

图 6.4.8（a）所示为单速型砂轮切割机的外形。作业时，将要切割的材料装卡在可换夹钳上，接通电源，电动机驱动三角带传动机构带动切割头砂轮片高速回转，操作者按下手柄，砂轮切割头随着向下送进而切割材料。这种砂轮切割机构造简单，但只有一种工作速度，只能作为切割金属材料之用。

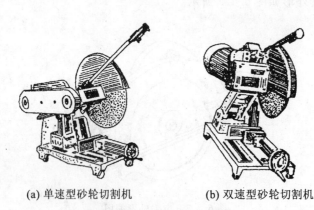

(a) 单速型砂轮切割机　　(b) 双速型砂轮切割机

图 6.4.8　砂轮切割机外形简图

图 6.4.8（b）所示为双速型砂轮切割机的外形。双速型采用锥形齿轮传动，增设了变速机构，可以变换出高速和低速两种工作速度。双速型若使用高速需配装直径为 300mm 的切割砂轮片，可用于切割钢材和有色金属等金属材料；若使用低速，需配装直径为 300mm 的木工圆锯片，用于切割木材和硬质塑料等非金属材料。再有，双速型砂轮

切割机的砂轮中心可以在50mm范围内作前后移动；底座可以在0°~45°的范围内作任意角度的调整，于是加宽了切割的功能。而单速型砂轮切割机的动力头与底座是固定的，且也不能前后移动。

砂轮切割机的主要技术性能如表6.4.5所示。

表6.4.5 砂轮切割机的技术性能表

项　目	J3G-400型	J3GS-300型
电动机类别	三相工频电动机	三相工频电动机
额定电压/V	380	380
额定功率/(kW)	2.2	1.4
转速/(r/min)	2880	2880
级数	单速	双速
增强纤维砂轮片 外径/mm×中心孔径/mm×厚度/mm	400×32×3	300×32×3
切割线速度/(m/min)	60（砂轮片）	18（砂轮片），32（圆锯片）
最大切割范围/mm 圆钢管、异形管 槽钢、角钢 圆钢、方钢 木材、硬质塑料	135×6 100×10 □50	90×5 80×10 □25 □90
夹钳可转角度/°	0，15，30，45	0~45
切割中心调整量/(mm)	50	
整机质量/(kg)	80	40

第7章 建筑工程机械管理

§7.1 概 述

建筑工程机械管理是对建筑工程机械设备的选型、采购、运输、储备、使用和维修所进行的计划、组织和调度的工作。建筑工程机械管理是企业管理工作的重要组成部分。随着科学技术的发展，工业化和自动化水平的提高，建筑施工企业将装备较多的施工机械。施工机械占用资金比重较大，是企业生产的物质基础。因此管理好建筑施工机械，充分发挥其效益，对加快施工进度，保证工程质量和降低工程造价，都起着重要的作用。

建筑机械管理的主要任务是：① 合理选用机型，发挥装备效能，提高装备生产率；② 做好维修保养，提高施工机械完好率；③ 配合生产，保证供应，提高施工机械利用率；④ 培训操作和管理人员，提高技术素质和管理水平，以提高生产率；⑤ 抓好经济核算，做到优质、高产、低耗、安全生产。

建筑机械在施工全过程中的运动，基本为两种形态：一种是机械设备的物质运动形态，包括机械设备的选购、验收、安装、调试、使用、保养、维修、更新改造，又称机械设备的技术管理；另一种是机械设备的价值运动形态，包括最初投资、维修费用支出、折旧、更新改造资金的筹措和安排，又称机械设备的经济管理。因此，建筑机械管理追求的是建筑机械施工设备的综合效率和设备寿命周期的经济性，是对建筑机械设备的物质运动和价值运动进行的系统性的综合管理。

§7.2 建筑工程机械的选型与购置

建筑工程机械的选型、购置属于前期管理。购置机械设备应预先编制计划，依据技术上先进、生产上适用、经济上合理的原则，正确地选择购置机械设备。

7.2.1 选型、购置的原则

为了保证购置机械设备的资金能顺利回收，避免因选型错误给企业造成经济损失，应在生产上、技术上、经济上统一权衡，综合考虑。

1. 生产上适用

机械设备应适合生产作业的实际需求，符合企业装备结构合理化的要求。

2. 技术上先进

在主要技术性能、自动化程度、结构优化、环境保护、操作条件、现代化新技术的应用等方面应具有技术上先进性，并在时效方面满足技术发展的要求。

3. 经济上合理

在经济上应坚持寿命周期费用最低的原则。在保证适用性、先进性的前提下，选择投资少、功能齐、能耗低、生产率高的机械设备作为投资对象。

4. 其他方面的原则，如舒适性、环保性、安全性等要求。

（1）舒适性应考虑机型对操作者工作情绪的影响，如操作室的布置与结构、振动与噪声对操作者的影响等；

（2）环保性应考虑机械设备使用过程中所产生或排出的废气、污物、噪声以及有害物质对周围环境的影响，并符合国家及部门有关政策法令的规定；

（3）安全性应考虑采用机械生产时对安全的保证程度，对易发生人身事故的机械设备在选择确定时尤应慎重。

7.2.2 选型、购置依据和程序

机械设备选型的依据主要包括技术论证和经济论证两个方面。

1. 技术论证的内容

（1）生产性。即生产效率。

（2）可靠性。指零件的耐用性、安全可靠性等，技术上用可靠度表示，即指机械在规定的条件下与规定的时间内，能无故障地执行其规定性能的概率。

（3）节能性。用单位产量的能耗量来表示。

（4）维修性。或称可修性、易修性，可用维修度来表示。维修度指机械发生故障后，在规定条件与规定时间内完成修复的概率。

（5）环保性。指对环境造成的影响，及为达到国家法令所规定的要求而附加的费用高低的对比。

（6）耐用性。指能够经历和延长的使用寿命。

（7）成套性。指机械本身的附属装置、随机工具、附件的配套及各机械之间的配套程度。

（8）适应性。又称灵活性，指机械对不同使用要求的适应能力。

2. 经济论证的内容

主要是机械寿命周期费用，有下面几项：

（1）投资额。指全部投资，通常以投资回收期进行评价。

（2）运行费。指机械在全寿命过程中为保证机械运行，所投入的除维修费外的一切费用。其经济效益可用运行费用效益（即产量/运行费用）或单位产量运行费用率（即运行费用/产量）来衡量。通常以最小费用法（即同等情况下费用最小）进行评价。

（3）维修费。指机械在全寿命过程中，进行各种维修所需的费用。其经济效益以维修费用效率（即产量/维修费用）或单位产量维修费率（即维修费用/单位产量）来衡量。通常与运行费一起以最小费用法进行评价。

（4）收益。指机械投入生产后，比较其投入和产出取得的利润。同样投资额的利润（即收益）越高，机械的经济效益越好。

机械设备来源有自制、外购两种方式。选型、购置的程序如图 7.2.1 所示。

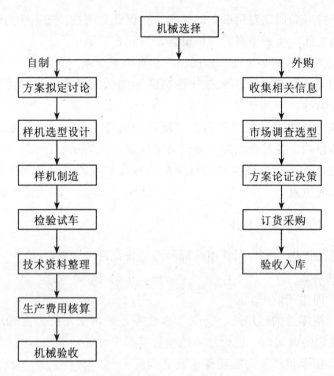

图 7.2.1 建筑工程机械选型、购置程序图

7.2.3 选型的方法

1. 技术指标评分法

技术指标即机械系统效率的各项要素,即本节前述的技术论证的内容,这些指标难以使用定量分析的方法,一般采用评分法。如表 7.2.1 中所列甲、乙、丙 3 台机械,在用技术指标评分法评比后,选择最高得分者(甲机)用于施工。

表 7.2.1　　　　　　　　综合评分表

序 号	特 性	等 级	标准分	甲	乙	丙
1	工作效率	A/B/C	10/8/6	10	10	8
2	工作质量	A/B/C	10/8/6	8	8	8
3	可靠性	A/B/C	10/8/6	8	10	6
4	节能性	A/B/C	10/8/6	6	6	6
5	耐用性	A/B/C	10/8/6	8	6	6
6	完好性	A/B/C	10/8/6	8	6	6
7	安全性	A/B/C	10/8/6	8	6	6
8	维修难易	A/B/C	8/6/4	4	6	6

续表

序号	特性	等级	标准分	甲	乙	丙
9	安、拆方便性	A/B/C	8/6/4	8	6	4
10	对气候适应性	A/B/C	8/6/4	8	4	4
11	对环境影响	A/B/C	6/4/2	4	4	4
总计得分				80	72	64

2. 经济指标比较法

按是否考虑资金的时间价值，有动态的和静态的两类方法。

(1) 投资回收期法

投资回收期法是一种根据投资回收期的长短来判断投资方案优劣的方法。即计算使用机械所获得的年净收益（即纯利润）来回收起投资的年数，在其他条件相同的情况下，投资回收期最短的为最优投资方案。

用回收期作为标准评价方案时，计算的回收期应与规定的回收期标准相比较以决定方案的选择。

(2) 年值法（年费法、年价法）

年值法是将机械寿命期中的净收入或支出转换成等年值，并以此作为标准评价和选择方案的方法。若方案仅知支出时，等年值为等值年成本，此时等值年成本最低的方案为最优方案；若知净收入时，等年值为净产值，此时净年值为正且最大者为最优方案。

(3) 现值法（现价法）

现值法是将机械寿命期中各年的支出或收入转换成决策点时（通常取投资时）的贴现值，并以此来作为评价和选择方案的方法。若仅有支出时，现值为现值成本，此时应取最低方案；若有净收入时，现值为净现值，此时净现值为正且最大者为最优方案。

(4) 报酬率法（收益率法）

用报酬率法评价机械投资方案时，是比较投资报酬率的大小。因此，该法是找出投资方案现金收入与现金支出的现值之和为零时的报酬率，并以此与要求的最低投资报酬率相比较来决定投资方案的经济性。对于某一方案而言，计算出的报酬率大于最低投资报酬率时，方案在经济上是合理的。对多方案而言，应该用追加投资报酬率来评价。为了找出现值为零的报酬率，通常用插值法来计算。

用年值法、现值法和报酬率法评价同一投资方案所得的结论是一致的，只是评价时所依据的标准不同，年值法是等值年成本或净年值，现值法是现值成本或净现值，而报酬率法是投资回报率。

年值法、现值法和报酬率法与回收期法相比较，其优点是：考虑了机械全寿命和资金的时间价值，计算结果比较精确；其缺点是：所需的数据资料比较多，计算麻烦。在进行机械投资评价时，可视具体条件选取评价方法。

3. 技术经济综合评比法

该方法是把技术和经济指标综合起来进行全面评比，以达到技术论证目的。

(1) 技术经济综合评分法

在前述技术指标评分法中把经济指标列入，作为评分项目，统一考虑进行评分，以得分最多者为佳。

(2) 生产效率有效度法

这是一种简单的综合技术经济指标的评价方法，适用于投资较少的一般机械的论证。

$$生产效率有效度 = \frac{生产效率}{平均寿命周期费用} \tag{7.2.1}$$

式中：生产效率——机械在单位时间（年、月或台班）的平均产量；

平均寿命周期费用——机械在同等时间内的总支出（包括投资费和运行维修费）。

(3) 综合效率有效度法

这是一种比较全面的综合评价方法，适用于投资较大的机械的论证。

$$综合效率有效度 = \frac{技术指标评分或综合评分}{寿命周期费用（即总费用）} \tag{7.2.2}$$

§7.3 建筑工程机械的资产管理

机械设备资产管理包括规划、设计制造、使用、维修保养、更新报废的全过程的管理。施工企业搞好机械设备资产管理主要应做好机械设备的购置、使用、保养、维修、更新、技术改造以及机械设备资产的日常管理（包括机械设备的分类、登录、编号、调拨、清查、报废）等环节的工作。机械设备资产管理是机械后期管理的重要组成部分。

7.3.1 资产管理的基础资料

机械资产管理的基础资料包括：机械登记卡片、机械台账、机械清点表、机械档案等。

1. 机械登记卡片

机械登记卡片是反映机械主要情况的基础资料，其主要内容包括机械各项自然情况，如机械和动力的生产厂、型、规格，主要技术性能，工作装置及附属设备，替换设备等情况，以及机械主要动态情况，如调动记录、使用记录、维修记录、事故等记录。

机械登记卡片由产权单位机械管理部门建立，一机一卡，按机械分类顺序排列，由专人负责管理，及时填写和登记。本卡片应随机转移，报废时随报废申请表送审。

2. 机械台账

机械台账是掌握企业机械资产状况，反映企业各类机械的拥有量、机械分布及其变动情况的主要依据。机械台账以《机械分类及编号目录》为依据，按类组代号分页，按机械编号顺序排列，其内容主要是机械的静态情况，作为掌握机械基本情况的基础资料。

3. 机械资产清点表

按照国家对企业固定资产进行清查盘点的规定，企业于每年终了时，由企业财务部门会同机械管理部门和使用保管单位组成机械清查小组，对机械固定资产进行一次现场清点。清点中要查对实物，核实分布情况及价值，做到台账、卡片、实物三相符。

4. 机械技术档案

机械技术档案是指机械自购入（或自制）开始直到报废为止整个过程中的历史技术资料。机械技术档案能系统地反映机械物质形态运动的变化情况，是机械管理不可缺少的基础工作和技术资料，其作用主要在于：掌握机械使用性能的变化情况、机械运行时间的累计和技术状况变化的规律，以便更好地安排机械的使用、保养和维修，为编制使用、维修计划提供依据。

机械技术档案的主要内容有：

（1）机械随机技术文件（使用、保养、维修说明书、出厂合格证）；

（2）机械的附属装置资料、随机工具、备件登记表、配件目录等；

（3）新增（自制）或调入的批准文件；

（4）机械改装的批准文件、图纸和技术鉴定记录；

（5）机械运转和消耗汇总记录；

（6）送修前的检测鉴定、大修进厂的技术鉴定、出厂的技术鉴定、出厂检验记录及维修内容等有关技术资料；

（7）事故报告单、事故分析及处理等有关记录；

（8）机械报废技术鉴定记录；

（9）其他属于本机的有关技术资料。

7.3.2 库存管理

对于新到货、暂时不用或长期停用的机械，应实行入库保管，以防止机械损坏或零部件丢失。库存管理是保护机械、延长使用寿命的重要措施，也是机械资产管理的重要环节。

施工企业应根据技术装备规模，设置相应的机械仓库，并由专人负责管理和维护。要求建立机械保管、出入库等各项管理制度，以保持停用机械的完好。

1. 机械仓库的建立

机械仓库应建立在交通方便、地势较高、易于排水的地方，仓库地面应坚实平坦，应有完善的防火安全措施和通风条件，应配备必要的起重设备。根据机械类型及存放保管的不同要求，机械仓库分为露天仓库、棚式仓库及室内仓库等。

2. 机械存放的要求

机械存放时，应根据构造、重量、体积、包装等情况，选择相应的仓库，按不同要求进行存放保管。

3. 机械出入库管理

（1）机械入库应凭机械管理部门的机械入库单，并核对机械型号、规格、名称等是否相符，认真清点随机附件、备品配件、工具及技术资料，登记建立库存卡片；

（2）入库机械必须技术状态完好、附件齐全，如有损坏，应修复后再入库，体积小的机具或附件应装箱或进行包装；

（3）机械出库必须凭机械出库单办理出库手续。原随机附件、工具、备品配件及技术资料等应随机交给领用单位，并办理签证；

(4) 仓库管理人员对库存机械应定期清点，年终盘点，对账核物，做到账物相符。

7.3.3 施工机械的处理和报废

1. 闲置机械的处理

根据国务院部委发布的《企业闲置设备调剂利用管理办法》和《建筑机械设备调剂管理办法》，企业必须做好闲置设备的处理工作。其主要要求如下：

（1）企业闲置机械是指除了在用、备用、维修、改装等必须的机械外，其他连续停用1年以上的或新购验收后2年以上不能投产的机械；

（2）企业对闲置机械必须妥善保管，防止丢失和损坏；

（3）企业处理闲置机械时，应建立审批程序和监督管理制度，并报上级机械管理部门备案；

（4）企业处理闲置机械的收益，应当用于机械更新和机械改造。专款专用，不准挪用；

（5）严禁把国家明文规定的淘汰、不许扩散和转让的机械作为闲置机械进行处理。

2. 机械报废的条件

机械的报废是指机械由于严重的有形或无形损耗，不能继续使用而退役。按照建设部《施工企业机械设备管理规定》第十八条，机械设备具有下列条件之一者应当报废：

（1）磨损严重，主要结构、总成已损坏，再进行大修也不能达到使用和安全要求的；

（2）技术性能落后，耗能高，效率低，无改造价值的；

（3）维修费用高，在经济上不如更新合算的；

（4）属于淘汰机型，又无配件来源的。

3. 机械报废的程序

（1）需要报废的机械，由使用单位组织技术鉴定，如确认符合报废条件时，应填写"机械设备报废鉴定表"按规定程序报批；

（2）申请报废的机械，应按规定提足折旧。由于使用不当、保管不善或由于事故造成机械早期报废，应查明原因，按不同情况做出处理后，方可报废；

（3）机械报废批准后，机械管理部门、财务部门应核销机械固定资产账卡。

4. 报废机械的处理

（1）已报废机械应及时处理，按政策规定淘汰的机械不得转让；

（2）能利用的零部件可拆除留用，不能利用的作为原材料或废钢铁处理；

（3）处理回收的残值应列入企业更新改造资金。

§7.4 建筑工程机械的维修管理

机械在使用过程中，其零部件会逐渐产生磨损、变形、断裂、蚀损等现象，这称之为有形磨损。不同程度的有形磨损会使机械的技术状态逐渐恶化，不能正常作业，造成停机，甚至出现故障，造成机械事故。因此，为了维持机械的正常运行状态，必须根据机械技术状态变化规律，及时更换或修复磨损失效的零部件，并对整机或局部进行拆装、调整，恢复机械效能的技术作业，即必须进行机械维修。所以，机械维修是使机械在一定时间内保持其正常技术状态的一项重要措施,是企业维持生产的重要手段。

7.4.1 维修管理制度

机械维修制度是一种技术性组织措施,这种制度规定了维修的方式、分类、维修标志、技术鉴定、送修和修竣出厂规定以及维修技术标准、技术规范等。

1. 机械维修方式

机械维修的方式经历了事后维修制、预防维修制,正在向预知维修制方向发展。机械维修方式如表7.4.1所示。

表7.4.1 机械维修方式表

维修方式	特点	维修时间	适用范围
事后维修方式	维修工作被动和困难,非计划性维修	机械出现故障时才进行维修	结构简单、磨损比较直观的非重要机械,如卷扬机、电焊机、木工机械、钢筋加工机械、装配机械等
定期维修方式	能预防突发性故障的产生,减少停机损失;有计划维修;维修费用较高	等时间间隔进行维修	运行工况比较稳定、磨损规律比较明确以及生产中居重要地位的机械,如运输机械、电动起重机械(包括塔式起重机)、空气压缩机、发电机、加工机床等
定期检查、按需维修方式	能发现存在的缺陷和隐患,消除过剩或不足的维修,维修及时、费用低	按需维修	运行工况不稳定、结构复杂、各部磨损差异较大或总成处于间歇工作的重点施工机械,如挖掘机、推土机、铲运机、内燃式起重机、装载机、混凝土输送泵及泵车等
预知维修方式	用不解体检测诊断技术,及时维修,针对性强、效率高,维修费用低	按需维修	结构复杂的施工机械

2. 机械维修分类

根据机械维修内容、要求以工作量的大小,机械维修工作可划分为大修、项修、小修。

(1) 大修

大修是指机械大部分零件、甚至某些基础件即将达到或已经达到极限磨损程度,不能正常工作,经过技术鉴定后,需要进行一次全面彻底的恢复性维修,使机械的技术状况和使用性能达到规定的技术要求,从而延长机械的使用寿命。

大修时,机械应全部拆卸分解,更换或修复所有磨损超限的零件,修复工作装置及恢复机械外观。因此,大修的工作量大、费用高。

(2) 项修

项修是项目维修的简称(包括总成大修),是以机械技术状态的检测诊断为依据,对机械零件磨损接近极限而不能正常工作的少数或个别总成,有计划地进行局部恢复性维修,以保持机械各总成使用期的平衡,延长整机的大修间隔期。

（3）小修

小修是指机械使用和运行中突然发生的故障性损坏和临时故障的维修，故又称故障维修。对于实行点检制的机械，小修的工作内容主要是针对日常点检和定期检查发现的问题，进行检查、调整，更换或修复失效的零件，恢复机械的正常功能。对于实行定期保养制的机械，小修的工作内容主要是根据已掌握的磨损规律，更换或修复在保养间隔期内失效或即将失效的零件，并进行调整，以保持机械的正常工作能力。

机械大修、项修、小修的作业内容比较如表7.4.2所示。

表7.4.2　　　　　　　机械大修、项修、小修作业内容比较表

类别 标准要求	大修	项修	小修
拆卸分解程度	全面拆卸	对需修总成部分拆卸分解	拆卸有故障的部位和零件
修复范围和程度	检查、调整基础件，更换或修复所有磨损超限零件	对需修总成进行修复，更换维修不合格的零件	更换和维修不能使用的零部件
质量要求	按大修工艺规程和技术标准检查验收	按预定修复总成要求验收	按机械完好标准验收
表面要求	表面除去全面旧漆、打光、喷漆或刷漆	局部补漆	不进行

7.4.2　维修过程中的主要工艺

1. 机械的拆卸和装配

机械进行大修或对其内部零件维修和更换时，应先进行解体，将机械拆成零件。

（1）拆卸的基本要求

为了防止零件的损坏，提高工效和为下一阶段工作创造良好条件，拆卸时应遵守下列原则：

1）做好拆卸前的准备工作

工程机械的种类和型号较多，应通过查阅有关说明书和技术资料明确其构造、原理和各部分的性能。不要盲目拆卸，否则会造成零件损坏。

2）根据需要确定拆卸的零部件

能不拆者尽量不拆，对于不拆卸的部分必须经过整体检验，确保使用质量，否则，会使隐蔽缺陷在使用中发生故障和事故。

3）应遵守正确的拆卸方法

应采取由表及里的顺序，即先拆除外部附件、管路、拉杆等；应按照先总成，后零件的顺序，先将机械拆成总成，再由总成依次拆为部件，组件和零件；拆卸时所用的工具一定与被拆卸的零件相适应。

4）拆卸时应为装配工作创造条件

拆卸时对非互换性的零件，应作记号或成对放置，以便装配时装回原位，保证装配精度和减少磨损；拆开后的零件，均应分类存放，以便查找，防止损坏、丢失或弄错。

（2）机械装配的基本要求

1）做好装配前的准备工作，熟悉机械零部件的装配技术要求；清洗零部件；对经过维修和换新的所有零件，在装配前都应进行试装检查；确定适当的装配地点和备齐必须的设备、工具及仪器等。

2）选择正确的配合方法，分析并检查零件装配的尺寸链精度，通过选配、修配或调整来满足配合精度的要求。

3）选择合适的装配方法和装配设备。

4）采用规定的密封结构和材料，应注意密封件的装配方法和装配紧度，防止密封失败而出现"三漏"（漏油、漏水、漏气）现象。

2. 机械的清洗

清洗是维修工作中的一个重要环节，清洗质量对机械的维修质量影响很大。采用正确的清洗方法来提高清洗质量，是维修工作必须考虑的问题之一。维修工作中的清洗包括机械外部清洗和零件清洗。零件清洗包括油污、旧漆、锈层、积炭、水垢和其他杂物等的清洗。

（1）清除油垢的方法

常用清除油垢的方法及应用特点如表7.4.3。

表 7.4.3　　　　　　　　　常用油垢清除方法及其应用表

清洗方法	配用清洗液	主要特点	适用范围
擦洗	煤油、清柴油或水基清洗液	操作方便、简单，不需要作业设备，生产效率低，安全性差	单件、小型零件及大型件的局部
浸洗	碱性BW液或其他各种水基溶剂清洗液	设备简单清洗方便	形状复杂的零件和油垢较厚的零件
喷洗	除多泡沫的水基清洗液外，均可使用	零件和喷嘴之间有相对运动，生产效率高，但设备较复杂	形状简单且批量较大的零件，可清洗半固态油垢和一般固态污垢
高压喷洗	碱性液或水基清洗液	工作压力一般在7MPa以上，除油污能力强	油污严重的大型零件
气相清洗	三氯乙烯、三氯乙烷、三氯三氟乙烷	清洗效果好、零件表面清洁度高，但设备较复杂	对清洗要求质量较高的零件
电解清洗	碱性水基清洗液	清洗质量优于浸洗，但要求清洗液为电解质，并需配直流电源	对清洗要求质量较高的零件，如电镀前的清洗
超声波清洗	碱性液或水基清洗液	清洗效果好，生产效率高，但需要成套超声波清洗装备	形状复杂并清洗要求高的小型零件

（2）表面除锈清洗

锈是金属表面与空气中的氧、水分和腐蚀性气体接触而产生的氧化物和氢氧化物。零件维修时必须将表面的锈蚀产物清除干净。表面除锈清洗可根据具体情况，采用机械除锈、化学除锈或电化学除锈等方法。

1）机械除锈

①手工机具除锈

靠人力用钢丝刷、刮刀、砂布等刷刮或打磨锈蚀表面，清除锈层。此方法简单易行，但劳动强度大，效率低，除锈效果不好，在缺乏适当除锈设备时采用。

②动力机械除锈

利用电动机、风动机等作动力，带动各种除锈工具清除锈层，如电动磨光、刷光、抛光和滚光等。应根据零件形状、数量、锈层厚薄、除锈要求等条件选择适当的除锈工具。

③喷砂除锈

喷砂除锈就是利用压缩空气把一定粒度的砂子，通过喷枪喷在零件锈蚀表面，利用砂子的冲击和摩擦作用，将锈层清除掉。此法主要用于油漆、喷镀、电镀等工艺的表面准备，通过喷砂不仅除锈，而且使零件表面达到一定粗糙度，以提高覆盖层与零件表面的结合力。

2）化学除锈

化学除锈又称侵蚀、酸化，是利用酸性（或碱性）溶液与金属表面锈层发生化学反应使锈层溶解、剥离而被清除。

3）电化学除锈

电化学除锈又称电解腐蚀，是利用电极反应，将零件表面的锈蚀层清除。

4）二合一除油除锈剂

二合一除油除锈剂是表面清洗技术的新发展，可以对油污和锈斑不太严重的零件同时进行除油和除锈。使用时应选用去油能力较强的乳化剂。如果零件表面油污太多时，应先进行碱性化学除油处理，再进行除油、除锈联合处理。

（3）积炭的清除

积炭是燃油和润滑油在燃烧过程中由于燃烧不完全而形成的胶质，常积留在发动机一些主要零件上。积炭可使设备导热能力降低，引起发动机过热和其他不良后果。在机械维修中，必须彻底清除积炭，通常采用机械法或化学法清除。

1）机械法清除积炭

机械法简单易行，但劳动强度大，效率低，容易刮伤零件表面，一般在积炭层较厚或零件表面光洁度要求不严格时采用。机械法清除积炭有用刮刀或金属丝刷清除和喷射带砂液体清除两种方法。

2）化学法清除积炭

化学法清除积炭指用化学溶液浸泡带积炭的零件，使积炭与化学溶液发生作用，从而积炭被软化或溶解，然后用刷、擦等办法将积炭清除。化学法可分为有机和无机两大类，机械维修中，主要采用无机除炭剂清除积炭。

（4）水垢的清除

水垢是由于长期使用硬水或含杂质较多的水形成的。清除的方法以酸溶液清洗效果较好,但酸溶液只对碳酸盐起作用。当冷却系统中存在大量硫酸盐水垢时,应先用碳酸钠溶液进行处理,使硫酸盐水垢转变为碳酸盐水垢,然后再用酸溶液清除。

3. 检验测试

对于已经不符合使用要求但能修复的零件,应从技术条件和经济效果两方面进行考察,有维修价值的,应力求修复使用,特别是对一些贵重零件更应加以重视。

(1) 感觉检验法

感觉检验法的内容及作用:

1) 对零件进行观察以确定其损坏及磨损程度;
2) 根据机械工作时发出的声响来判断机械及其零件的技术状况;
3) 与被检验的零件接触,可以判断工作时温度的高低;
4) 可以判断配合间隙的大小。

(2) 机械仪器检验法

这是通过各种测量工具和仪器来检验零件技术状况的一种方法,通常能达到一般零件检验所需要的精度,所以机械仪器检验法在维修工作中应用最为广泛。

1) 用量具测量零件的尺寸和几何形状

用各种通用量具或某些专用工具测量零件的尺寸和几何形状(如卡钳、直尺、游标卡尺、游标深度尺、分厘卡尺、百分表及齿轮量规等)。测量零件的几何形状误差(锥度、椭圆度、同轴度等)除使用各种通用量具外,主要采用配有专用支架的百分表,其中垂直度的测量则使用角尺。使用上述量具测量所得的精度与所用量具本身精度有关,一般情况下,其误差可在 0.01 毫米之内。

2) 弹力、扭矩的检验

弹力检验通常采用弹簧检验仪或弹簧秤进行。在维修中对各种弹簧的质量通常检查两个指标:一是自由长度,二是变形到某一给定长度时的弹力。内燃机活塞环的弹力也可在弹簧检验仪上检查,即在环口的对称两侧加载,环口刚好闭合时的载荷大小即为所测定的弹力数据。在维修工作中螺纹锁紧扭矩有其规定的指标,可采用简单的扭力扳手进行检查。对重要螺纹的锁紧,必须严格按标准扭矩进行锁紧。

3) 平衡检验

高速转动的零件的动态平衡极为重要,否则会产生振动而导致机械的加速磨损和破坏。在维修工作中,如内燃机上的风扇、汽车的传动轴等,转动速度都很高,在经过维修后必须在动平衡机上作动平衡试验。有时,发动机的曲轴由于制造时平衡精度不高,经过几次维修后轴线会有所偏移,出现平衡超限现象,因此有必要进行检验。

4) 密封性检验

密封性检验方法:

①通常以 2~4 个大气压的水压进行密封试验,在试验中通过观察有无渗漏以检查有无裂纹出现;

②通常充以 1.5~2 个大气压的空气后浸入水中,观察有无气泡冒出,以检查有无渗漏;

③柴油机精密零部件应在专用设备上进行密封性能试验以确定其技术状况。

(3) 物理检验法

1) 电磁探伤

电磁探伤的原理是：当磁力线通过铁磁性零件材料时，如果内部组织均匀一致，则磁力线通过零件的方向也是一致和均匀分布的；如果零件内部有了缺陷，如裂纹、空洞、非磁性夹杂物和组织不均匀等，由于在这些有缺陷的地方磁阻增加，磁力线便会发生偏转而出现局部方向改变。

利用这一原理，在零件表面撒以磁性铁，可以使本来不明显的缺陷清晰的显现出来。电磁探伤具有足够的可靠性，设备简单，操作容易，是维修工作中应用得很广泛的一种探伤方法。

2) 荧光探伤

荧光探伤的原理是利用某些物质受激发光的原理，用紫外线照射发光物质，使其受激发光而发现缺陷。

（4）超声波探伤

超声波探伤是利用超声波通过两种不同介质的界面产生折射和反射现象来发现零件内部的隐蔽缺陷。

超声波探伤的可靠性，在很大程度上取决于探测条件选择的合理性，主要与被探测材料的组织结构、超声波的频率、探头结构、偶合剂四个条件有关。

4. 机械的磨合及其试验

大修后的主要总成，必须进行磨合运转，使零件表面的尖凸部分被逐渐磨平，以增大配合面积、减少接触应力、提高零件承载能力，从而降低磨损速度、延长使用寿命。为达到磨合过程时间短、磨损量少的效果，磨合中必须注意下列要求：磨合过程的载荷和转速必须从低到高，经过一定时间的空载低速运转，然后分级逐渐达到规定转速和不低于75%~80%的额定载荷；针对新装组合件间隙较小和摩擦阻力较大的特点，磨合中特别注意要正确选用流动性和导热性较好的低粘度润滑油。

（1）磨合试验

磨合的目的在于改善零件接触精度，提高运转的平稳性；同时检查动力传递的可靠性、操作的灵活性以及有无发热、噪声、漏油等现象。

磨合试验应在空载和载荷两种情况下进行，加载程度应逐步递增，并尽可能达到正常工作载荷程度，但加载时间不宜过长。一般空载磨合时间在 2h 以内，载荷磨合时间在 20min 以内。

（2）发动机的磨合分三个阶段（即冷磨合、无载荷热磨合和载荷热磨合）进行

1) 冷磨合

冷磨合是将不装汽缸盖的发动机安装在磨合试验台上，用电动机驱动进行磨合。开始以低速运转，然后逐渐升高到正常转速的 $\frac{1}{2} \sim \frac{2}{3}$，但其中高速时间不宜过长。磨合持续时间根据发动机装配质量而定，在 40min 到 2h 内选择。

2) 无载荷热磨合

启动发动机，在无载荷情况下运转，从额定转速的 $\frac{1}{2}$ 逐渐升高到 $\frac{3}{4}$ 左右，总运转时间不超过 0.5h。

3）载荷热磨合

载荷热磨合的磨合时间，可参照下列范围：

①额定载荷的 15%～20%，磨合时间为 5～10min；

②额定载荷的 50%～70%，磨合时间为 10～20min；

③满载荷，磨合时间为 5～10min。

4）磨合后的检验

发动机全部磨合终了后，应进行检查。如发现某些缺陷和故障，应排除后按规定要求装复。

参 考 文 献

[1] 曹善华主编．建筑施工机械．上海：同济大学出版社，1992
[2] 田奇主编．建筑机械使用与维修．北京：中国建材工业出版社，2003
[3] 寇长青主编．工程机械基础．成都：西南交通大学出版社，2001
[4] 纪士斌主编．建筑机械基础．北京：清华大学出版社，2002
[5] 韩实彬、双全主编．机械员．北京：机械工业出版社，2007
[6] 朱森林编著．建筑机械管理知识与技术（贯彻 ISO 标准）．北京：机械工业出版社，2005
[7] 龚利红主编．机械员一本通．北京：中国电力出版社，2008
[8] 郭杏林主编．混凝土工程施工细节详解．北京：机械工业出版社，2007
[9] 陈宜通主编．混凝土机械．北京：中国建材工业出版社，2002
[10] 田奇等编著．钢筋及预应力机械应用技术．北京：中国建材工业出版社，2004
[11] 张学军主编．钢筋机械及预应力机械使用手册．北京：中国建筑工业出版社，1997
[12] 吕广明编著．工程机电技术．哈尔滨：哈尔滨工业大学出版社，2004
[13] 杨和礼主编．土木工程施工．武汉：武汉大学出版社，2004